计算机基础与实训教材系列

中文版

AutoCAD 2016

实用教程

王征 编著

U0264553

清华大学出版社

北京

内 容 简 介

本书由浅入深、循序渐进地介绍了 Autodesk 公司最新推出的专业绘图软件——AutoCAD 2016 的基本操作方法和使用技巧。全书共分 15 章，分别介绍了 AutoCAD 入门基础，AutoCAD 绘图基础，控制图形显示，设置对象特性，绘制二维平面图形，使用精确绘图工具，选择与编辑图形对象，创建面域与图案填充，使用文字和表格注释图形，使用尺寸标注和公差标注，绘制三维图形，编辑与标注三维对象，观察三维图形，设置光源、材质和渲染以及块、外部参照和设计中心等内容。

本书内容丰富、结构清晰、语言简练、图文并茂，具有很强的实用性和可操作性，是一本适合于高等院校、职业学校及各类社会培训学校的优秀教材，也是广大初、中级电脑用户的自学参考书。

本书对应的电子教案、实例源文件和习题答案可以到 http://www.tupwk.com.cn/edu 网站下载。

图书在版编目(CIP)数据

中文版 AutoCAD 2016 实用教程 / 王征　编著. —北京：清华大学出版社，2015
(计算机基础与实训教材系列)
ISBN 978-7-302-41964-8

Ⅰ. ①中… Ⅱ. ①王… Ⅲ. ①AutoCAD 软件—教材 Ⅳ. ①TP391.72

中国版本图书馆 CIP 数据核字(2015)第 260848 号

责任编辑：胡辰浩　袁建华
装帧设计：牛艳敏
责任校对：成凤进
责任印制：何　芊

出版发行：清华大学出版社
　　　　网　　　址：http://www.tup.com.cn，http://www.wqbook.com
　　　　地　　　址：北京清华大学学研大厦 A 座　　　邮　　编：100084
　　　　社 总 机：010-62770175　　　　　　　　　　邮　　购：010-62786544
　　　　投稿与读者服务：010-62776969，c-service@tup.tsinghua.edu.cn
　　　　质 量 反 馈：010-62772015，zhiliang@tup.tsinghua.edu.cn
印 装 者：北京国马印刷厂
经　　销：全国新华书店
开　　本：190mm×260mm　　　印　张：23　　　字　数：604 千字
版　　次：2015 年 11 月第 1 版　　　印　次：2015 年 11 月第 1 次印刷
印　　数：1～3500
定　　价：45.00 元

产品编号：064483-01

编审委员会

丛 书 序

　　计算机已经广泛应用于现代社会的各个领域，熟练使用计算机已经成为人们必备的技能之一。因此，如何快速地掌握计算机知识和使用技术，并应用于现实生活和实际工作中，已成为新世纪人才迫切需要解决的问题。

　　为适应这种需求，各类高等院校、高职高专、中职中专、培训学校都开设了计算机专业的课程，同时也将非计算机专业学生的计算机知识和技能教育纳入教学计划，并陆续出台了相应的教学大纲。基于以上因素，清华大学出版社组织一线教学精英编写了这套"计算机基础与实训教材系列"丛书，以满足大中专院校、职业院校及各类社会培训学校的教学需要。

一、丛书书目

　　本套教材涵盖了计算机各个应用领域，包括计算机硬件知识、操作系统、数据库、编程语言、文字录入和排版、办公软件、计算机网络、图形图像、三维动画、网页制作以及多媒体制作等。众多的图书品种可以满足各类院校相关课程设置的需要。

　　⊙　已出版的图书书目

《计算机基础实用教程（第三版）》	《Excel 财务会计实战应用（第四版）》
《计算机基础实用教程(Windows 7+Office 2010 版)》	《C＃程序设计实用教程》
《电脑入门实用教程（第三版）》	《中文版 Office 2007 实用教程》
《电脑入门实用教程（Windows 7+Office 2010）》	《中文版 Word 2007 文档处理实用教程》
《电脑办公自动化实用教程（第三版）》	《中文版 Excel 2007 电子表格实用教程》
《计算机组装与维护实用教程（第三版）》	《中文版 PowerPoint 2007 幻灯片制作实用教程》
《中文版 Word 2003 文档处理实用教程》	《中文版 Access 2007 数据库应用实例教程》
《中文版 PowerPoint 2003 幻灯片制作实用教程》	《中文版 Project 2007 实用教程》
《中文版 Excel 2003 电子表格实用教程》	《中文版 Office 2010 实用教程》
《中文版 Access 2003 数据库应用实用教程》	《Word+Excel+PowerPoint 2010 实用教程》
《中文版 Project 2003 实用教程》	《中文版 Word 2010 文档处理实用教程》
《中文版 Office 2003 实用教程》	《中文版 Excel 2010 电子表格实用教程》
《网页设计与制作(Dreamweaver+Flash+Photoshop)》	《中文版 PowerPoint 2010 幻灯片制作实用教程》
《ASP.NET 4.0 动态网站开发实用教程》	《Access 2010 数据库应用基础教程》
《ASP.NET 4.5 动态网站开发实用教程》	《中文版 Access 2010 数据库应用实用教程》
《Excel 财务会计实战应用（第三版）》	《中文版 Project 2010 实用教程》

《AutoCAD 2014 中文版基础教程》	《中文版 Photoshop CC 图像处理实用教程》
《中文版 AutoCAD 2014 实用教程》	《中文版 Flash CC 动画制作实用教程》
《AutoCAD 2015 中文版基础教程》	《中文版 Dreamweaver CC 网页制作实用教程》
《中文版 AutoCAD 2015 实用教程》	《中文版 InDesign CC 实用教程》
《AutoCAD 2016 中文版基础教程》	《中文版 CorelDRAW X7 平面设计实用教程》
《中文版 AutoCAD 2016 实用教程》	《中文版 Office 2013 实用教程》
《中文版 Photoshop CS6 图像处理实用教程》	《Office 2013 办公软件实用教程》
《中文版 Dreamweaver CS6 网页制作实用教程》	《中文版 Word 2013 文档处理实用教程》
《中文版 Flash CS6 动画制作实用教程》	《中文版 Excel 2013 电子表格实用教程》
《中文版 Illustrator CS6 平面设计实用教程》	《中文版 PowerPoint 2013 幻灯片制作实用教程》
《中文版 InDesign CS6 实用教程》	《Access 2013 数据库应用基础教程》
《中文版 CorelDRAW X6 平面设计实用教程》	《中文版 Access 2013 数据库应用实用教程》
《中文版 Premiere Pro CS6 多媒体制作实用教程》	《SQL Server 2008 数据库应用实用教程》
《中文版 Premiere Pro CC 视频编辑实例教程》	《Windows 8 实用教程》
《Mastercam X6 实用教程》	《计算机网络技术实用教程》
《多媒体技术及应用》	

二、丛书特色

1. 选题新颖，策划周全——为计算机教学量身打造

本套丛书注重理论知识与实践操作的紧密结合，同时突出上机操作环节。丛书作者均为各大院校的教学专家和业界精英，他们熟悉教学内容的编排，深谙学生的需求和接受能力，并将这种教学理念充分融入本套教材的编写中。

本套丛书全面贯彻"理论→实例→上机→习题"4 阶段教学模式，在内容选择、结构安排上更加符合读者的认知习惯，从而达到老师易教、学生易学的目的。

2. 教学结构科学合理、循序渐进——完全掌握"教学"与"自学"两种模式

本套丛书完全以大中专院校、职业院校及各类社会培训学校的教学需要为出发点，紧密结合学科的教学特点，由浅入深地安排章节内容，循序渐进地完成各种复杂知识的讲解，使学生能够一学就会、即学即用。

对教师而言，本套丛书根据实际教学情况安排好课时，提前组织好课前备课内容，使课堂

教学过程更加条理化，同时方便学生学习，让学生在学习完后有例可学、有题可练；对自学者而言，可以按照本书的章节安排逐步学习。

3. 内容丰富，学习目标明确——全面提升"知识"与"能力"

本套丛书内容丰富，信息量大，章节结构完全按照教学大纲的要求来安排，并细化了每一章内容，符合教学需要和计算机用户的学习习惯。在每章的开始，列出了学习目标和本章重点，便于教师和学生提纲挈领地掌握本章知识点，每章的最后还附带有上机练习和习题两部分内容，教师可以参照上机练习，实时指导学生进行上机操作，使学生及时巩固所学的知识。自学者也可以按照上机练习内容进行自我训练，快速掌握相关知识。

4. 实例精彩实用，讲解细致透彻——全方位解决实际遇到的问题

本套丛书精心安排了大量实例讲解，每个实例解决一个问题或是介绍一项技巧，以便读者在最短的时间内掌握计算机应用的操作方法，从而能够顺利解决实践工作中的问题。

范例讲解语言通俗易懂，通过添加大量的"提示"和"知识点"的方式突出重要知识点，以便加深读者对关键技术和理论知识的印象，使读者轻松领悟每一个范例的精髓所在，提高读者的思考能力和分析能力，同时也加强了读者的综合应用能力。

5. 版式简洁大方，排版紧凑，标注清晰明确——打造一个轻松阅读的环境

本套丛书的版式简洁、大方，合理安排图与文字的占用空间，对于标题、正文、提示和知识点等都设计了醒目的字体符号，读者阅读起来会感到轻松愉快。

三、读者定位

本丛书为所有从事计算机教学的老师和自学人员而编写，是一套适合于大中专院校、职业院校及各类社会培训学校的优秀教材，也可作为计算机初、中级用户和计算机爱好者学习计算机知识的自学参考书。

四、周到体贴的售后服务

为了方便教学，本套丛书提供精心制作的 PowerPoint 教学课件(即电子教案)、素材、源文件、习题答案等相关内容，可在网站上免费下载，也可发送电子邮件至 wkservice@vip.163.com 索取。

此外，如果读者在使用本系列图书的过程中遇到疑惑或困难，可以在丛书支持网站(http://www.tupwk.com.cn/edu)的互动论坛上留言，本丛书的作者或技术编辑会及时提供相应的技术支持。咨询电话：010-62796045。

AutoCAD 是 Autodesk 公司推出的专业化绘图软件。随着计算机技术的飞速发展，AutoCAD 被广泛地应用于各个行业，包括建筑装潢、园林设计、电子电路、机械设计等诸多领域。AutoCAD 2016 具有更强大的绘图功能，更加适合专业人士使用。

本书从教学实际需求出发，合理安排知识结构，从零开始、由浅入深、循序渐进地讲解了 AutoCAD 2016 的基本操作方法和使用技巧，全书共分为 15 章，主要内容如下。

第 1 章介绍了 AutoCAD 2016 的常用功能、工作空间以及基本操作等内容。

第 2 章介绍了设置 AutoCAD 软件参数、工作空间以及使用绘图方法和系统变量等内容。

第 3 章介绍了重画与重生成图形、缩放与平移图形以及使用命名视图和鸟瞰视图等内容。

第 4 章介绍了控制对象的特性显示、使用与管理图层，使用颜色、线型与线宽等内容。

第 5 章介绍了绘制与编辑点、射线、构造线、曲线、多线和多段线的方法。

第 6 章介绍了使用坐标、捕捉、栅格、正交功能和自动追踪精确绘制图形的方法。

第 7 章介绍了在 AutoCAD 2016 中选择与编辑图形对象的具体方法与技巧。

第 8 章介绍了将图形转换为面域、使用图案填充以及绘制圆环与宽线的方法。

第 9 章介绍了设置文字样式以及创建表格和表格样式的方法。

第 10 章介绍了在 AutoCAD 2016 中使用尺寸标注和公差标注对图形进行标注的方法。

第 11 章介绍了三维绘图的术语和坐标系以及二维对象创建三维图形等内容。

第 12 章介绍了编辑三维实体与对象和标注三维对象尺寸的方法与技巧。

第 13 章介绍了使用动态观察、相机、运动路径动画以及漫游与飞行功能等内容。

第 14 章介绍了在 AutoCAD 中使用光源、材质、贴图和渲染对象的方法。

第 15 章介绍了创建与编辑块、编辑与管理块属性、使用外部参照和设计中心等内容。

本书图文并茂，条理清晰，通俗易懂，内容丰富，在讲解每个知识点时都配有相应的实例，方便读者上机操作。同时在难于理解和掌握的内容上给出相关提示，让读者能够快速地提高操作技能。此外，本书还配有大量综合实例和练习，让读者在不断的实际操作中更加牢固地掌握书中讲解的内容。

为了方便教学，我们免费提供本书对应的电子教案、实例源文件和习题答案，可到 http://www.tupwk.com.cn/edu 网站进行下载。

除封面署名的作者外，参加本书编写的人员还有陈笑、曹小震、高娟妮、李亮辉、洪妍、孔祥亮、陈跃华、杜思明、熊晓磊、曹汉鸣、陶晓云、王通、方峻、李小凤、曹晓松、蒋晓冬、邱培强等。由于作者水平所限，本书难免有不足之处，欢迎广大读者批评指正。我们的邮箱是 huchenhao@263.net，电话是 010-62796045。

作　　者
2015 年 9 月

推荐课时安排

章　名	重 点 掌 握 内 容	教 学 课 时
第1章 AutoCAD 入门基础	1. AutoCAD 的常用功能 2. AutoCAD 的工作空间 3. 在 AutoCAD 中创建图形 4. 打开与保存图形 5. 修复与恢复图形文件	2学时
第2章 AutoCAD 绘图基础	1. 设置系统参数选项 2. 设置工作空间 3. AutoCAD 绘图方法 4. 使用命令与系统变量	2学时
第3章 控制图形显示	1. 重画与重生成图形 2. 缩放视图 3. 平移视图 4. 使用命名视图 5. 使用平铺视口	3学时
第4章 设置对象特性	1. 控制对象的显示特性 2. 使用与管理图层 3. 使用颜色 4. 设置线型与线宽	3学时
第5章 绘制二维平面图形	1. 绘制点对象 2. 绘制射线和构造线 3. 绘制曲线对象 4. 绘制与编辑多线	3学时
第6章 使用精确绘图工具	1. 使用坐标和坐标系 2. 使用动态输入 3. 使用捕捉、栅格和正交功能 4. 使用对象捕捉功能 5. 使用自动追踪功能	3学时
第7章 选择与编辑图形对象	1. 选择与编辑对象 2. 使用夹点编辑图形 3. 移动、旋转和对齐对象 4. 复制、镜像、阵列和偏移对象 5. 倒角、圆角、打断和合并对象	3学时

(续表)

章　名	重点掌握内容	教学课时
第8章 创建面域与图案填充	1. 将图形转换为面域 2. 使用图案填充 3. 绘制圆环与宽线	3学时
第9章 使用文字和表格注释图形	1. 设置文字样式 2. 创建与编辑单行文字和多行文字 3. 在文字中使用字段 4. 创建表格样式和表格	3学时
第10章 使用尺寸标注和公差标注	1. 尺寸标注的规则与组成 2. 创建与设置标注样式 3. 长度型尺寸标注 4. 半径、直径和圆心标注 5. 角度标注与其他类型标注 6. 标注形位公差	4学时
第11章 绘制三维图形	1. 三维绘图术语和坐标系 2. 设置绘图视点 3. 绘制三维点和线 4. 绘制三维网格和三维实体 5. 通过二维对象创建三维对象	3学时
第12章 编辑与标注三维对象	1. 编辑三维实体 2. 编辑三维对象 3. 标注三维对象的尺寸	2学时
第13章 观察三维图形	1. 使用动态观察 2. 使用相机 3. 使用运动路径动画 4. 使用漫游与飞行功能	3学时
第14章 设置光源、材质和渲染	1. 使用光源 2. 使用材质 3. 使用贴图 4. 渲染对象	3学时
第15章 块、外部参照和设计中心	1. 创建与编辑块 2. 编辑与管理块属性 3. 使用外部参照 4. 使用 AutoCAD 设计中心	2学时

注：1. 教学课时安排仅供参考，授课教师可根据情况作调整。

　　2. 建议每章安排与教学课时相同时间的上机练习。

计算机 基础与实训教材系列

CONTENTS

计算机基础与实训教材系列

计算机基础与实训教材系列

计算机 基础与实训教材系列

计算机基础与实训教材系列

计算机
基础与实训教材系列

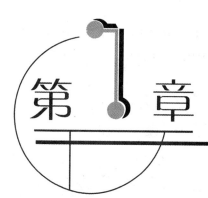

AutoCAD 入门基础

学习目标

AutoCAD 2016 是由 Autodesk 公司开发的一款通用计算机辅助设计软件，该软件具有易于掌握、使用方便以及体系结构开放等优点，能够帮助制图者实现绘制二维与三维图形、标注尺寸、渲染图形以及打印输出图纸等功能，被广泛应用于机械、建筑、电子、航天、造船、冶金、石油化工及土木工程等领域。作为全书的开端，本章将重点介绍 AutoCAD 软件的基础知识，为用户认识与学习该软件打下坚实的基础。

本章重点

- ◉ AutoCAD 的常用功能
- ◉ AutoCAD 的工作空间
- ◉ 在 AutoCAD 中创建图形
- ◉ 打开与保存图形
- ◉ 修复与恢复图形文件

1.1 AutoCAD 2016 的常用功能

AutoCAD 自 1982 年问世以来，其每一次升级，在功能上都得到了一定程度上的增强，且日趋完善。目前，该软件已经成为工程设计领域中应用最为广泛的计算机辅助绘图与设计软件之一。下面将简单介绍 AutoCAD 软件在日常工作中最常用的部分功能。

1.1.1 绘制与编辑图形

AutoCAD 的【功能区】选项板中的【默认】选项卡包含丰富的绘图命令，使用该命令可以绘制直线、构造线、多段线、圆、矩形、多边形以及椭圆等基本图形，也可以将绘制的图形转换为面域，对其进行填充。如果再借助于【默认】选项卡中的【修改】面板中的各种命令，还可以绘制出各种各样的二维图形。如图 1-1 所示即是使用 AutoCAD 绘制的二维图形。

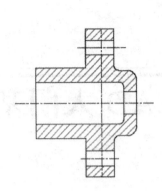
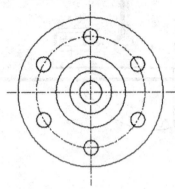

图 1-1　绘制二维图形

对于有些二维图形，通过拉伸、设置标高和厚度等操作即可轻松地转换为三维图形。在快速访问工具栏选择【显示菜单栏】命令，在弹出的菜单中选择【绘图】|【建模】命令中的子命令，可以很方便地绘制圆柱体、球体和长方体等基本实体。同样，在弹出的菜单中选择【修改】菜单中的相关命令，还可以绘制出各种各样的复杂三维图形。如图 1-2 所示即是使用 AutoCAD 绘制的三维图形。

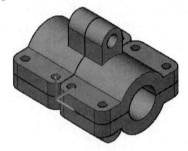

图 1-2　绘制三维图像

在工程设计中，也经常使用轴测图来描述物体的特征。轴测图是一种以二维绘图技术模拟三维对象沿特定视点产生的三维平行投影效果，但在绘制方法上不同于二维图形的绘制。因此，轴测图看似三维图形，但实际上是二维图形。当切换到 AutoCAD 的轴测模式下时，就可以方便地绘制出轴测图。此时直线将绘制成与坐标轴成 30°、90°、150° 等角度，圆将被绘制成椭圆形。

1.1.2　标注图形尺寸

尺寸标注是向图形中添加测量注释的过程，是整个绘图过程中不可缺少的一个步骤。使用 AutoCAD【功能区】选项板中的【注释】选项卡的【标注】面板中的命令，可以在图形的各个方向上创建各种类型的标注，也可以方便、快速地以一定格式创建符合行业或项目标准的标注。

标注显示了对象的测量值，对象之间的距离、角度，或特征与指定原点的距离。AutoCAD 提供了线性、半径和角度 3 种基本的标注类型，可以进行水平、垂直、对齐、旋转、坐标、基线或连续等标注。此外，还可以进行引线标注、公差标注以及自定义粗糙度标注。标注的对象可以是二维图形或三维图形。如图 1-3 所示即是使用 AutoCAD 标注的二维图形和三维图形。

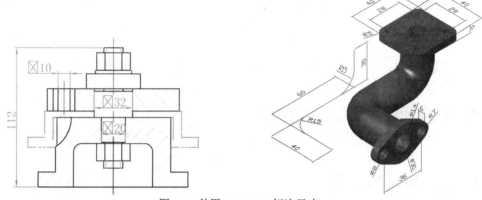

图 1-3　使用 AutoCAD 标注尺寸

①.1.3　渲染三维图形

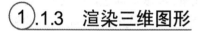

在 AutoCAD 中，可以运用雾化、光源和材质，将模型渲染为具有真实感的图像。如果为了演示，可以渲染全部对象；如果时间有限，或显示设备和图形设备不能提供足够的灰度等级和颜色，就不必精细渲染；如果只需快速查看设计的整体效果，就可以简单消隐或者设置视觉样式。如图 1-4 所示即是使用 AutoCAD 进行渲染的效果。

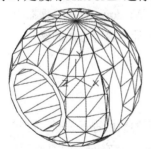 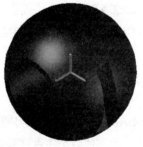

图 1-4　使用 AutoCAD 渲染图形

①.1.4　控制图形显示

在 AutoCAD 中，可以方便地以多种方式放大或缩小所绘图形。对于三维图形，可以改变其观察视点，从不同观看方向显示图形，也可以将绘图窗口分成多个视口，从而能够在各个视口中从不同方位显示同一图形，如图 1-5 所示。此外，AutoCAD 提供三维动态观察器，利用它可以动态地观察三维图形，如图 1-6 所示。

计算机 基础与实训教材系列

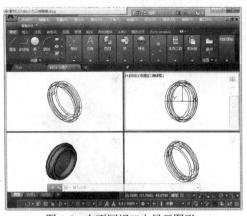

图 1-5　在不同视口中显示图形

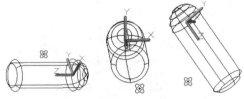

图 1-6　观察三维图形

1.1.5　实用绘制工具

在 AutoCAD 中，用户可以方便地设置图形元素的图层、线型、线宽、颜色，以及尺寸标注样式、文字标注样式，也可以对所标注的文字进行拼写检查。通过各种形式的绘图辅助工具设置绘图方式，提高绘图的效率与准确性。使用特性窗口可以方便地编辑所选择对象的特性。使用标准文件功能，可以对图层、文字样式、线型之类的命名对象定义标准的设置，以保证同一单位、部门、行业或合作伙伴间在所绘制图形中对这些命名对象设置的一致性。使用图层转换器可以将当前图形图层的名称和特性转换成已有图形或标准文件对图层的设置，将不符合本单位图层设置要求的图形进行快速转换。

此外，AutoCAD 设计中心提供一个直观、高效并且与 Windows 资源管理器类似的工具。使用该工具，可以对图形文件进行浏览、查找以及管理有关设计内容等方面的操作。

1.1.6　数据库管理功能

在 AutoCAD 中，用户可以将图形对象与外部数据库中的数据进行关联，这些数据库是由独立于 AutoCAD 的其他数据库管理系统(例如 Access、Oracle 等)建立的，如图 1-7 所示。

图 1-7　数据库连接管理器

①.1.7　Internet 功能

AutoCAD 提供了非常强大的 Internet 工具，使设计者之间能够共享资源和信息，同步进行设计、讨论、演示以及发布消息，即时获得业界新闻，得到有关帮助。

即使用户不熟悉 HTML 编码，使用 AutoCAD 的网上发布向导也可以方便、迅速地创建格式化的 Web 页。利用联机会议功能能够实现 AutoCAD 用户之间的图形共享，即当一个人在计算机上编辑 AutoCAD 图形时，其他人可以在自己的计算机上观看、修改；可以使工程设计人员为众多用户在计算机桌面上演示新产品的功能；可以实现联机修改设计、联机解答问题，而所有这些操作均与参与者的工作地点无关。

使用 AutoCAD 的电子传递功能，可以把 AutoCAD 图形及其相关文件压缩成 ZIP 文件或自解压的可执行文件，然后将其以单个数据包的形式传送给客户、工作组成员或其他有关人员，如图 1-8 所示。使用超链接功能，可以将 AutoCAD 图形对象与其他对象(如文档、数据表格、动画及声音等)建立链接关系，如图 1-9 所示。

图 1-8　创建电子传递

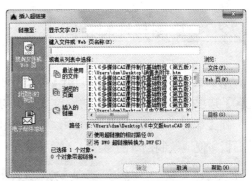
图 1-9　插入超链接

此外，AutoCAD 还提供一种安全、适于在 Internet 上发布的文件格式——DWF 格式。使用 Autodesk 公司提供的 WHIP！插件便可以在浏览器上浏览这种格式的图形。

①.1.8　输出与打印图形

AutoCAD 不仅允许将所绘图形通过绘图仪或打印机以不同样式输出，还能够将不同格式的图形导入 AutoCAD 或将 AutoCAD 图形以其他格式输出。因此，当图形绘制完成之后可以使用多种方法将其输出。例如，可以将图形打印在图纸上或者创建成文件以供其他应用程序使用。

①.2　AutoCAD 2016 的工作空间

学习 AutoCAD 2016 前，首先要了解该软件的工作界面，新版软件非常人性化，提供便捷的操作工具，可以帮助用户快速熟悉操作环境，从而提高工作效率。

1.2.1 选择工作空间

若要在 4 种工作空间模式中进行切换，只需在快速访问工具栏中单击【工作空间】下拉按钮，用户可以选择相应的空间名称，如图 1-10 所示。或在状态栏中单击【切换工作空间】按钮 ⚙，在弹出的菜单中选择相应的命令即可，如图 1-11 所示。

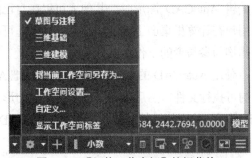

图 1-10　【工作空间】菜单　　　　　　　　图 1-11　【切换工作空间】按钮菜单

1.2.2 草图与注释空间

默认状态下，AutoCAD 将打开【草图与注释】空间，其界面主要由【菜单浏览器】按钮、【功能区】选项板、快速访问工具栏、文本窗口与命令行以及状态栏等元素组成，如图 1-12 所示。

在【草图与注释】工作空间中，可以使用【绘图】、【修改】、【图层】、【注释】及【块】等面板方便地绘制二维图形。

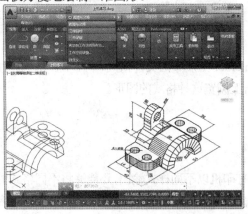

图 1-12　【草图与注释】空间

1.2.3 三维基础与三维建模空间

使用【三维基础】或【三维建模】空间，可以方便地在三维空间中绘制图形。在【功能区】

选项板中集成了【建模】、【实体】、【曲面】、【网格】和【渲染】等面板，从而为绘制三维图形、观察图形、创建动画、设置光源以及为三维对象附加材质等操作提供了非常便利的环境，如图 1-13 所示。

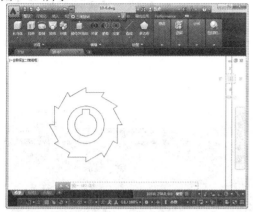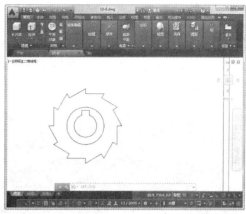

图 1-13　【三维基础】空间与【三维建模】空间

1.2.4　AutoCAD 工作空间的组成

AutoCAD 的各工作空间都包含【菜单浏览器】按钮、快速访问工具栏、标题栏、绘图窗口、文本窗口、状态栏和选项板等元素。

1. 【菜单浏览器】按钮

【菜单浏览器】按钮位于界面左上角。单击该按钮，将弹出 AutoCAD 菜单，如图 1-14 所示。其中包含了 AutoCAD 大部分常用的功能和命令，用户选择命令后即可执行相应操作。

AutoCAD 2016 在默认设置下不显示菜单栏，用户可单击快速访问工具栏右侧的下拉按钮，选择【显示菜单栏】命令来显示菜单栏，如图 1-15 所示。

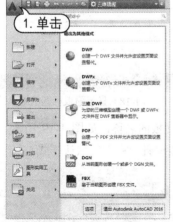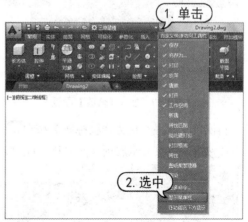

图 1-14　【菜单浏览器】按钮的菜单　　　　　图 1-15　显示菜单栏

计算机基础与实训教材系列

2. 【功能区】选项板

【功能区】选项板是一种特殊的选项板，位于绘图窗口的上方，用于显示与基于任务的工作空间关联的按钮和控件。默认状态下，在【草图和注释】空间中，【功能区】选项板有 11 个选项卡，其中包含有【常用】、【插入】、【注释】、【参数化】、【视图】、【管理】、【输出】、【附加模块】、A360、【精选应用】和 Performance。每个选项卡包含若干个面板，每个面板又包含许多由图标表示的命令按钮，如图 1-16 所示。

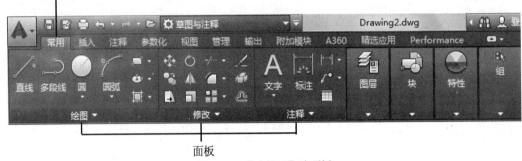

图 1-16　【功能区】选项板

如果某个面板中没有足够的空间显示所有的工具按钮，单击该面板下方的三角按钮▼，可展开折叠区域，显示其他相关的命令按钮，如图 1-17 所示即为单击【修改】面板下方的三角按钮后的效果。如果在选项卡后面单击【最小化为面板标题】按钮▲，选项板区域将只显示面板标题的缩略图，如图 1-18 所示。

图 1-17　展开【修改】面板

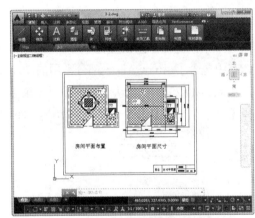

图 1-18　显示面板标题的缩略图

再次单击【最小化为面板标题】按钮▲，将只显示面板的名称，如图 1-19 所示。如果再次单击该按钮，将只显示选项卡的名称，此时，再次单击该按钮，将恢复默认样式。

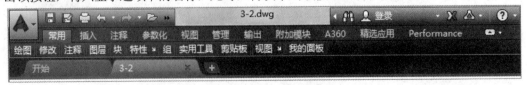

图 1-19　只显示面板名称

3. 快速访问工具栏

AutoCAD 2016 的快速访问工具栏中包含最常用操作的快捷按钮，可方便用户使用。在默认状态下，快速访问工具栏中包含 7 个快捷按钮，分别为【新建】按钮、【打开】按钮、【保存】按钮、【另存为】按钮、【打印】按钮、【放弃】按钮和【重做】按钮，如图 1-20 所示。

图 1-20　快速访问工具栏

若需在快速访问工具栏中添加或删除其他按钮，可以右击快速访问工具栏，在弹出的快捷菜单中选择【自定义快速访问工具栏】命令，在弹出的【自定义用户界面】对话框中进行设置即可。

【例 1-1】在快速访问工具栏中添加【打印预览】按钮并删除【新建】按钮。

(1) 启动 AutoCAD 2016，右击快速访问工具栏，在弹出的快捷菜单中选择【自定义快速访问工具栏】命令，如图 1-21 所示。

(2) 在打开的【自定义用户界面】对话框中，单击【命令列表】选项，在显示的列表框中展开【快速访问工具栏】下拉列表，如图 1-22 所示。

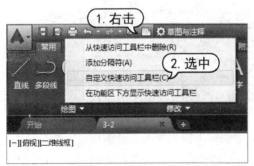

图 1-21　右击快速访问工具栏

图 1-22　【自定义用户界面】对话框

(3) 在【命令列表】选项下的文本框中输入文本"打印预览"，然后在【命令】列表框中选择【打印预览】选项，并将其拖动至【快速访问工具栏 1】节点的下方，如图 1-23 所示。

(4) 在【快速访问工具栏 1】节点下方右击【新建】选项，然后在弹出的菜单中选中【删除】命令，并在打开的【是否确实要删除此元素】对话框中单击【确定】按钮。

(5) 完成以上设置后，在【自定义用户界面】对话框中单击【应用】按钮，再单击【确定】按钮，即可删除快速访问工具栏中的【新建】按钮，并添加一个【打印预览】按钮，效果如图 1-24 所示。

计算机 基础 与 实训 教材 系列

图 1-23　添加【打印预览】按钮

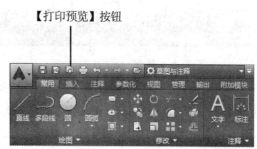

图 1-24　快速访问工具栏自定义效果

4. 标题栏

标题栏位于应用程序窗口的最上面，用于显示当前正在运行的程序名及文件名等信息。如果是 AutoCAD 默认的图形文件，其名称为 DrawingN.dwg(N 指的是数字)，如图 1-25 所示。

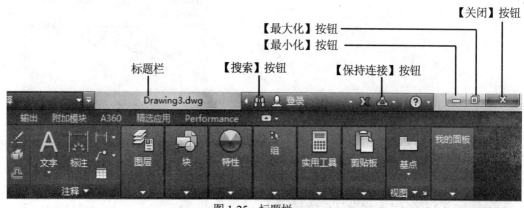

图 1-25　标题栏

标题栏中的信息中心提供了多种信息来源。在文本框中输入需要帮助的问题，然后单击【搜索】按钮，即可获取相关的帮助；单击【保持连接】按钮，可以获取最新的软件更新、产品支持通告和其他服务的直接连接；单击标题栏右上方的 按钮，可以最小化、最大化或关闭应用程序窗口。

5. 命令行与文本窗口

【命令行】窗口位于绘图窗口的底部，用于接受输入的命令，并显示 AutoCAD 提示信息。在 AutoCAD 2016 中，【命令行】窗口可以拖放为浮动窗口，如图 1-26 所示。

AutoCAD 文本窗口是记录 AutoCAD 命令的窗口，也是放大的【命令行】窗口，该窗口记录

了已执行的命令，同时也可以用来输入新命令。在 AutoCAD 2016 的菜单栏中选择【视图】|【显示】|【文本窗口】命令、执行 TEXTSCR 命令或按 F2 键即可打开 AutoCAD 文本窗口，该窗口记录了对文档进行的所有操作，如图 1-27 所示。

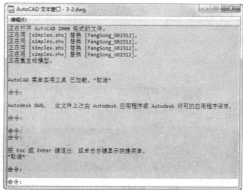

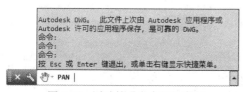

图 1-26　浮动的【命令行】窗口

图 1-27　AutoCAD 文本窗口

6. 状态栏

状态栏用于显示 AutoCAD 的当前状态，如当前光标的坐标、命令和按钮的说明等，如图 1-28 所示。

功能按钮　　　　　　　　　　图形状态栏　　　　　　坐标值　　锁定用户界面

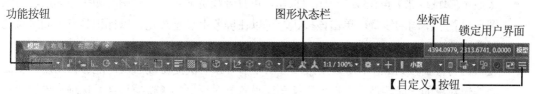

【自定义】按钮

图 1-28　状态栏

(1) 坐标

在绘图窗口中移动光标时，状态栏的【坐标】区将动态地显示当前坐标值。坐标显示模式取决于用户所选择的模式和程序中运行的命令，有【相对】、【绝对】和【无】3 种模式。

(2) 功能按钮

状态栏中包括多个功能按钮，其中常用按钮的功能如下。

- 【显示图形栅格】按钮▦：单击该按钮，可打开或关闭栅格显示。其中，栅格的 X 轴和 Y 轴间距可通过【草图设置】对话框的【捕捉和栅格】选项卡进行设置。
- 【捕捉模式】按钮▦：单击该按钮可打开捕捉设置。此时光标只能在 X 轴、Y 轴或极轴方向移动固定的距离(即精确移动)。单击【捕捉模式】按钮右侧的▼按钮，在弹出的下拉列表中选中【捕捉设置】选项，打开【草图设置】对话框的【捕捉和栅格】选项卡，在该选项卡中可设置 X 轴、Y 轴或极轴捕捉间距，如图 1-29 所示。
- 【正交限制光标】按钮▙：单击该按钮，可打开正交模式。此时只能绘制垂直或水平直线。
- 【极轴追踪】按钮◴：单击该按钮可打开极轴追踪模式。在绘制图形时，系统将根据设置显示一条追踪线，根据提示可在该追踪线上精确移动光标，从而进行精确绘图。

图 1-29　捕捉设置

- 【对象捕捉】按钮 ：单击该按钮可以打开对象捕捉模式。因为所有几何对象都有一些决定其形状和方位的关键点，所以，在绘图时可以利用对象捕捉功能，自动捕捉关键点。
- 【动态输入】按钮 ：单击该按钮，将在绘制图形时自动显示动态输入文本框，以方便绘图时设置精确数值。
- 【显示/隐藏线宽】按钮 ：单击该按钮，可打开线宽显示。在绘图时如果为图层和所绘图形设置了不同的线宽，单击该按钮，可以在屏幕上显示线宽，以标识具有不同线宽的对象。
- 【快捷特性】按钮 ：单击该按钮，可以显示对象的快捷特性面板，能够帮助用户快捷地编辑对象的一般特性。可以使用【草图设置】对话框的【快捷特性】选项卡设置快捷特性面板的位置模式和大小。

(3) 图形状态栏

AutoCAD 2016 状态栏中包括一个图形状态栏，包括【注释比例】、【注释可见性】和【自动缩放】等 3 个按钮，其功能说明如下。

- 【注释比例】按钮 ：单击该按钮，更改可注释对象的注释比例。
- 【注释可见性】按钮 ：单击该按钮，可以设置仅显示当前比例或所有比例的可注释对象。
- 【自动缩放】按钮 ：单击该按钮，可在更改注释比例时自动将比例添加至可注释对象。

(4) 锁定用户界面

在 AutoCAD 2016 的状态栏中，单击【锁定用户界面】按钮 右侧的 按钮，在弹出的下拉列表中，可以设置工具栏和窗口处于固定状态或浮动状态，如图 1-30 所示。

(5) 自定义状态栏

在状态栏上单击最右侧的【自定义】按钮 ，在弹出的菜单中，可以通过选择或取消选择命令，来控制状态栏中坐标的显示或打开更多的按钮，如图 1-31 所示。

图 1-30　锁定用户界面

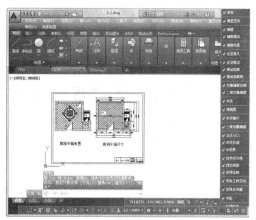

图 1-31　自定义状态栏

7. 工具选项板

AutoCAD 2016 的工具选项板通常处于隐藏状态，要显示所需的工具栏，用户可以切换至【视图】选项卡，然后在该选项卡的【选项板】中单击【工具选项板】按钮，即可显示工具选项板，如图 1-32 所示。

图 1-32　显示工具选项板

拖动工具选项板，可以使其处于浮动状态并拖放到窗口的任意位置。这时，标题栏显示的方向也随工具选项板的位置发生改变。

在工具选项板的标题栏上右击，在弹出的菜单中选择【新建选项板】命令，在【工具选项板】中添加一个工具选项板，并向其中添加内容，即可根据需要创建一个新的工具选项板。

8. 绘图窗口

在 AutoCAD 2016 中，绘图窗口即为绘图工作区域，所有的绘图结果都反映在该窗口中。用户可以根据需要关闭其他窗口元素，如工具栏、选项板等，以增大绘图空间。如果图纸比较大，需要查看未显示部分时，可以单击窗口右边与下边滚动条上的箭头或拖动滚动条上的滑块来移动图纸。

在绘图窗口中除了显示当前的绘图结果外，还将显示当前使用的坐标系类型以及坐标原点、X 轴、Y 轴、Z 轴的方向等。默认状态下，坐标系为世界坐标系(WCS)。

1.3 图形文件的基本操作

在 AutoCAD 中，图形文件的基本操作一般包括创建新图形、打开已有的图形文件以及保存图形文件等。

1.3.1 创建图形

创建新图形的方法有很多种，包括使用向导创建图形或使用样板文件创建图形。无论采用哪种方法，都可以选择测量单位和其他单位格式。

1. 使用样板文件创建图形

在快速访问工具栏中单击【新建】按钮，或单击【菜单浏览器】按钮，在弹出的菜单中选择【新建】|【图形】命令，即可创建新图形文件，此时将打开【选择样板】对话框，如图 1-33 所示。

在【选择样板】对话框中，可以在样板列表框中选中某一个样板文件，这时在右侧的【预览】框中将显示该样板的预览图像，单击【打开】按钮，可以将选中的样板文件作为样板来创建新图形。例如，以样板文件 Tutorial–iArch.dwt 创建新图形文件后，可以看到如图 1-34 所示的效果。样板文件中通常包含与绘图相关的一些通用设置，如图层、线型及文字样式等，使用样板创建新图形不仅可以提高绘图的效率，而且还可以保证图形的一致性。

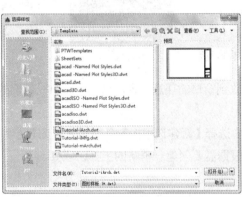

图 1-33 【选择样板】对话框

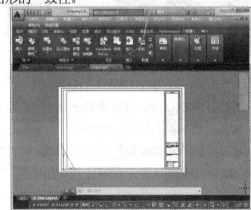

图 1-34 创建新图形文件

2. 使用向导创建图形

在 AutoCAD 中，如果需要建立自定义的图形文件，可以利用向导来创建新的图形文件。

【例 1-2】以英制为单位，以小数为测量单位，其精度为 0.0，十进制度数的精度为 0.00，以顺时针为角度的测量方向，以 A1 图纸的幅面作为全比例单位表示的区域，创建一个新图形文件。

(1) 在命令行输入 STARTUP，然后按下 Enter 键。

(2) 在命令行的【输入 STARTIP 的新值<0>:】提示下输入 1，然后按下 Enter 键。

(3) 在快速访问工具栏中单击【新建】按钮，打开【创建新图形】对话框，并选中【英制】单选按钮，如图 1-35 所示。

(4) 单击【使用向导】按钮，打开【使用向导】选项区域，然后选择【高级设置】选项，并单击【确定】按钮，如图 1-36 所示。

图 1-35　【创建新图形】对话框

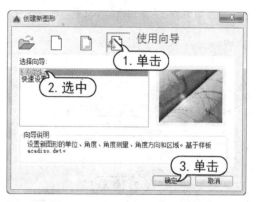

图 1-36　【使用向导】选项区域

(5) 打开【高级设置】对话框，选中【小数】单选按钮，然后在【精度】下拉列表中选择 0.0，如图 1-37 所示。

(6) 单击【下一步】按钮，打开【角度设置】对话框，选中【十进制度数】单选按钮，并在【精度】下拉列表框中选择 0.00 选项，如图 1-38 所示。

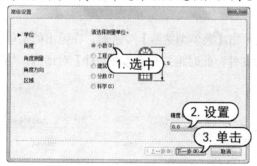

图 1-37　设置测量单位

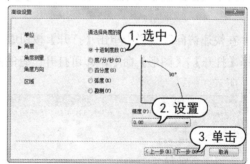

图 1-38　设置十进制度数

(7) 单击【下一步】按钮，打开【角度测量】对话框，使用默认设置，如图 1-39 所示。

(8) 单击【下一步】按钮，在打开的【角度方向】对话框中选中【顺时针】单选按钮，设置角度测量的方向，如图 1-40 所示。

(9) 单击【下一步】按钮，打开【区域】选项区域，在【宽度】文本框中输入 594，在【长度】文本框中输入 841，如图 1-41 所示。

(10) 完成以上设置后，单击【完成】按钮，即可完成创建图形的操作，如图 1-42 所示。

图 1-39 设置角度测量起始方向

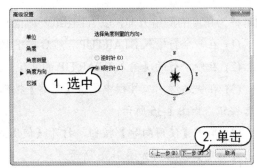

图 1-40 设置角度测量的方向

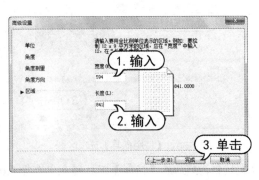

图 1-41 【区域】选项区域

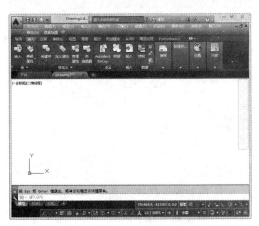

图 1-42 创建图形操作

1.3.2 打开图形文件

在快速访问工具栏中单击【打开】按钮，或单击【菜单浏览器】按钮，在弹出的菜单中选择【打开】|【图形】命令，即可打开已有的图形文件，此时将打开【选择文件】对话框，如图 1-43 所示。

图 1-43 【选择文件】对话框

图 1-44 【局部打开】对话框

在【选择文件】对话框的文件列表框中，选择需要打开的图形文件，在右侧的【预览】框中将显示出该图形的预览图像。在默认状态下，打开的图形文件的格式都为.dwg 格式。图形文件通常以【打开】、【以只读方式打开】、【局部打开】和【以只读方式局部打开】4 种方式打开。如果以【打开】和【局部打开】方式打开图形时，可以对图形文件进行编辑；如果以【以只读方式打开】和【以只读方式局部打开】方式打开图形，则无法对图形文件进行编辑；如果以【以只读方式局部打开】和【局部打开】方式打开图形，将打开【局部打开】对话框，提示用户指定加载图形的视图范围和图层，如图 1-44 所示。

①.3.3 保存图形文件

在 AutoCAD 中，可以使用多种方式将所绘图形以文件形式存入磁盘。例如，在快速访问工具栏中单击【保存】按钮■，或单击【菜单浏览器】按钮▲，在弹出的菜单中选择【保存】命令，以当前使用的文件名保存图形；也可以单击【菜单浏览器】按钮▲，在弹出的菜单中选择【另存为】|【图形】命令，将当前图形以新的名称保存。

在 AutoCAD 2016 中第一次保存创建的图形时，系统将打开【图形另存为】对话框，如图 1-45 所示。默认状态下，文件以【AutoCAD 图形(*.dwg)】格式保存，也可以在【文件类型】下拉列表框中选择其他格式。

 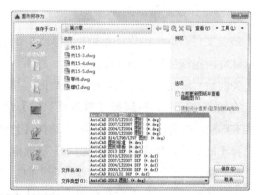

图 1-45 【图形另存为】对话框

①.3.4 修复和恢复图形文件

图形文件损坏后或程序意外终止后，可以通过使用命令查找并更正错误或恢复为备份文件，修复部分或全部数据。

1. 修复损坏的图形文件

在 AutoCAD 中，文件损坏后，可以通过使用命令查找并更正错误来修复部分或全部数据。出现错误时，诊断信息将记录在 acad.err 文件中，这样用户就可以使用该文件报告出现的问题。

如果在图形文件中检测到损坏的数据或者用户在程序发生故障后要求保存图形，那么该图形文件将标记为已损坏。如果只是轻微损坏，有时只需打开图形便可以修复。要修复损坏的文件，

可以在快速访问工具栏中选择【显示菜单栏】命令，在弹出的菜单中选择【文件】|【图形实用工具】|【修复】命令(RECOVER)，可以打开【选择文件】对话框，如图 1-46 所示，从中选择一个需要修复的图形文件，并单击【打开】按钮。

此时 AutoCAD 2016 将尝试打开图形文件，并在打开的对话框中显示核查结果，如图 1-47 所示。

图 1-46　选择需要修复的文件

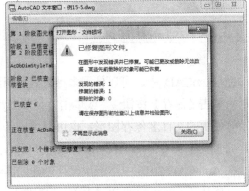

图 1-47　核查结果

2. 创建和恢复备份文件

备份文件有助于确保图形数据的安全。计算机硬件问题、电源故障或电压波动、用户操作不当或软件问题均会导致图形出现错误。经常保存工作可以确保在因任何原因导致系统发生故障时将丢失的数据降到最低限度。出现问题时，用户可以恢复图形备份文件。

在快速访问工具栏选择【显示菜单栏】命令，在弹出的菜单中选择【工具】|【选项】命令(OPTIONS)，打开【选项】对话框，选择【打开和保存】选项卡，在【文件安全措施】选项区域中选择【每次保存时均创建备份副本】复选框，如图 1-48 所示，就可以指定在保存图形时创建备份文件。执行此次操作后，每次保存图形时，图形的早期版本将保存为具有相同名称并带有扩展名.bak 的文件。该备份文件与图形文件位于同一个文件夹中。

通过将 Windows 资源管理器中的.bak 文件重命名为带有.dwg 扩展名的文件，可以恢复为备份版。需要将其复制到另一个文件夹中，以免覆盖原始文件。

如果在【打开和保存】选项卡的【文件安全措施】选项区域中选择了【自动保存】复选框，将以指定的时间间隔保存图形。默认情况下，系统为自动保存的文件临时指定名称为 filename_a_b_nnnn.sv$。

- ◉　Filename 为当前图形名。
- ◉　a 为在同一工作任务中打开同一图形实例的次数。
- ◉　b 为在不同工作任务中打开同一图形实例的次数。
- ◉　Nnnn 为随机数字。

这些临时文件在图形正常关闭时自动删除。出现程序故障或电压故障时，不会删除这些文件。要从自动保存的文件恢复图形的早期版本，可以通过使用扩展名.dwg 代替扩展名.sv$来重命名文件，然后再关闭程序。

3. 从系统故障恢复

如果由于系统原因，例如断电，而导致程序意外终止，可以恢复已打开的图形文件。程序出现故障，可以将当前工作保存为其他文件。此文件使用的格式为 DrawingFileName_recover.dwg，其中 DrawingFileName 为当前图形的文件名。

程序或系统出现故障后，【图形修复管理器】选项板将在下次启动 AutoCAD 时打开，并显示所有打开的图形文件列表，包括图形文件(DWG)、图形样板文件(DWT)和图形标准文件(DWS)，如图 1-49 所示。

图 1-48　指定创建备份文件

图 1-49　【图形修复管理器】选项板

对于每个图形，用户都可以打开并选择以下文件(如果文件存在)：DrawingFileName_recover.dwg、DrawingFileName_a_b_nnnn.sv$、DrawingFileName.dwg 和 DrawingFileName.bak。图形文件、备份文件和修复文件将按时间戳记(上次保存的时间)顺序列出。双击【备份文件】列表中的某个文件，如果能够修复，将自动修复图形。

另外，程序出现问题并意外关闭后，用户发送错误报告可以帮助 Autodesk 诊断软件出现的问题。错误报告包括出现错误时系统状态的信息，也可以添加其他信息(例如出现错误时用户需要执行的操作)。REPORTERROR 系统变量用于控制错误报告功能是否可用，其值为 0 时可以关闭错误报告，为 1 时可以打开错误报告。

①.3.5　关闭图形文件

单击【菜单浏览器】按钮，在弹出的菜单中选择【关闭】|【当前图形】命令，或在绘图窗口中单击【关闭】按钮，可以关闭当前图形文件。

执行 CLOSE 命令后，如果当前图形没有保存，系统将弹出 AutoCAD 警告对话框，询问是否保存文件。此时，单击【是】按钮或直接按 Enter 键，可以保存当前图形文件并将其关闭；单击【否】按钮，可以关闭当前图形文件但不保存；单击【取消】按钮，可以取消关闭当前图形文件，即不保存也不关闭当前图形文件。

1.4 上机练习

本章的上机练习将在 AutoCAD 2016 中打开一个图形文件，然后打印打开的图形。用户可以通过实例操作巩固所学的知识。

(1) 在快速访问工具栏选择【显示菜单栏】命令，在弹出的菜单中选择【文件】|【打开】命令，打开【选择文件】对话框并选中如图 1-50 所示的图形，然后单击【打开】按钮将其打开。

(2) 选择【文件】|【打印】命令，打开【打印-模型】对话框，然后在【打印机/绘图仪】选项区域中单击【名称】下拉列表按钮，在弹出的下拉列表中选择一个可用的打印机。

(3) 单击【图纸尺寸】下拉列表按钮，在弹出的下拉列表中选中 A4 选项；在【打印偏移】选项区域中选中【居中打印】复选框；在【打印比例】选项区域中选中【打印比例】复选框；在【打印选项】选项区域中分别选中【打印对象线宽】复选框和【按样式打印】复选框；在【图形方向】选项区域中选中【横向】复选框，如图 1-51 所示。

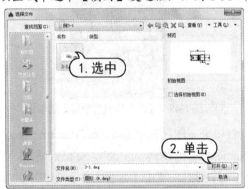

图 1-50 【选择文件】对话框

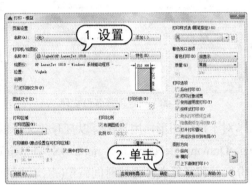

图 1-51 【打印-模型】对话框

(4) 最后，在【打印-模型】对话框中单击【确定】按钮即可。

1.5 习题

1. AutoCAD 2016 提供了一些示例图形文件(位于 AutoCAD 2016 安装目录下的 Sample 子目录)，打开并浏览图形，试着将其中的图形文件重命名保存于自己的目录中。

2. 打开一个 AutoCAD 图形文件，将其输出为 wmf 文件格式。

AutoCAD 绘图基础

学习目标

一般情况下，成功安装 AutoCAD 2016 软件后就可以在默认状态下绘制图形了，但为了规范绘图、提高绘图效率，绘图者还应熟悉绘图的基础知识，例如系统参数的设置、AutoCAD 绘图方法、使用命令与系统变量等。

本章重点

- ◉ 设置系统参数选项
- ◉ 设置工作空间
- ◉ AutoCAD 绘图方法
- ◉ 使用命令与系统变量
- ◉ 设置图形界限和图形单位

2.1 设置系统参数选项

AutoCAD 是一款开放的绘图平台，可以非常方便地设置系统参数选项。例如，文件存放路径、绘图界面中的窗口元素等内容。在快速访问工具栏中选择【显示菜单栏】命令，在弹出的菜单中选择【工具】|【选项】命令，如图 2-1 所示，可以打开【选项】对话框。在该对话框中包含【文件】、【显示】、【打开和保存】、【打印和发布】、【系统】、【用户系统配置】、【草图】、【三维建模】、【选择集】和【配置】等选项卡。下面将分别介绍使用这些选项卡设置系统参数选项的方法。

2.1.1 设置文件路径

在【选项】对话框中选择【文件】选项卡，如图 2-2 所示。用户可以使用该选项卡设置 AutoCAD

支持文件搜索路径、驱动程序、菜单文件及其他有关文件的搜索路径和有关支持文件。

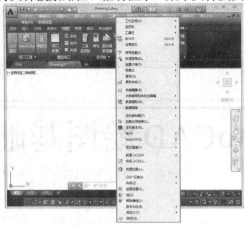

图 2-1　打开【选项】对话框

图 2-2　【文件】选项卡

1. 设置搜索路径、文件名和文件位置

在【文件】选项卡的【搜索路径、文件名和文件位置】列表框中，软件以树状形式列出了 AutoCAD 的各种支持路径及有关支持文件的位置与名称。若选项左侧显示【+】号，表示该选项处于折叠状态，单击【+】号或双击对应选项，可以展开该选项并显示其包含的内容。若选项左侧显示为【-】号，表示该选项处于展开状态，单击【-】号或双击对应选项，则可以折叠该选项。

在【搜索路径、文件名和文件位置】列表框中比较重要的选项功能说明如下。

- 【支持文件搜索路径】选项：设置搜索支持文件的文件夹，包括文字字体文件、菜单文件、插入模块、待插入图形、线型文件和用于填充的图案文件等。

- 【工作支持文件搜索路径】选项：设置 AutoCAD 搜索系统特有支持文件的活动文件夹。其下拉列表为只读状态，显示【支持文件搜索路径】项目中在当前目录结构和网络映射中存在的有效目录。

- 【设备驱动程序文件搜索路径】选项：设置 AutoCAD 搜索定点设备(如鼠标、数字化仪)、打印机和绘图仪等设备的驱动程序的文件夹。

- 【工程文件搜索路径】选项：设置 AutoCAD 搜索外部参照的文件夹。当前工程图保存在 PROJECTNAME 系统变量设置的图形中。

- 【自定义文件】选项：指定供 AutoCAD 从中自定义文件和企业(共享)自定义文件的位置。

- 【帮助和其他文件名】选项：设置 AutoCAD 查找帮助文件、默认 Internet 网址和配置文件。

- 【文本编辑器、词典和字体文件名】选项：设置 AutoCAD 使用的文本编辑器、主词典、自定义词典、替换字体文件名和字体映射文件所在的文件夹。

- 【打印文件、后台打印文件和前导部分名称】选项：设置 AutoCAD 打印图形时使用的文件。

- 【打印机支持文件路径】选项：设置打印机支持文件的搜索路径。

- ⊙ 【自动保存文件位置】选项：设置自动保存文件时保存的位置，包括驱动器和文件夹。
- ⊙ 【配色系统位置】选项：设置配色系统文件的驱动器和路径。
- ⊙ 【数据源位置】选项：设置数据源文件的路径。其修改必须在退出 AutoCAD 后重新启动才能生效。
- ⊙ 【样板设置】选项：为新图形设置图形样板文件和默认样板文件。
- ⊙ 【工具选项板文件位置】选项：设置工具选项板文件保存的位置。
- ⊙ 【编写选项板文件位置】选项：指定放置作者选项板定义的位置。
- ⊙ 【日志文件位置】选项：设置在【打开和保存】选项卡上选择【维护日志文件】时所创建的日志文件的路径。
- ⊙ 【打印和发布日志文件位置】选项：设置在【打印和发布】选项卡上选择【自动保存打印并发布日志】复选框时日志文件的保存路径。
- ⊙ 【临时图形文件位置】选项：设置临时图形文件的路径，如果为空，将使用 Windows 系统临时目录。
- ⊙ 【临时外部参照文件位置】选项：设置临时外部参照文件的路径。如果为空，将使用临时图形文件位置。此值保存在注册表中，也可以用 XLOADPATH 系统变量指定。
- ⊙ 【纹理贴图搜索路径】选项：设置 AutoCAD 搜索渲染纹理贴图的文件夹。
- ⊙ 【光域网文件搜索路径】选项：设置 AutoCAD 搜索光域网文件的文件夹。
- ⊙ 【i-drop 相关文件位置】选项：设置从 Web 上拖动 i-drop 内容时文件的保存路径，如果未指定，将使用当前图形所在的位置。

2. 使用功能按钮

在【文件】选项卡右侧还有【浏览】、【添加】、【删除】、【上移】、【下移】和【置为当前】等 6 个功能按钮，其各自的功能如下。

- ⊙ 【浏览】按钮：修改某一支持路径或支持文件。例如，在【搜索路径、文件名和文件位置】列表框中选择需要修改的展开项，单击【浏览】按钮，如果修改的是路径，将弹出【浏览文件夹】快捷菜单；如果修改的是文件，将弹出【选择文件】快捷菜单。
- ⊙ 【添加】按钮：添加新路径或新文件。
- ⊙ 【删除】按钮：删除路径或文件。
- ⊙ 【上移】或【下移】按钮：分别将选中项目向上或向下移动位置，调整 AutoCAD 对路径或文件的搜索顺序。
- ⊙ 【置为当前】按钮：将选中项目置为当前项。

②.1.2　设置显示性能

在【选项】对话框中，可以使用【显示】选项卡设置绘图工作界面的显示格式、图形显示精度等显示性能的参数，如图 2-3 所示。

1. 窗口元素

在【显示】选项卡的【窗口元素】选项区域中，可以设置 AutoCAD 绘图环境中基本元素的显示方式，其主要功能如下。

- ◉ 【图形窗口中显示滚动条】复选框：设置是否显示绘图区的滚动条。
- ◉ 【显示图形状态栏】复选框：设置图形状态栏是在绘图窗口显示，还是在状态栏中显示。
- ◉ 【显示屏幕菜单】复选框：设置是否显示绘图区的屏幕菜单。
- ◉ 【在工具栏中使用大按钮】复选框：设置工具栏中按钮是以大按钮(20×30 像素)显示，还是以小按钮(16×15 像素)显示。
- ◉ 【在工具栏提示中显示快捷键】复选框：设置是否在显示工具栏按钮功能提示的同时显示对应的快捷键。
- ◉ 【颜色】按钮：设置 AutoCAD 工作界面中一些区域的背景颜色，如【二维模型空间】、【图纸/布局】和【三维平行投影】等背景。在第 1 次运行 AutoCAD 时，模型空间的背景颜色为黑色，可以将其设置为白色或其他颜色。
- ◉ 【字体】按钮：单击该按钮，打开【命令行窗口字体】对话框，可以在其中设置命令行窗口中的字体样式，如字体、字形和字号等，如图 2-4 所示。

图 2-3　【显示】选项卡

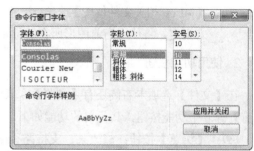

图 2-4　【命令行窗口字体】对话框

【例 2-1】在 AutoCAD 2016 中设置模型空间的背景颜色为(白色)。

(1) 在快速访问工具栏选择【显示菜单栏】命令，在弹出的菜单中选择【工具】|【选项】命令，打开【选项】对话框。

(2) 选择【显示】选项卡，在【窗口元素】选项区域中单击【颜色】按钮，打开【图形窗口颜色】对话框，如图 2-5 所示。

(3) 在【上下文】选项区域选中【二维模型空间】选项，在【界面元素】列表框中选中【统一背景】选项。

(4) 在【颜色】下拉列表框中选择【白】选项，这时模型空间背景颜色将设置为白色，如图 2-6 所示。单击【应用并关闭】按钮完成设置。

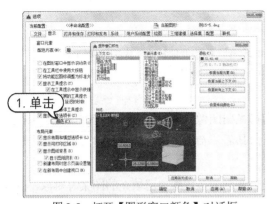

图 2-5　打开【图形窗口颜色】对话框

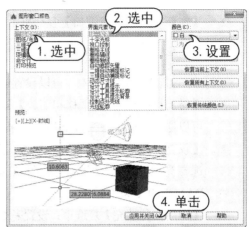

图 2-6　将模型空间背景颜色设置为白色

2. 显示精度

在【显示】选项卡的【精度显示】选项区域中，可以设置绘图对象的显示精度，其功能如下。

- 【圆弧和圆的平滑度】文本框：控制圆、圆弧、椭圆、椭圆弧的平滑度，其有效取值范围是 1～20000，默认值为 100。值越大对象越光滑，但重新生成、显示缩放及显示移动时需要的时间也就越长。此设置保存在图形中，也可以通过系统变量 VIEWRES 设置圆和圆弧的平滑度，不同的图形可以有不同的平滑度。

- 【每条多段线曲线的线段数】文本框：设置每条多段线曲线的线段数，其有效取值范围是-32768～32767，默认值是 8。此设置保存在图形中，也可以通过系统变量 SPLINESEGS 确定每条多段线曲线的线段数。

- 【渲染对象的平滑度】文本框：设置渲染实体对象的平滑度，其有效取值范围是 0.01～10，默认值是 0.5。此设置保存在图形中，也可以通过系统变量 FACETRES 来设置。

- 【曲面轮廓素线】文本框：设置对象上每个曲面的轮廓素线数目，其有效取值范围是 0～2047，默认值是 4。此设置保存在图形中，也可以通过系统变量 ISOLINES 来设置。

3. 布局元素

在【显示】选项卡的【布局元素】选项区域中，可以设置布局各显示元素，其功能如下。

- 【显示布局和模型选项卡】复选框：用于设置是否在绘图区域的底部显示布局和模型选项按钮。

- 【显示可打印区域】复选框：设置是否在布局中显示页边距。选中该复选框，页边距将以虚线形式显示，打印图形时，超出页边距的图形对象将被剪裁掉或忽略掉。

- 【显示图纸背景】复选框：设置是否在布局中显示图纸的背景轮廓，实际图纸的大小和打印比例决定该背景轮廓的大小。

- 【显示图纸阴影】复选框：设置是否在布局中的图纸背景轮廓外显示阴影。

- 【新建布局时显示页面设置管理器】复选框：用于设置新创建布局时是否显示页面设置管理器。

◉ 　【在新布局中创建视口】复选框：设置创建新布局时是否创建视口。

4. 显示性能

在【显示性能】选项区域中，可以设置影响 AutoCAD 性能的显示，其功能如下。

◉ 　【带光栅图像/OLE 平移和缩放】复选框：设置实时平移和缩放时光栅图像的显示，也可以通过系统变量 RTDISPLAY 来设置。

◉ 　【仅亮显光栅图像边框】复选框：设置选择光栅图像时的显示形式。选中该复选框，当选择光栅图像时仅亮显光栅图像的边框，却看不到图像内容，也可以通过系统变量 IMAGEHLT 来设置。

◉ 　【应用实体填充】复选框：设置是否填充带宽度的多段线、已填充的图案等对象，也可以通过系统变量 FILLMODE 来设置。

◉ 　【仅显示文字边框】复选框：设置是否仅显示标注文字的边框，也可以通过系统变量 QTEXTMODE 来设置。

◉ 　【绘制实体和曲面的真实轮廓】复选框：设置三维实体和曲面的轮廓曲线是否以线框形式显示。

5. 十字光标大小

在【显示】选项卡的【十字光标大小】选项区域中，可以设置光标在绘图区内时十字线的长度，可以在左边的文本框中直接输入长度值，也可以拖动右边的滑块来调整长度。此外，还可以通过系统变量 CURSORSIZE 来设置。

6. 参照编辑的褪色度

在【显示】选项卡的【参照编辑的褪色度】选项区域中，可以设置参照编辑的褪色度值，可以在左边的文本框中直接输入褪色度值，也可以通过拖动右边的滑块来调整。参照编辑的褪色度的取值范围是 0～90，默认值是 50。此外，也可以通过系统变量 XFADECTL 来设置。

②.1.3　设置文件打开与保存方式

在【选项】对话框中，可以使用【打开和保存】选项卡设置打开和保存图形的有关操作，如图 2-7 所示。

1. 文件保存

在【打开和保存】选项卡的【文件保存】选项区域中，可以设置与保存 AutoCAD 图形文件有关的项目。例如，可以设置当使用 SAVE 或 SAVEAS 命令保存图形文件时的文件版本格式，设置是否在保存图形文件时同时保存 BMP 预览图像，以及设置图形文件中潜在剩余控件的百分比值等。

选择【保持可注释对象的视觉逼真度】复选框，可以设置可注释对象是否保持视觉逼真度，单击【缩略图预览设置】按钮，打开【缩略图预览设置】对话框，如图 2-8 所示。当选中【保存缩略图预览图像】复选框时，可以在【选择文件】对话框的【预览】区域中显示该图形的图像，也可以通过系统变量 RASTERPREVIEW 来设置。当选中【生成图纸、图纸视图和模型视图的缩略图】复选框时，还可以设置缩略图的性能和精度。

图 2-7　【打开和保存】选项卡

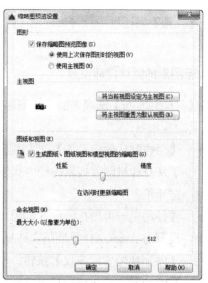

图 2-8　【缩略图预览设置】对话框

2. 文件安全措施

在【打开和保存】选项卡的【文件安全措施】选项区域中，可以设置避免绘图数据丢失的方法。例如可以设置 AutoCAD 是否自动保存图形及自动保存的时间间隔。此外，还可以设置当保存图形文件时是否创建该图形的备份，设置当在图形中加入一个对象时是否进行循环冗余校验，设置是否将文本窗口中的内容写入到日志文件中，以及设置临时文件的扩展名等。

3. 文件打开

在【打开和保存】选项卡的【文件打开】选项区域中，可以设置在【文件】下拉菜单底部列出最近打开过的图形文件的数目，以及设置是否在 AutoCAD 窗口顶部的标题后显示当前图形文件的完整路径。

4. 外部参照

在【打开和保存】选项卡的【外部参照】选项区域中，可以设置与编辑、加载外部参照有关的信息。例如，可以设置是否按需加载外部参照文件，是否保留外部参照图层的修改，以及是否允许其他用户参照编辑当前图形等。

5. ObjectARX 应用程序

在【打开和保存】选项卡的【ObjectARX 应用程序】选项区域中，可以设置与 ObjectARX 应用程序有关的信息。例如，可以设置是否以及何时按需加载第三方应用程序，设置图形中定制对象的显示，设置当打开含有定制对象的图形是否显示出【代理信息】对话框等。

②.1.4 设置打印和发布选项

在【选项】对话框中，可以使用【打印和发布】选项卡来设置打印机和打印参数，如图 2-9 所示。

1. 新图形的默认打印设置

在【打印和发布】选项卡的【新图形的默认打印设置】选项区域中，可以设置新图形的默认打印，其功能如下。

- ◉ 【用作默认输出设备】单选按钮：设置新图形的默认输出设备。在其下拉列表中，显示了从打印机配置搜索路径中找到的所有打印机配置文件(PC3)及系统中配置的所有系统打印机。
- ◉ 【使用上一可用打印设置】单选按钮：设置与上一次成功打印相匹配的打印设置。可以设置与 AutoCAD 早期版本同样方式的默认打印设置。
- ◉ 【添加或配置绘图仪】按钮：单击该按钮可以打开 Plotters(打印机管理器)窗口，如图 2-10 所示，通过该窗口可以添加或配置绘图仪。

图 2-9　【打印和发布】选项卡

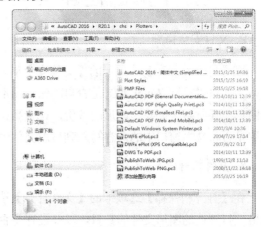

图 2-10　Plotters 窗口

2. 打印到文件

在【打印和发布】选项卡的【打印到文件】选项区域中，可以在【打印到文件操作的默认位置】文本框中设置默认文件打印位置，也可以单击文本框后的████按钮，在打开的【为所有打印到文件的操作选择默认位置】对话框中设置打印位置。

3. 后台处理选项

在【打印和发布】选项卡的【后台处理选项】选项区域中，可以设置后台打印和发布的操作。选中【打印时】和【发布时】复选框，可以在后台打印和发布图形。

4. 打印并发布日志文件

在【打印和发布】选项卡的【打印并发布日志文件】选项区域中，可以保存【打印并发布日志】文件，并可以使用电子表格应用程序(例如 Excel)查看。当选择【自动保存打印并发布日志】复选框时，可以自动保存日志文件，并可以设置是【保存一个连续打印日志】文件还是【每次打印保存一个日志】文件。

5. 基本打印选项

在【打印和发布】选项卡的【基本打印选项】选项区域中，可以设置基本打印环境的有关选项。例如，设置图纸尺寸、系统打印机警告方式和 AutoCAD 图形中的 OLE 对象等，其功能说明如下。

- 【如果可能则保持布局的图纸尺寸】单选按钮：选择该单选按钮，如果选定的输出设备支持在【页面设置】对话框的【布局设置】选项卡中指定的图纸尺寸，则可使用该图纸尺寸。如果选定的输出设备不支持该图纸尺寸，AutoCAD 将显示警告信息，并使用在打印机配置文件(PC3)或默认系统设置中指定的图纸尺寸(如果输出设备是系统打印机)。也可以通过系统变量 PAPERUPDATE 来设置，此时值为 0。
- 【使用打印设备的图纸尺寸】单选按钮：选择该单选按钮，如果输出设备是系统打印机。可使用在打印机配置文件(PC3)或默认系统设置中指定的图纸尺寸。也可以通过系统变量 PAPERUPDATE 来设置，此时值为 1。
- 【系统打印机后台打印警告】下拉列表框：设置在发生输入或输出端口冲突而导致系统打印机后台打印图形时是否发出警告。
- 【OLE 打印质量】下拉列表框：设置打印 OLE 对象的质量，其值可以为【单色】、【低质量图形】、【高质量照片】和【自动选择】。也可以通过系统变量 OLEQUALITY 来设置。
- 【打印 OLE 对象时使用 OLE 应用程序】复选框：当打印包含 OLE 对象的 AutoCAD 图形时，启动用于创建 OLE 对象的应用程序。可以使用该选项优化打印 OLE 对象的质量。该设置保存在图形中，也可以通过系统变量 OLESTARTUP 设置。
- 【隐藏系统打印机】复选框：用于隐藏系统打印机。

6. 指定打印偏移

在【打印和发布】选项卡的【指定打印偏移时相对于】选项区域中，可以指定打印偏移是相对于可打印区域还是相对于图纸边缘。

7. 打印戳记设置

在【打印和发布】选项卡中单击【打印戳记设置】按钮，可打开【打印戳记】对话框，可在其中设置打印戳记字段、用户定义的字段以及打印戳记参数文件等参数，如图 2-11 所示。

8. 打印样式表设置

在【打印样式表设置】选项卡中单击【打印样式表设置】按钮，可打开【打印样式表设置】对话框，如图 2-12 所示。在该对话框中可以设置所有图形中与打印样式相关的选项。打印样式是一个特性设置的集合，这些特性定义在一个打印样式表中，在打印图形时应用。使用【选项】对话框修改默认打印样式不会影响当前图形。也可以通过系统变量 PAGESETUP 修改当前图形中的当前布局的打印样式表。由于默认设置是【使用颜色相关打印样式】，因此默认状态下【对象特性】工具栏上的打印样式列表不可用。用户可以通过选中【使用命名打印样式】单选按钮显示打印样式表并打开一个新图形。也可以通过系统变量 PSTYLEPOLICY 来设置。

图 2-11 【打印戳记】对话框

图 2-12 【打印样式表设置】对话框

9. 自动发布设置

在【打印和发布】选项卡的【自动发布】选项区域中，可以设置是否自动发布 DWF，并且可以设置自动发布的参数。

②.1.5 设置系统参数

在【选项】对话框中，可以使用【系统】选项卡设置 AutoCAD 的一些系统参数，例如，当前定点设备、基本选项等，如图 2-13 所示。

1. 硬件加速

在【系统】选项卡的【硬件加速】选项区域中，单击【图形性能】按钮，将打开【图形性能】对话框，如图 2-14 所示。利用该对话框可以设置与硬件加速相关的系统特性和配置。

2. 当前定点设备

在【系统】选项卡的【当前定点设备】选项区域中，可以设置 AutoCAD 的定点设备，在【当前定点设备】下拉列表中可以选择定点设备驱动程序。在【接受来自以下设备的输入】选项下选择 AutoCAD 是同时接收鼠标和数字化仪的输入，还是在设置数字化仪时忽略鼠标输入。

图 2-13　【系统】选项卡　　　　图 2-14　【图形性能】对话框

3. 布局重生成选项

在【系统】选项卡的【布局重生成选项】选项区域中，可以设置指定模型选项卡和布局选项卡中的显示列表的更新方式。对于每个选项卡，可以通过切换到该选项卡重生成的图形来更新显示列表，也可以在切换到该选项卡时将显示列表保存到内存并只重生成修改的对象来更新显示列表，以提高性能，还可以通过系统变量 LAYOUTREGENCTL 来设置。

4. 数据库连接选项

在【系统】选项卡的【数据库连接选项】选项区域中，可以设置与数据库连接相关的选项。例如，设置是否在图形文件中保存链接索引、是否以只读形式打开数据表等。

5. 常规选项

在【系统】选项卡的【常规选项】选项区域中，可以设置系统的基本特性，其功能说明如下。

- 【显示 OLE 文字大小对话框】复选框：设置在图形中插入 OLE 对象时是否显示【插入对象】对话框。
- 【用户输入内容出错时进行声音提示】复选框：设置输入有错误时是否给出声音提示。
- 【允许长符号名】复选框：设置图层、块、线型、文字样式、布局、UCS 名称、视图以及视口配置等对象的名称是否最多可以使用 255 个符号。这些符号可以是字符、数字或空格，并且要求是没有用于 Windows 和 AutoCAD 特殊任务的任意符号。

6. 信息中心和安全性

在【系统】选项卡中单击【信息中心】选项区域中的【气泡式通知】按钮后，将打开如图 2-15 所示的【信息中心设置】对话框，在该对话框中可以提示信息气泡的显示参数。在【安全性】选项区域中单击【安全选项】按钮，可以在打开的【安全选项】对话框中设置安全级别和可执行文件的受信任文件夹等参数，如图 2-16 所示。

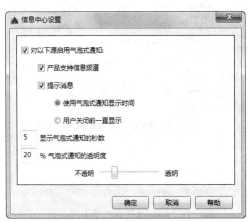

图 2-15　【信息中心设置】对话框

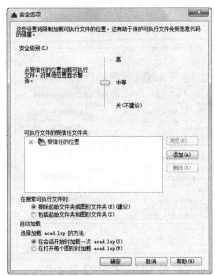

图 2-16　【安全选项】对话框

2.1.6　设置用户系统配置

在【选项】对话框中，用户可以通过配置【用户系统配置】选项卡来优化 AutoCAD 的工作方式，如图 2-17 所示。

1. Windows 标准

在【用户系统配置】选项卡的【Windows 标准】选项区域中，用户可以设置绘图时是否采用 Windows 标准，其功能说明如下。

- ◉ 【自定义右键单击】按钮：单击该按钮可以打开【自定义右键单击】对话框，如图 2-18 所示。在该对话框中，用户可以设置右击的功能。此外，也可以通过系统变量 SHORTCUTMENU 来设置。

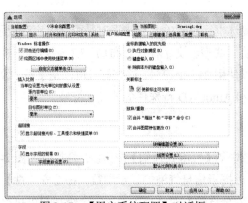

图 2-17　【用户系统配置】对话框

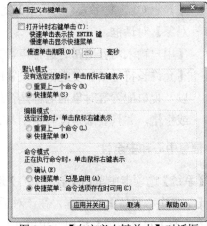

图 2-18　【自定义右键单击】对话框

● 【双击进行编辑】复选框：用于设置在绘图区域内双击时，是否进行图形的编辑。

● 【绘图区域中使用快捷菜单】复选框：用于设置在绘图区域内右击时，是弹出快捷菜单还是执行回车操作。

2. 插入比例

在【用户系统配置】选项卡的【插入比例】选项区域中，可以设置使用设计中心或 I-drop 将对象拖入图形的默认比例，其功能说明如下。

● 【源内容单位】下拉列表框：当没有使用 INSUNITS 系统变量指定插入单位时，设置 AutoCAD 插入到当前图形中的对象的单位。如果选择【不指定-无单位】选项，则在插入对象时不进行缩放，如图 2-19 所示。此外，也可以通过系统变量 INSUNITSDEFSOURCE 来设置。

● 【目标图形单位】下拉列表框：当没有使用 INSUNITS 系统变量指定插入单位时，设置 AutoCAD 在当前图形中使用的单位。也可以通过系统变量 INSUNITSDEFTARGET 来设置。

3. 字段

在【用户系统配置】选项卡的【字段】选项区域中，可以设置是否显示字段的背景。单击【字段更新设置】按钮打开【字段更新设置】对话框，可以在其中设置自动更新字段的方式，如图 2-20 所示。

图 2-19　【源内容单位】下拉列表

图 2-20　【字段更新设置】对话框

4. 坐标数据输入的优先级

在【用户系统配置】选项卡的【坐标数据输入的优先级】选项区域中，可以设置 AutoCAD 响应坐标数据的输入顺序，可以在【执行对象捕捉】、【键盘输入】及【除脚本外的键盘输入】3 种输入选择优先级排列。

5. 关联标准

在【用户系统配置】选项卡的【关联标注】选项区域中，用户可以设置标注对象与图形对象是否关联。

6. 超链接

在【用户系统配置】选项卡的【超链接】选项区域中，可以设置是否显示超链接光标和快捷菜单以及是否显示超链接工具栏提示。

7. 放弃/重做

在【用户系统配置】选项卡的【放弃/重做】选项区域中，可以设置在选中、组合多个对象时是否将连续执行的缩放和平移命令作为一个动作，以及是否将合并图形特性更改作为一个动作，以便执行放弃或重做操作。

8. 按钮功能

在【用户系统配置】选项卡中，单击【线宽设置】按钮，打开【线宽设置】对话框，可以在其中设置线段宽度、显示比例等内容，如图 2-21 所示；单击【默认比例列表】按钮打开【默认比例列表】对话框，可以在其中设置图纸单位和图形单位的缩放比例，如图 2-22 所示。

图 2-21 【线宽设置】对话框

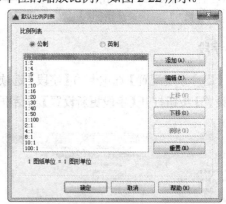

图 2-22 【默认比例列表】对话框

②.1.7 设置绘图

在【选项】对话框中，打开【绘图】选项卡，可以设置对象自动捕捉、自动追踪等功能，如图 2-23 所示。

1. 自动捕捉设置

在【绘图】选项卡的【自动捕捉设置】选项区域中，可以设置自动捕捉的方式，其功能如下。

- 【标记】复选框：设置自动捕捉到特征点时是否显示特征标记框。
- 【磁吸】复选框：设置自动捕捉到特征点时是否像磁铁一样把光标吸到特征点上。
- 【显示自动捕捉工具提示】复选框：设置自动捕捉到特征点时是否显示【对象捕捉】工具栏上的相应按钮的提示文字。
- 【显示自动捕捉靶框】复选框：设置是否捕捉靶框。靶框是一个比捕捉标记大 2 倍的矩形框。

- 【颜色】按钮：单击该按钮，打开【图形窗口颜色】对话框，在其中可以设置自动捕捉到特征点时显示特征标记框的颜色。

2. 自动追踪设置

在【绘图】选项卡的【AutoTrack(自动追踪)设置】选项区域中，可以设置自动追踪的方式，其功能说明如下。

- 【显示极轴追踪矢量】复选框：设置是否显示极轴追踪的矢量数据。
- 【显示全屏追踪矢量】复选框：设置是否显示全屏追踪的矢量数据。
- 【显示自动追踪工具栏提示】复选框：设置追踪特征点时是否显示工具栏上的相应按钮的提示文字。

3. 对齐点获取

在【绘图】选项卡的【对齐点获取】选项区域中，可以设置在图形中显示对齐矢量的方法。如果选中【自动】单选按钮，当靶框移动到对象捕捉上时，系统将自动显示追踪矢量；如果选中【按 Shift 键获取】单选按钮，按下 Shift 键并将靶框移动到对象捕捉上时，系统将显示追踪矢量。

4. 对象捕捉选项

在【绘图】选项卡的【对象捕捉选项】选项区域中，如果选中【忽略图案填充对象】复选框，可以在使用对象捕捉功能时忽略对图案填充对象的捕捉；如果选中【使用当前标高替换 Z 值】复选框，可以使用当前设置的标高，代替当前用户坐标系的 Z 轴坐标值；如果选中【对动态 UCS 忽略 Z 轴负向的对象捕捉】复选框，可以在使用对象捕捉功能时忽略对动态 UCS 负轴上的捕捉。

5. 按钮功能

单击【设计工具提示设置】按钮，打开【工具提示外观】对话框，可以在其中设置工具栏提示的外观，如图 2-24 所示。

图 2-23　【绘图】选项卡

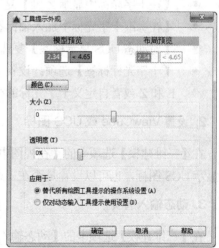

图 2-24　【工具提示外观】对话框

单击【光线轮廓设置】按钮，可以设置光线轮廓的外观，如图 2-25 所示；单击【相机轮廓设置】按钮，可以设置相机轮廓的颜色和尺寸，如图 2-26 所示。

图 2-25　【光线轮廓外观】对话框

图 2-26　【相机轮廓外观】对话框

②.1.8　设置三维建模

在【选项】对话框中，用户可以使用【三维建模】选项卡来设置三维建模工作空间的三维十字光标、UCS 图标等，如图 2-27 所示。

1. 设置三维十字光标

在【三维建模】选项卡的【三维十字光标】选项区域中，可以设置三维十字光标的显示形式，其功能说明如下。

- ● 【在十字光标中显示 Z 轴】复选框：设置在十字光标中是否显示 Z 轴。
- ● 【在标准十字光标中加入轴标签】复选框：设置是否在标准十字光标中加入轴标签。
- ● 【对动态 UCS 显示标签】复选框：设置在使用动态 UCS 时是否显示标签。
- ● 【十字光标标签】选项：设置十字光标的标签，可以使用 X、Y 和 Z，也可以使用 N、E 和 Z 或者自定义十字光标的标签。

2. 设置 ViewCube 或 UCS 图标

在【三维建模】选项卡的【在视图中显示工具】选项区域中，可以设置是否在二维模型空间中显示 UCS 图标，也可以设置是否在三维模型空间中显示 ViewCube 或 UCS 图标。

3. 动态输入选项

在【三维建模】选项卡的【动态输入】选项区域中，如果选中【为指针输入显示 Z 字段】复选框，就可以在使用动态输入的指针输入法中显示 Z 轴的坐标值。

4. 设置三维对象

在【三维建模】选项卡的【三维对象】选项区域中，可以在创建三维对象时设置视觉样式和需要删除的空间，还可以设置曲面和网络上的 U、V 素线值。

5. 设置三维导航

在【三维建模】选项卡的【三维导航】选项区域中，如果选中【反转鼠标滚轮缩放】复选框，鼠标滚轮反转时，可以缩放图形。单击【漫游和飞行】按钮，打开【漫游和飞行设置】对话框，可以设置指令窗口的显示形式以及当前图形的步长和频率，如图 2-28 所示。

图 2-27 【三维建模】选项卡

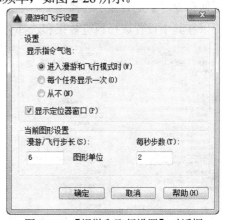

图 2-28 【漫游和飞行设置】对话框

单击【动画】按钮，在打开的【动画设置】对话框中可以设置动画的视觉样式、分辨率、帧率以及格式，如图 2-29 所示；单击 ViewCube 按钮，在打开的【ViewCube 设置】对话框中可以设置 ViewCube 的显示和控制方式，如图 2-30 所示。

图 2-29 【动画设置】对话框

图 2-30 【ViewCube 设置】对话框

②.1.9 设置选择集模式

在【选项】对话框中，用户可以使用【选择集】选项卡来设置选择集模式和夹点功能，如图

2-31 所示。

1. 拾取框大小和夹点大小

在【选择集】选项卡中，拖动【拾取框大小】选项区域中的滑块，可以设置默认拾取方式的选择对象拾取框的大小；拖动【夹点尺寸】选项区域中的滑块，可以设置对象夹点标记的大小。

2. 选择集预览

在【选择集】选项卡的【选择预览】选项区域中，可以设置【命令处于活动状态时】和【未激活任何命令时】是否显示选择预览。单击【视觉效果设置】按钮，打开【视觉效果设置】对话框，可以在其中设置选择预览效果和选择有效区域，如图 2-32 所示。

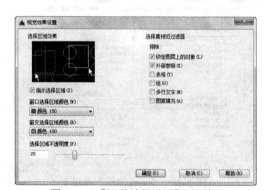

图 2-31　【选择集】选项卡　　　　图 2-32　【视觉效果设置】对话框

3. 选择模式

在【选择集】选项卡的【选择模式】选项区域中，可以设置构造选择集的模式，其中主要功能说明如下。

- 【先选择后执行】复选框：设置是否可以先选择对象构造出一个选择集，然后再调用该选择集进行编辑操作的命令。

- 【用 Shift 键添加到选择集】复选框：设置向已有的选择集中添加对象的方式。如果选中该复选框，向已有的选择集中添加对象必须同时按下 Shift 键。

- 【允许按住并拖动对象】复选框：设置用鼠标定义选择窗口的方式。如果选中该复选框，必须按住拾取键并拖动才可以生成一个选择窗口。如果取消选中该复选框(默认设置)，可以单独地分两次在屏幕上用鼠标定义选择窗口的角点，在给定第一个角点后，也会出现一个动态的选择窗口。

- 【隐含选择窗口中的对象】复选框：设置是否自动生成一个选择窗口。如果选中该复选框，可以在命令行的【选择对象】提示后，在绘图区拖动画出一个矩形窗口来选择对象；如果未选中该复选框，则不允许自动地拖动出一个选择窗口，必须输入 W 或 C 来响应，才能使用窗口(Windows)或者交叉窗口(Crossing)来生成选择窗口。

- 【对象编组】复选框：设置是否可以自动按组选择对象。如果选中该复选框，当选择某个对象组中的一个对象时，将会选中这个对象组中的所有对象。

- 【关联图案填充】复选框：设置是否可以从关联性填充中选择编辑对象。如果选中该复选框，只需选择一个关联性填充对象就可以选择该填充的所有对象，包括边界。

4. 夹点

在【选择集】选项卡的【夹点】选项区域中，可以设置是否使用夹点编辑功能，是否可以在块中使用夹点编辑功能以及夹点颜色等。

②.1.10　设置配置文件

在【选项】对话框的【配置】选项卡的【可用配置】列表框中，显示了当前可用的配置文件，如图 2-33 所示。用户可以单击选项卡右侧的按钮，来新建系统配置、重命名系统配置以及删除系统配置，其功能说明如下。

- 【置为当前】按钮：单击该按钮可以将【可用配置】列表框中选中的配置文件设置为当前配置文件。
- 【添加到列表】按钮：添加新的系统配置。单击该按钮可以打开【添加配置】对话框，如图 2-34 所示。可以在【配置名称】文本框中输入新配置的名称，在【说明】文本框中输入新配置的简短说明文字，然后单击【应用并关闭】按钮，保存添加的系统配置。

图 2-33　【配置】选项卡　　　　　　　图 2-34　【添加配置】对话框

- 【重命名】按钮：重命名【可用配置】列表框内容选择的系统配置。在【可用配置】列表框内选择要修改的系统配置后，单击【重命名】按钮，打开【修改配置】对话框，可以修改系统配置的名称和说明。
- 【删除】按钮：删除在【可用配置】列表框中选择的系统配置。
- 【输出】按钮：将制定的系统配置以文件的形式保存，以供其他用户共享该配置。配置文件的扩展名为 ARG。
- 【输入】按钮：输入一个配置文件。
- 【重置】按钮：将【可用配置】列表框内选中的系统配置重新设置为系统默认配置。

2.2 设置工作空间

AutoCAD 可以使用自定义工作空间来创建绘图环境，以便显示用户需要的工具栏、菜单和可固定的窗口。

2.2.1 自定义用户界面

在快捷工具栏中选择【显示菜单栏】命令，在弹出的菜单中选择【工具】|【自定义】|【界面】命令，打开【自定义用户界面】窗口，可以在其中重新设置图形环境使其满足需求。

【例2-2】在【功能区】选项板的【常用】选项卡中创建一个自定义面板。

(1) 在快速访问工具栏中选择【显示菜单栏】命令，在弹出的菜单中选择【工具】|【自定义】|【界面】命令，打开【自定义用户界面】窗口，如图 2-35 所示。

(2) 在【自定义】选项卡的【所有自定义文件】选项区域的列表框中右击【功能区】|【面板】节点，在弹出的快捷菜单中选择【新建面板】命令，如图 2-36 所示。

图 2-35 【自定义用户界面】窗口

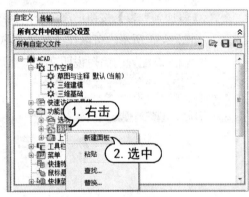

图 2-36 新建面板

(3) 在对话框右侧的【特性】选项区域的【名称】文本框中输入自定义工具栏名称，如【我的面板】，在【说明】文本框中输入自定义工具栏的注释文字，如图 2-37 所示。

图 2-37 设置新建面板名称

（4）在左侧【命令列表】选项区域中的【按类别】下拉列表框中选择【文件】选项，然后在下方对应的列表框中选中【另存为】命令，将其拖动到【我的面板】上，就为新建的工具栏添加了第一个工具按钮，如图 2-38 所示。

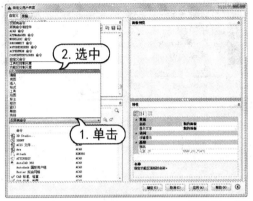 

图 2-38　拖动【另存为】命令

（5）重复步骤(4)的操作，使用同样的方法添加其他工具按钮，如图 2-39 所示。

（6）在【所有文件中的自定义设置】列表中将【我的面板】拖动至【常用】选项卡中，如图 2-40 所示。

图 2-39　添加更多工具按钮　　　　图 2-40　将【我的面板】拖动至【常用】选项卡

（7）完成以上操作后，单击【确定】按钮即可在【功能区】选项板的【常用】选项卡中创建【我的面板】面板。

②.2.2　锁定工具栏和选项板

在 AutoCAD 中可以锁定工具栏和选项板的位置，从而防止它们移动。锁定工具栏和选项板有以下两种方法。

- 单击状态栏的【锁定用户界面】图标 ，在弹出的菜单中选择需要锁定的对象，如图 2-41 所示。锁定对象后，状态栏上的【锁定】图标变为 。
- 在快速访问工具栏选择【显示菜单栏】命令，在弹出的菜单中选择【窗口】|【锁定位置】

命令的子命令，如图 2-42 所示。

图 2-41　状态栏按钮

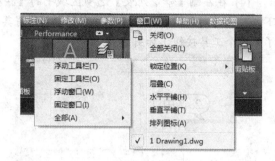

图 2-42　菜单栏命令

②.2.3　保存工作空间

在设置完工作空间后，可以将其保存，以便在需要时使用该空间。在快捷工具栏选择【显示菜单栏】命令，在弹出的菜单中选择【工具】|【工作空间】|【将当前工作空间另存为】命令，打开【保存工作空间】对话框，在其中设置空间名称后，单击【保存】按钮即可保存该工作空间，如图 2-43 所示。

图 2-43　保存工作空间

保存工作空间后，在快速访问工具栏选择【显示菜单栏】命令，在弹出的菜单中选择【工具】|【工作空间】|XX(保存的空间名)命令，即可切换到保存的工作空间。

②.3　绘图方法

为了满足不同用户的需要，使操作更加灵活方便，AutoCAD 提供了多种方法来实现相同的功能。例如，可以使用菜单栏、【菜单浏览器】按钮和功能区选项板等方法来绘制图形对象。

②.3.1　使用菜单栏

绘制图形时，最常用的菜单是【绘图】和【修改】菜单。这两种菜单的具体功能说明如下。

⊙ 【绘图】菜单是绘制图形最基本、最常用的菜单。其中包含 AutoCAD 2016 的大部分绘图命令。选择该菜单中的命令或子命令，即可绘制出相应的二维图形。

⊙ 【修改】菜单用于编辑图形，创建复杂的图形对象。其中包含 AutoCAD 2016 的大部分编辑命令，通过选择该菜单中的命令或子命令，即可完成对图形的所有编辑操作。

②.3.2　使用【菜单浏览器】按钮

单击【菜单浏览器】按钮，在弹出的菜单中选择相应的命令，同样可以执行相应的绘图命令，如图 2-44 所示。

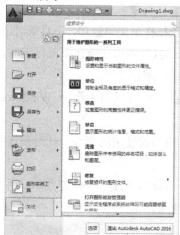

图 2-44　【菜单浏览器】按钮

提示

单击【菜单浏览器】按钮，在弹出的菜单中单击【退出 Autodesk AutoCAD 2016】按钮，即可关闭 AutoCAD 应用程序。

②.3.3　使用【功能区】选项板

【功能区】选项板包含【常用】、【插入】、【注释】、Performance、【参数化】、【视图】、【管理】、【输出】、【附加模块】、A360 和【精选应用】11 个选项卡，在这些选项卡的面板中单击任意按钮即可执行相应的图形绘制或编辑操作，如图 2-45 所示。

图 2-45　【功能区】选项板

2.4 使用命令与系统变量

在 AutoCAD 中，菜单命令、工具按钮、命令和系统变量都是相互对应的。可以选择某一菜单命令，或单击某个工具按钮，或在命令行中输入命令和系统变量来执行相应命令。命令是 AutoCAD 绘制与编辑图形的核心。

2.4.1 使用鼠标操作执行命令

在绘图窗口中，光标通常显示为【十】字线形式。当光标移至菜单选项、工具或对话框中时，将会变成一个箭头。无论光标是【十】字线形式还是箭头形式，当单击或按下鼠标键时，均可执行相应的命令或动作。在 AutoCAD 中，鼠标键是按照下述规则定义的。

- ⊙ 拾取键：通常指鼠标左键，用于指定屏幕上的点，也可以用于选择 Windows 对象、AutoCAD 对象、工具按钮和菜单命令等。
- ⊙ 回车键：指鼠标右键，相当于 Enter 键，用于结束当前使用的命令，此时系统根据当前绘图状态弹出不同的快捷菜单。
- ⊙ 弹出菜单：当使用 Shift 键和鼠标右键的组合时，系统将弹出一个快捷菜单，用于设置捕捉点的方法。对于 3 键鼠标，弹出按钮通常是鼠标的中间按钮。

2.4.2 使用键盘输入命令

在 AutoCAD 中，大部分的绘图和编辑功能都需要通过键盘输入完成。通过键盘可以输入命令，系统变量。此外，键盘还是输入文本对象、数值参数、点的坐标或进行参数选择的惟一方法。

2.4.3 使用命令行

在 AutoCAD 中，默认状态下【命令行】是一个可固定的窗口，可以在当前命令行提示下输入命令、对象参数等内容。对于大多数命令，【命令行】中可以显示执行完成的两条命令提示(也叫命令历史)，而对于一些输出命令，如 TIME、LIST 命令，需要在放大的【命令行】或【AutoCAD 文本窗口】中显示。

在【命令行】窗口中右击，AutoCAD 将显示一个快捷菜单，如图 2-46 所示。通过该菜单可以选择最近使用过的 6 个命令，使用自动完成功能，剪切和复制选定的文字，复制全部命令历史，粘贴文字或粘贴到命令行，以及打开【选项】对话框。

在命令行中，可以使用 BackSpace 或 Delete 键删除命令行中的文字，也可以选中命令历史，并执行【粘贴到命令行】命令，将其粘贴到命令行中。

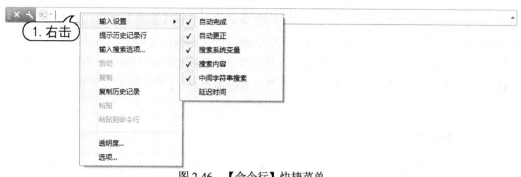

图 2-46 【命令行】快捷菜单

 提示 -

　　如果在命令行中显示【输入变量名或[?]:】时，直接按键盘上的 Enter 键，系统将列出所有的系统变量，此时可以查找并设置相应的系统变量。

②.4.4 使用系统变量

　　在 AutoCAD 中，系统变量用于控制某些功能和设计环境，命令的工作方式，可以打开或关闭捕捉、栅格或正交等绘图模式，设置默认的填充图案，或存储当前图形和 AutoCAD 配置的有关信息。

　　系统变量通常是 6～10 个字符长的缩写名称。许多系统变量有简单的开关设置。例如 GRIDMODE 系统变量用于打开或关闭栅格显示，当在命令行的【输入 GRIDMODE 的新值<1>:】提示下输入 0 时，可以关闭栅格显示；输入 1 时，可以打开栅格显示。有些系统变量则用来存储数值或文字，如 DATE 系统变量用来存储当前日期。

　　可以在对话框中修改系统变量，也可以直接在命令行中修改系统变量。例如，使用 ISOLINES 系统变量修改曲面的线框密度，可在命令行提示下输入该系统变量名称并按 Enter 键，然后输入新的系统变量值并按 Enter 键即可，详细操作如下。

> 命令: ISOLINES　(输入系统变量名称)
> 输入 ISOLINES 的新值 <4>: 32　(输入系统变量的新值)

②.4.5 命令的重复、终止与撤销

　　在 AutoCAD 中，可以方便地重复执行同一条命令，或撤销前面执行的一条或多条命令。此外，撤销前面执行的命令后，还可以通过重做来恢复前面执行的命令。

1. 重复命令

　　可以使用多种方法来重复执行 AutoCAD 命令。例如，要重复执行上一个命令，可以按 Enter

键或空格键，或在绘图区域中右击，在弹出的快捷菜单中选择【重复】命令。若要重复执行最近使用过的 6 个命令中的某一个命令，可以在命令窗口或文本窗口中右击，在弹出的快捷菜单中选择【最近使用的命令】的 6 个子命令之一。若要多次重复执行同一个命令，可以在命令提示下输入 MULTIPLE 命令，然后在命令行的【输入要重复的命令名：】提示下输入需要重复执行的命令，这样，AutoCAD 将重复执行该命令，直到按 Esc 键终止。

2. 终止命令

在命令执行过程中，可以随时按 Esc 键终止执行任何命令，Esc 键是 Windows 程序用于取消操作的标准键。

3. 撤销命令

AutoCAD 有多种方法可以放弃最近一个或多个操作，最简单的方法是使用 UNDO 命令来放弃单个操作，也可以一次撤销前面进行的多步操作。这时可在命令提示行中输入 UNDO 命令，然后在命令行中输入需要放弃的操作数目。例如，若要放弃最近的 5 个操作，应输入 5。AutoCAD 将显示放弃的命令或系统变量设置。

执行 UNDO 命令，命令提示行显示如下信息。

> 输入要放弃的操作数目或 [自动(A)/控制(C)/开始(BE)/结束(E)/标记(M)/后退(B)] <1>:

此时，可以使用【标记(M)】选项来标记一个操作，然后再使用【后退(B)】选项放弃标记操作之后执行的所有操作；也可以使用【开始(BE)】选项和【结束(E)】选项来放弃一组预先定义的操作。

如果需要重做使用 UNDO 命令放弃的最后一个操作，可以使用 REDO 命令或在菜单栏中选择【编辑】|【重做】命令或在快速访问工具栏中单击【重做】按钮。

②.5 上机练习

本章的上机练习将通过实例介绍在 AutoCAD 2016 中设置图形界限和图形单位的方法，用户可以通过实例操作巩固所学的知识。

②.5.1 设置图形界限

图形界限即为绘图区域，也称为图限。现实中的图纸都有一定的规格尺寸，如 A4，为了将绘制的图纸方便地打印输出，在绘图前应设置好图形界限。在 AutoCAD 的菜单栏中选择【格式】|【图形界限】命令(LIMITS)来设置图形界限。

在世界坐标系下，图形界限由一对二维点确定，即左下角点和右上角点。在发出 LIMITS 命令时，命令提示行将显示如下提示信息。

指定左下角点或 [开(ON)/关(OFF)] <0.0000,0.0000>:

通过选择【开(ON)】或【关(OFF)】选项可以决定能否在图形界限之外指定一点。如果选择【开(ON)】选项，那么将打开图形界限检查，就不能在图形界限之外结束一个对象，也不能使用【移动】或【复制】命令将图形移到图形界限之外，但可以指定两个点(中心和圆周上的点)来画圆，圆的一部分可能在界限之外；如果选择【关(OFF)】选项，AutoCAD 禁止图形界限检查，用户可以在图限之外画对象或指定点。

(1) 在菜单栏中选择【格式】|【图形界限】命令，发出 LIMITS 命令。

(2) 在命令行的【指定左下角点或[开(ON)/关(OFF)]<0.0000,0.0000>:】提示下，按 Enter 键，保持默认设置，如图 2-47 所示。

(3) 在命令行的【指定右上角点<12.0000,9.0000>:】提示下，输入绘图图限的右上角点(20,10)，如图 2-48 所示。

图 2-47　发出 LIMITS 命令

图 2-48　设置图形界限

(4) 输入完成后，按 Enter 键，完成图形界限的设置。

2.5.2　设置图形单位

在 AutoCAD 2016 中，可以在菜单栏中选择【格式】|【单位】命令(UNITS)，打开【图形单位】对话框设置绘图时使用的长度单位、角度单位以及单位的显示格式和精度等参数。

在长度的测量单位类型中，【工程】和【建筑】类型是以英尺和英寸显示，每一图形单位代表 1 英寸。其他类型，如【科学】和【分数】则没有特别的设定，每个图形单位都可以代表任何真实的单位。

(1) 在菜单栏中选择【格式】|【单位】命令，打开【图形单位】对话框。

(2) 在【长度】选项区域的【类型】下拉列表框中选择【小数】，在【精度】下拉列表框中选择0.00，如图 2-49 所示。

(3) 在【角度】选项区域的【类型】下拉列表框中选择【十进制度数】，在【精度】下拉列表框中选择0.0，如图 2-50 所示。

(4) 单击【方向】按钮，打开【方向控制】对话框，并在【基准角度】选项区域中选中【其他】单选按钮，如图 2-51 所示。

(5) 单击【拾取角度】按钮，切换至图形窗口，然后再单击交点 A 和 B，如图 2-52 所示，此时【方向控制】对话框的【角度】文本框中将显示角度值144°。

(6) 最后，单击【确定】按钮，依次关闭【方向控制】对话框和【图形单位】对话框，至此，完成设置。

图 2-49　设置长度类型和精度

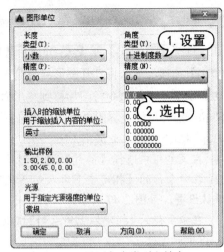

图 2-50　设置角度类型和精度

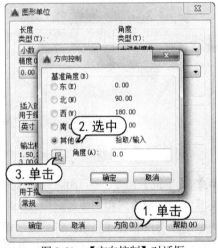

图 2-51　【方向控制】对话框

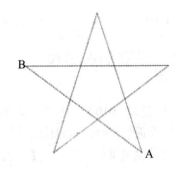

图 2-52　用于设置基准角度的图形

❷.6　习题

以样板文件 acadiso.dwt 绘制一幅新图形，并对其进行如下设置。

- 绘图界限：将绘图界限设为横装 A3 图幅(尺寸：420×297)，并使所设绘图界限有效。
- 绘图单位：将长度单位设为小数，精度为小数点后 1 位；将角度单位设为十进制度数，精度为小数点后 1 位，其余保持默认设置。
- 保存图形：将图形以文件名 A3 保存。

第**3**章

控制图形显示

学习目标

AutoCAD 的图形显示控制功能在工程设计和绘图领域的应用极其广泛。控制图形的显示是设计人员必须要掌握的技术。在二维图形中，经常用到三视图，即主视图、侧视图和俯视图，同时还用到轴测图。在三维图形中，图形的显示控制就显得更加重要。

本章重点

- ⦿ 重画与重生图形
- ⦿ 缩放视图
- ⦿ 平移视图
- ⦿ 使用命名视图
- ⦿ 使用鸟瞰视图
- ⦿ 使用平铺视口
- ⦿ 使用 ShowMotion

③.1 重画与重生成图形

在绘图和编辑过程中，屏幕上常常会留下对象的拾取标记，这些临时标记不是图形中的对象，有时会使当前图形画面显得混乱，这时就可以使用 AutoCAD 的重画与重生成图形功能清除这些临时标记。

③.1.1 重画图形

在 AutoCAD 绘图过程中，屏幕上会出现一些杂乱的标记符号，这是在删除操作拾取对象时留下的临时标记。这些标记实际上是不存在的，只是残留的重叠图像，因为 AutoCAD 使用背景色重画被删除的对象所在的区域遗漏了一些区域。这时就可以使用【重画】命令，来更新屏幕，消除临时标记。

在快速访问工具栏中选择【显示菜单栏】命令，然后在弹出的菜单中选择【视图】|【重画】命令(REDRAWALL)，可以更新当前的视图区。

3.1.2 重生成图形

重生成与重画在本质上不同，在 AutoCAD 中使用【重生成】命令可以重生成屏幕，此时系统从磁盘中调用当前图形的数据，比【重画】命令执行速度慢，更新屏幕花费的时间较长。在 AutoCAD 中，某些操作只有在使用【重生成】命令后才生效，例如改变点的格式。如果一直使用某个命令修改编辑图形，但该图形似乎看不出什么变化，可以使用【重生成】命令更新屏幕显示。

【重生成】命令有以下两种执行方法：
- 在快速访问工具栏中选择【显示菜单栏】命令，在弹出的菜单中选择【视图】|【重生成】命令(REGEN)可以更新当前视图区；
- 在快速访问工具栏中选择【显示菜单栏】命令，在弹出的菜单中选择【视图】|【全部重生成】命令(REGENALL)，可以同时更新多重视口。

3.2 缩放视图

在 AutoCAD 中按一定比例、观察位置和角度显示的图形称为视图。用户可以通过缩放视图来观察图形对象。缩放视图可以增加或减少图形对象的屏幕显示尺寸，但对象的真实尺寸保持不变。通过改变显示区域和图形对象的大小可以更准确、更详细地进行绘图。

3.2.1 【缩放】菜单和工具按钮

在 AutoCAD 2016 中，在快速访问工具栏中选择【显示菜单栏】命令，在弹出的菜单中选择【视图】|【缩放】命令中的子命令(如图 3-1 所示)或在命令行中执行 ZOOM 命令(如图 3-2 所示)，均可以缩放视图。

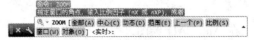

图 3-1 【缩放】子菜单中的命令   图 3-2 执行 ZOOM 命令

在绘制图形的局部细节时，需要使用缩放工具放大绘图区域，当绘制完成后，再使用缩放工具缩小图形来观察图形的整体效果。

3.2.2 实时缩放视图

在快速访问工具栏中选择【显示菜单栏】命令，在弹出的菜单中选择【视图】|【缩放】|【实时】命令，进入实时缩放模式，此时鼠标指针将呈 形状。若用户向上拖动光标，可以放大整个图形；向下拖动光标，则可以缩小整个图形，如图 3-3 所示；释放鼠标后停止缩放。

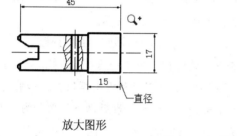
放大图形

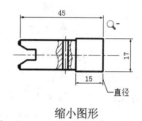
缩小图形

图 3-3 实时缩放视图

3.2.3 窗口缩放视图

在 AutoCAD 快速访问工具栏中选择【显示菜单栏】命令，在弹出的菜单中选择【视图】|【缩放】命令，可以在屏幕上拾取两个对角点以确定一个矩形窗口，系统将矩形范围内的图形放大至整个屏幕，如图 3-4 所示。

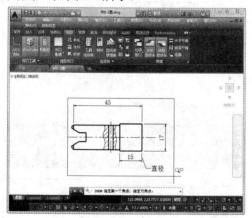
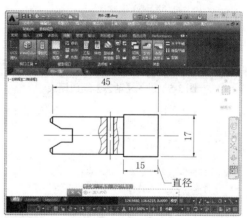

图 3-4 窗口缩放视图

在使用窗口缩放时，若系统变量 REGENAUTO 设置为关闭状态，则与当前显示设置的界限相比，拾取区域显得过小。系统将提示重新生成图形，并询问用户是否继续，此时应回答 No，并重新选择较大的窗口区域。

③.2.4 动态缩放视图

在快速访问工具栏中选择【显示菜单栏】命令，在弹出的菜单中选择【视图】|【缩放】|【动态】命令，可以动态缩放视图。当进入动态缩放模式时，屏幕中将显示一个带【×】的矩形方框。单击鼠标左键，此时选择窗口中心的【×】消失，显示一个位于右边框的方向箭头，拖动鼠标可以改变选择窗口的大小，以确定选择区域，最后按 Enter 键，即可缩放图形。

【例3-1】放大图 3-3 所示图形中的填充图案。

(1) 在快速访问工具栏中选择【显示菜单栏】命令，在弹出的菜单中选择【视图】|【缩放】|【动态】命令，此时，在绘图窗口中将显示图形范围，如图 3-5 所示。

(2) 当视图框包含一个【×】时，在屏幕上拖动视图框以平移到不同的区域。

(3) 要缩放到不同的大小，可单击鼠标左键，这时视图框中的【×】将变成一个箭头，如图 3-6 所示。左右移动指针调整视图框大小，上下移动光标可以调整视图框位置。如果视图框较大，则显示出的图像较小；如果视图框较小，则显示出的图像较大，最后调整效果如图 3-7 所示。

(4) 图形调整完毕后，再次单击鼠标左键。如果当前视图框指定的区域正是用户要查看的区域，按下 Enter 键确认，则视图框所包围的图像就成为当前视图，如图 3-8 所示。

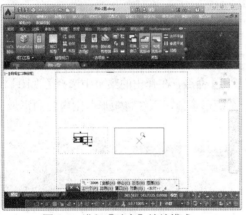

图 3-5 进入【动态】缩放模式

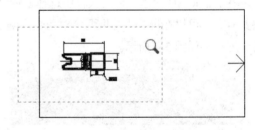

图 3-6 显示箭头

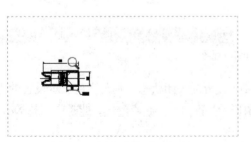

图 3-7 调整视图框大小和位置

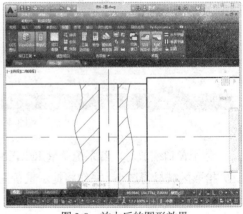

图 3-8 放大后的图形效果

③.2.5 显示上一个视图

在图形中进行局部特写时，可能需要将图形缩小以观察总体布局，然后又希望重新显示前面的视图。这时在快速访问工具栏中选择【显示菜单栏】命令，在弹出的菜单中选择【视图】|【缩放】|【上一个】命令，使用系统提供的显示上一个视图功能，快速回到上一个视图，如图 3-9 所示。

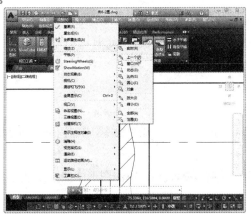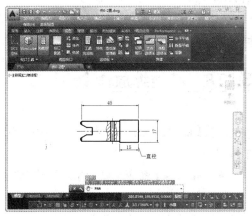

图 3-9 显示上一个视图

如果正处于实时缩放模式，则右击鼠标，在弹出的菜单中选择【缩放为原窗口】命令，即可回到最初的使用实时缩放过的缩放视图。

③.2.6 按比例缩放视图

在快速访问工具栏中选择【显示菜单栏】命令，在弹出的菜单中选择【视图】|【缩放】|【比例】命令，可以按一定的比例来缩放视图，此时命令行将显示如下所示的提示信息。

ZOOM 输入比例因子（nX 或 nXP）：

在以上命令的提示下，可以通过以下 3 种方法来指定缩放比例。

- 相对图形界限：输入一个不带任何后缀的比例值作为缩放的比例因子，该比例因子适用于整个图形。输入 1 时可以在绘图区域中以上一个视图的中点为中心点来显示尽可能大的图形界限。要放大或缩小，只需输入一个大一点或小一点的数字。例如，输入 2 表示以完全尺寸的两倍显示图像；输入 0.5 则表示以完全尺寸的一半显示图像。

- 相对当前视图：要相对当前视图按比例缩放视图，只需在输入的比例值后加 X。例如，输入 2X，以两倍的尺寸显示当前视图；输入 0.5X，则以一半的尺寸显示当前视图；而输入 1X 则没有变化。

- 相对图纸空间单位：当工作在布局中时，要相对图纸空间单位按比例缩放视图，只需在输入的比例值后加上 XP。它指定了相对当前图纸空间按比例缩放视图，并且它还可以在打印前缩放视口。

③.2.7 设置视图中心点

在快速访问工具栏中选择【显示菜单栏】命令，在弹出的菜单中选择【视图】|【缩放】|【中心点】命令，在图形中指定一点，然后指定一个缩放比例因子或者指定高度值来显示一个新视图，而选择的点将作为该新视图的中心点。如果输入的数值比默认值小，则会放大图形。如果输入的数值比默认值大，则会缩小图形。

要指定相对的显示比例，可输入带 X 的比例因子数值。例如，输入 2X 将显示比当前视图大两倍的视图。如果正在使用浮动视口，则可以输入 XP 来相对于图纸空间进行比例缩放。

③.2.8 其他缩放命令

选择【视图】|【缩放】命令后，在弹出的子菜单中还包括以下几个命令，其各自的功能说明如下。

- ◉ 【对象】命令：显示图形文件中的某部分，选择该模式后，单击图形中的某个部分，该部分将显示在整个图形窗口中。
- ◉ 【放大】命令：选择该命令一次，系统将整个视图放大 1 倍，如图 3-10 所示，其默认比例因子为 2。

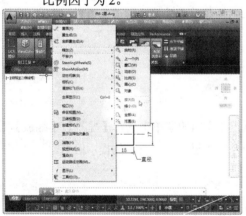
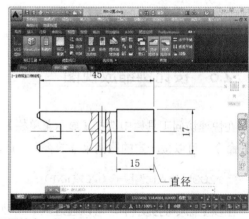

图 3-10　将整个视图放大 1 倍

- ◉ 【缩小】命令：选择该命令一次，系统将整个图形缩小 1 倍，其默认比例因子为 0.5。
- ◉ 【全部】命令：显示整个图形中所有对象。在平面视图中，它以图形界限或当前图形范围为显示边界，在具体情况下，范围最大的将作为显示边界。如果图形延伸到图形界限以外，仍将显示图形中的所有对象，此时的显示边界是图形范围。
- ◉ 【范围】命令：在屏幕上尽可能大地显示所有图形对象。该命令与全部缩放模式不同的是，范围缩放使用的显示边界只是图形范围而不是图形界限。

③.3　平移视图

通过平移视图，可以重新定位图形，以便清楚地观察图形的其他部分。在菜单栏中选择【视图】|【平移】命令(PAN)中的子命令，不仅可以向左、右、上、下 4 个方向平移视图，还可以使用【实时】和【点】命令平移视图。

③.3.1　实时平移

在快速访问工具栏中选择【显示菜单栏】命令，在弹出的菜单中选中【视图】|【平移】|【实时平移】命令，鼠标光标指针将变成一只小手的形状。按住鼠标左键拖动，窗口内的图形就可以按照移动的方向移动，如图 3-11 所示。释放鼠标，可返回到平移等待状态。按下 Esc 或 Enter 键退出实时平移模式。

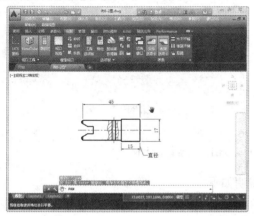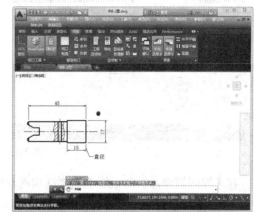

图 3-11　实时平移

③.3.2　定点平移

在快速访问工具栏中选择【显示菜单栏】命令，在弹出的菜单中选择【视图】|【平移】|【点】命令，通过指定基点和位移值来平移视图，如图 3-12 所示。

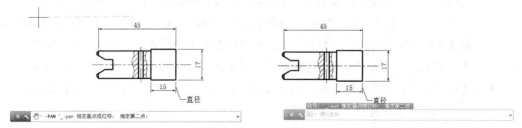

图 3-12　定点平移

③.4 使用命名视图

在一张工程图纸上可以创建多个视图。当查看、修改图纸上的某一部分视图时，只要将该视图恢复出来即可。

③.4.1 命名视图

在菜单栏中选择【视图】|【命名视图】命令(VIEW)，打开【视图管理器】对话框，如图 3-13 所示。使用该对话框可以创建、设置、重命名以及删除命名视图。

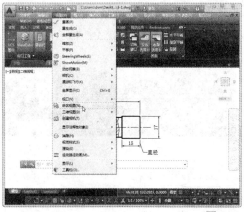

图 3-13 打开【视图管理器】对话框

在【视图管理器】对话框中主要选项的功能说明如下。

- 【查看】列表框：列出了已命名的视图和可作为当前视图的类别，例如可选择正交视图和等轴测视图作为当前视图。
- 【信息】选项区域：显示指定命名视图的详细信息，包括视图名称、分类、UCS 及透视模式等。
- 【置为当前】按钮：将选中的命名视图设置为当前视图。
- 【新建】按钮：创建新的命名视图。单击该按钮，打开【新建视图/快照特性】对话框，如图 3-14 所示。可以在【视图名称】文本框中设置视图名称；在【视图类别】下拉列表框中为命名视图选择或输入一个类别；在【边界】选项区域中通过选中【当前显示】或【定义窗口】单选按钮来创建视图的边界区域；在【设置】选项区域中，可以设置是否【将图层快照与视图一起保存】；在【UCS】下拉列表框设置命名视图的 UCS；在【背景】选项区域中，可以选择新的背景来替代默认的背景，且可以预览效果。
- 【更新图层】按钮：单击该按钮，可以使用选中的命名视图中保存的图层信息更新当前模型空间或布局视图中的图层信息。
- 【编辑边界】按钮：单击该按钮，切换到绘图窗口中，可以重新定义视图的边界，如图 3-15 所示。

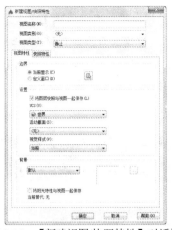

图 3-14　【新建视图/快照特性】对话框

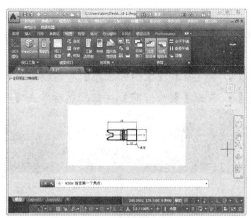

图 3-15　编辑视图边界

3.4.2　恢复命名视图

在 AutoCAD 2016 中，可以一次命名多个视图，当需要重新使用一个已命名视图时，只需将该视图恢复至当前视口。如果绘图窗口中包含多个视口，可以将视图恢复至活动视口中，或将不同的视图恢复到不同的视口中，同时显示模型的多个视图。

恢复视图时可以恢复视口的中点、查看方向、缩放比例因子和透视图(镜头长度)等设置，如果在命名视图时将当前的 UCS 随视图一起保存起来，则当恢复视图时也可以恢复 UCS。

【例 3-2】在如图 3-3 所示图形中创建一个命名视图，并在当前视口中恢复命名视图。

(1) 在快速访问工具栏中选择【显示菜单栏】命令，在弹出的菜单中选择【视图】|【命名视图】命令，打开【视图管理器】对话框，然后在该对话框中单击【新建】按钮，如图 3-16 所示。

(2) 在打开的【新建视图】对话框中的【视图名称】文本框中输入【新命名视图】，然后单击【确定】按钮，如图 3-17 所示。创建一个名称为【新命名视图】的视图，显示在【视图管理器】对话框的【模型视图】选项节点中。

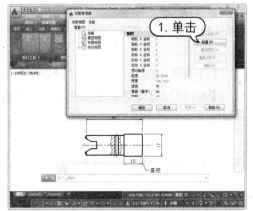

图 3-16　打开【视图管理器】对话框

图 3-17　【新建视图】对话框

计算机 基础与实训教材系列

(3) 在快速访问工具栏中选择【显示菜单栏】命令，在弹出的菜单中选择【视图】|【视图】|【三个视口】命令，将视图分割成 3 个视口，此时右边的视口被设置为当前视口，如图 3-18 所示。

(4) 在快速访问工具栏中选择【显示菜单栏】命令，在弹出的菜单中选择【视图】|【命名视图】命令，打开【视图管理器】对话框，展开【模型视图】节点，选择已命名的视图【新命名视图】，单击【置为当前】按钮，然后单击【确定】按钮，将其设置为当前视图，如图 3-19 所示。

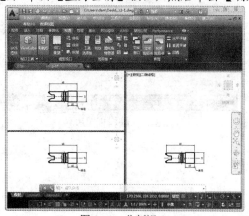

图 3-18　分割视口

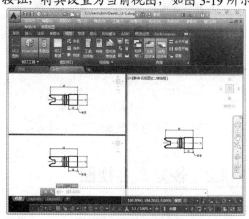

图 3-19　恢复命名视图

③.5　使用平铺视口

在 AutoCAD 2016 中，为了便于编辑图形，通常需要将图形的局部进行放大，以显示其细节。当需要观察图形的整体效果时，仅使用单一的绘图视口已无法满足需要。此时，可使用 AutoCAD 的平铺视口功能，将绘图窗口划分为若干视口。

③.5.1　平铺视口的特点

平铺视口是指把绘图窗口分成多个矩形区域，从而创建多个不同的绘图区域，其中每一个区域都可用来查看图形的不同部分。在 AutoCAD 中，可以同时打开 32 000 个视口，屏幕上还可保留菜单栏和命令提示窗口。

在 AutoCAD 2016 的菜单栏中选择【视图】|【视口】子菜单中的命令，或在【功能区】选项板中选择【视图】选项卡，在【模型视口】面板中单击【视口配置】下拉列表按钮，在弹出的下拉列表中选择相应的按钮，都可以在模型空间创建和管理平铺视口，如图 3-20 所示。

在 AutoCAD 中，平铺视口具有以下几个特点：

- ◉ 每个视口都可以平移和缩放，设置捕捉、栅格和用户坐标系等，且每个视口都有独立的坐标系统。
- ◉ 在命令执行期间，可以切换视口以便在不同的视口中绘图。
- ◉ 可以命名视口的配置，以便在模型空间中恢复视口或者应用到布局。

- 只能在当前视口里工作。要将某个视口设置为当前视口，只需单击视口的任意位置，此时当前视口的边框将加粗显示。
- 只有在当前视口中指针才能显示为十字形状，指针移出当前视口后就变为箭头形状。
- 当在平铺视口中工作时，可全局控制所有视口中的图层的可见性。如果在某一个视口中关闭了某一个图层，系统将关闭所有视口中的相应图层。

③.5.2 创建平铺视口

在菜单栏中选择【视图】|【视口】|【新建视口】命令(VPOINTS)，打开【视口】对话框，如图 3-21 所示。通过使用【新建视口】选项卡，可以显示【标准视口】配置列表，创建及设置新的平铺视口。

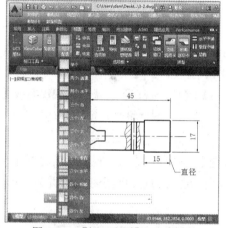

图 3-20 【视口配置】下拉列表

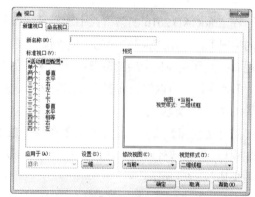

图 3-21 【视口】对话框

例如，在创建多个平铺视口时，需要在【新名称】文本框中输入新建的平铺视口的名称，在【标准视口】列表框中选择可用的标准的视口配置，此时【预览】区域中将显示所选视口配置以及已赋于每个视口的默认视图的预览图像，如图 3-22 所示。此外，还需要设置以下选项。

- 【应用于】下拉列表框：设置所选的视口配置是用于整个显示屏幕还是当前视口，包括【显示】和【当前视口】两个选项。其中【显示】选项用于设置将所选的视口配置用于模型空间中的整个显示区域，为默认选项；【当前视口】选项用于设置将所选的视口配置用于当前视口。
- 【设置】下拉列表框：指定二维或三维设置。如果选择二维选项，则使用视口中的当前视图来初始化视口配置；如果选择三维选项，则使用正交的视图来配置视口。
- 【修改视图】下拉列表框：选择一个视口配置代替已选择的视口配置。
- 【视觉样式】下拉列表框：可以从中选择一种视觉样式代替当前的视觉样式。

在【视口】对话框中，通过使用【命名视口】选项卡，可以显示图形中已命名的视口配置。当选择一个视口配置后，配置的布局情况将显示在预览窗口中，如图 3-23 所示。

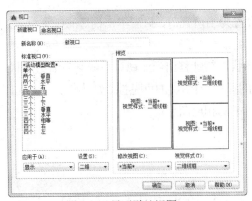

图 3-22　显示默认视图

图 3-23　【命名视口】选项卡

③.5.3　分割与合并视口

在 AutoCAD 2016 的菜单栏中选择【视图】|【视口】子菜单中的命令，可以在不改变视口显示的情况下，分割或合并当前视口。例如，选择【视图】|【视口】|【一个视口】命令，可以将当前视口扩大到充满整个绘图窗口；选择【视图】|【视口】|【两个视口】、【三个视口】或【四个视口】命令，则可以将当前视口分割为 2 个、3 个或 4 个视口。例如将绘图窗口分割为 4 个视口，效果如图 3-24 所示。

选择【视图】|【视口】|【合并】命令，系统要求选定一个视口作为主视口，然后再选择一个相邻视口，并将该视口与主视口合并。例如，将图 3-24 所示图形的右边两个视口合并为一个视口，其效果如图 3-25 所示。

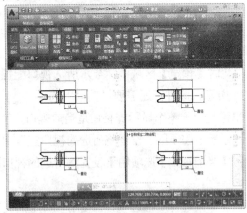

图 3-24　将绘图窗口分割为 4 个视口

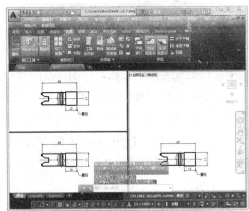

图 3-25　合并视口

③.6　使用 ShowMotion

在 AutoCAD 2016 中，可以通过创建视图的快照来观察图形。在快速访问工具栏中选择【显示菜单栏】命令，在弹出的菜单中选择【视图】|ShowMotion 命令，或在状态中单击 ShowMotion

按钮，均可以打开 ShowMotion 面板，如图 3-26 所示。

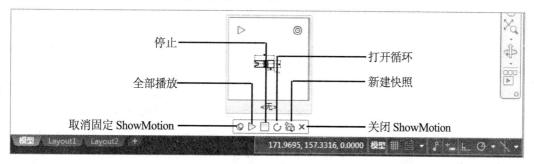

图 3-26 ShowMotion 面板

单击【新建快照】按钮，打开【新建视图/快照特性】对话框，使用该对话框中的【快照特性】选项卡可以新建快照，如图 3-27 所示。其中各选项的功能如下所示。

- 【视图名称】文本框：用于输入视图的名称。
- 【视图类别】下拉列表框：可以输入新的视图类别，也可以从中选择已有的视图类别。系统将根据视图所属的类别来组织各个活动视图。
- 【视图类型】下拉列表框：可以从中选择视图类型，主要包括 3 种类型：影片式、静止和已记录的漫游。视图类型将决定视图的活动情况。
- 【转场】选项区域：用于设置视图的转场类型和转场持续时间。
- 【活动】选项区域：用于设置视图移动类型、移动持续时间、距离和位置等。
- 【预览】按钮：单击该按钮，可以预览视图中图形的活动情况。
- 【循环】复选框：选中该复选框，可以循环观察视图中图形的运动情况。

成功创建快照后，在 ShowMotion 面板上方将以缩略图的形式显示各个视图中图形的活动情况，如图 3-28 所示。单击绘图区中的某个缩略图，将显示图形的活动情况，用于观察图形。

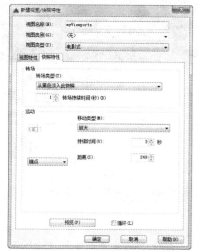

图 3-27 【新建视图/快照特性】对话框

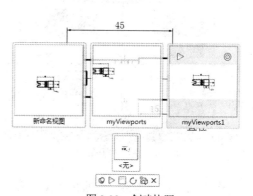

图 3-28 创建快照

③.7 上机练习

将图 3-29 所示的视口分割为 4 个视口,合并左侧的两个视口,然后将视口命名为 myViewports,并将左侧视口中的图形以两倍尺寸放大,最后再恢复到命名视口时的状态。

(1) 在快速访问工具栏中选择【显示菜单栏】命令,在弹出的菜单中选择【文件】|【打开】命令,打开【选择文件】对话框,选择如图 3-29 所示的图形文件并将其打开。

(2) 在快速访问工具栏中选择【显示菜单栏】命令,在弹出的菜单中选择【视图】|【视口】|【四个视口】命令,将绘图窗口分割为 4 个视口,效果如图 3-30 所示。

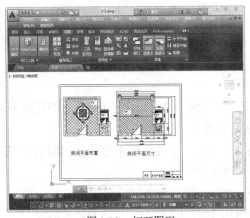

图 3-29 打开图形

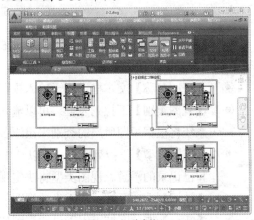

图 3-30 分割视口

(3) 在快速访问工具栏中选择【显示菜单栏】命令,在弹出的菜单中选择【视图】|【视口】|【合并】命令,然后在绘图窗口单击左上角的视口,如图 3-31 所示。

(4) 在绘图窗口单击左下角的视口,合并左侧上下两个视口,效果如图 3-32 所示。

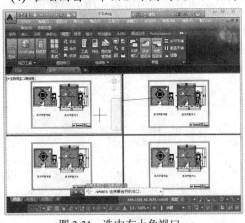

图 3-31 选中左上角视口

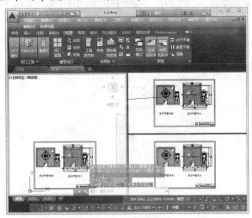

图 3-32 合并视口

(5) 在快速访问工具栏中选择【显示菜单栏】命令,在弹出的菜单中选择【视图】|【平移】|【实时】命令,当鼠标指针变为🖐形状后,按住鼠标左键拖动,调整视口中图形的位置,如图 3-33 所示。

(6) 在快速访问工具栏中选择【显示菜单栏】命令，在弹出的菜单中选择【视图】|【视口】|【新建视口】命令，打开【视口】对话框。

(7) 在【视口】对话框的【新名称】文本框中输入 myViewports，然后单击【确定】按钮，如图 3-34 所示。

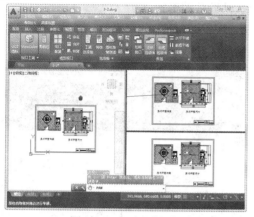

图 3-33　实时平移视图

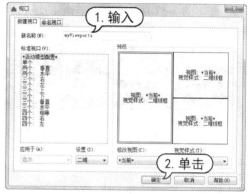

图 3-34　缩放视图

(8) 保持左侧视口的选中状态，在快速访问工具栏中选择【显示菜单栏】命令，在弹出的菜单中选择【视图】|【缩放】|【比例】命令，然后在命令行中输入【2X】，以两倍的尺寸显示当前视图，如图 3-35 所示。

(9) 在快速访问工具栏中选择【显示菜单栏】命令，在弹出的菜单中选择【视图】|【视口】|【一个视口】命令，放大视口使其充满整个窗口。

(10) 在快速访问工具栏中选择【显示菜单栏】命令，在弹出的菜单中选择【视图】|【视口】|【命名视口】命令，打开【视口】对话框。

(11) 在【视口】对话框中选择【命名视口】选项卡，然后在【命名视口】列表框中选择 myViewports 选项，并单击【确定】按钮，如图 3-36 所示。

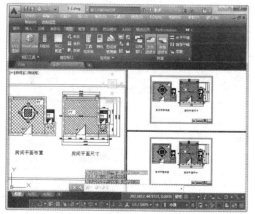

图 3-35　放大视图

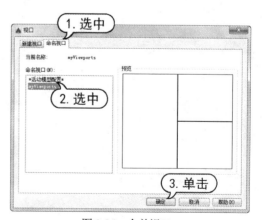

图 3-36　合并视口

(12) 此时，绘图窗口将恢复到如图 3-33 所示的状态。

③.8 习题

1. AutoCAD 2016 中的 Steering wheels 是什么？如何使用 Steering wheels？

2. 在 AutoCAD 2016 中，如何使用【动态】缩放法缩放图形？

3. 将如图 3-37 所示的零件图形创建成一个命名视图，并将视图分割成 3 个视口，如图 3-38 所示。

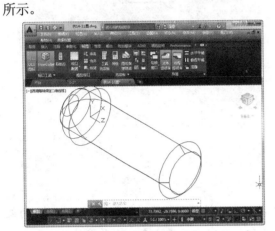

图 3-37　零件图形

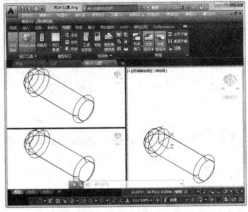

图 3-38　分割视图

设置对象特性

4.1 对象特性概述

在 AutoCAD 中，绘制的每个对象都有特性，有的特性是基本特性，适用于大多数对象，例如图层、颜色、线型和打印样式等；有的特性是专用于某个对象的特性，例如圆的特性包括半径和面积。

4.1.1 显示和修改对象特性

在 AutoCAD 中，用户可以使用多种方法来显示和修改对象特性。

- 在快速访问工具栏中选择【显示菜单栏】命令，在弹出的菜单中选择【工具】|【选项板】|【特性】命令，打开【特性】选项板，可以查看和修改对象的所有特性的设置，如图 4-1 所示。
- 在【功能区】选项板中选择【常用】选项卡，在【图层】和【特性】面板中可以查看和修改对象的颜色、线型和线宽等特性，如图 4-2 所示。

图 4-1　【特性】选项板

图 4-2　【图层】和【特性】面板

- 在命令行中输入 LIST，并选择对象，将打开文本窗口显示对象的特性。
- 在命令行中输入 ID，并单击某个位置，即可在命令行中显示该位置的坐标值。

④.1.2　在对象之间复制特性

在 AutoCAD 中，可以将一个对象的某些或所有特性复制到其他对象上。可以复制的特性类型包括颜色、图层、线型、线型比例、线宽、厚度、打印样式、标注、文字、填充图案、视口、多段线、表格材质、阴影显示和多重引线等。

在快速访问工具栏中选择【显示菜单栏】命令，在弹出的菜单中选择【修改】|【特性匹配】命令，并选择要复制特征的对象，此时将提示如图 4-3 所示的信息。

默认情况下，所有可应用的特性都自动地从选定的第一个对象复制到目标对象。如果不希望复制特定的特性，可以输入 S，打开【特性设置】对话框，取消选择禁止复制的特性即可，如图 4-4 所示。

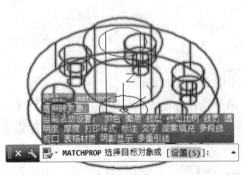

图 4-3　特性匹配命令行提示

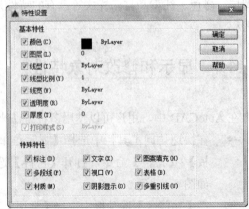

图 4-4　【特性设置】对话框

④.2 控制对象的显示特性

在 AutoCAD 中，用户可以对重叠对象和其他某些对象的显示和打印进行控制，从而提高系统的性能。

④.2.1 打开或关闭可见元素

当宽多段线、实体填充多边形(二维填充)、图案填充、渐变填充和文字以简化格式显示时，显示性能和创建测试打印的速度都将得到提高。

1. 打开或关闭填充

使用 FILL 变量可以打开或关闭宽线、宽多段线和实体填充，如图 4-5 所示。当关闭填充模式时，可以提高 AutoCAD 的显示处理速度。

打开填充模式 Fill=ON　　　　　　　　　　关闭填充模式 Fill=OFF

图 4-5　打开与关闭填充模式时的效果

当实体填充模式关闭时，填充不可打印。但是，改变填充模式的设置并不影响显示具有线宽的对象。当修改了实体填充模式后，在快速访问工具栏中选择【显示菜单栏】命令，在弹出的菜单中选择【视图】|【重生成】命令可以查看效果且新对象将自动反映新的设置。

2. 打开或关闭线宽显示

当在模型空间或图纸空间中工作时，为了提高 AutoCAD 的显示处理速度，可以关闭线宽显示。单击状态栏上的【线宽】按钮█或使用【线宽设置】对话框，可以切换显示的开关。线宽以实际尺寸打印，但在模型选项卡中与像素成比例显示，任何线宽的宽度如果超过了一个像素就有可能降低 AutoCAD 的显示处理速度。如果要使 AutoCAD 的显示性能最优，在图形中工作时应该把线宽显示关闭。如图 4-6 所示为图形在线宽打开和关闭模式下的显示效果。

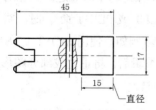　　　　　　　　　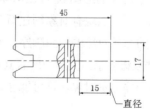

线宽打开模式　　　　　　　　　　　　　　线宽关闭模式

图 4-6　线宽打开和关闭模式下的显示效果

3. 打开或关闭文字快速显示

在 AutoCAD 中，可以通过设置系统变量 QTEXT 打开【快速文字】模式或关闭文字的显示。【快速文字】模式打开时，只显示定义文字的框架，如图 4-7 所示。

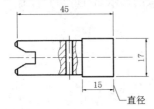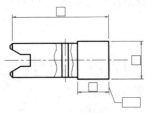

关闭快速文字 QTEXT=OFF　　　　　　　　　　　　　关闭快速文字 QTEXT=ON

图 4-7　打开或关闭文字快速显示

与填充模式一样，关闭文字显示可以提高 AutoCAD 的显示处理速度。打印快速文字时，只打印文字框而不打印文字。无论何时修改快速文字模式，都可以在快速访问工具栏中选择【显示菜单】命令，在弹出的菜单中选择【视图】|【重生成】命令，查看现有文字上的改动效果，且新的文字将自动反映新的设置。

4.2.2　控制重叠对象的显示

通常情况下，重叠对象(例如文字、宽多段线和实体填充多边形)按其创建的次序显示：新创建的对象在现有对象的前面。要改变对象的绘图次序，可以在快速访问工具栏中选择【显示菜单栏】命令，在弹出的菜单中选择【工具】|【绘图次序】命令中的子命令(DRAWORDER)，并选择需要改变次序的对象，此时命令行显示如下信息：

> 输入对象排序选项 [对象上(A) / 对象下(U) / 最前(F) / 最后(B)]<最后>:

该命令行提示下各选项的含义如下所示。

【对象上】选项：将选定的对象移动到指定参照对象的上面。

【对象下】选项：将选定的对象移动到指定参照对象的下面。

【最前】选项：将选定对象移动到图形中对象顺序的顶部。

【最后】选项：将选定对象移动到图形中对象顺序的底部。

更改多个对象的绘图顺序(显示顺序和打印顺序)时，将保持选定对象之间的相对绘图顺序不变。默认情况下，从现有对象创建新对象(例如，使用 FILLET 或 PEDIT 命令)时，将为新对象指定首先选定的原始对象的绘图顺序。默认情况下，编辑对象(例如，使用 MOVE 或 STRETCH 命令)时，该对象将显示在图形中所有其他对象的前面。完成编辑后，将重生成部分图形，根据对象的正确绘图顺序显示对象。这可能会导致某些编辑操作耗时较长。

　提示

不能在模型空间和图纸空间之间控制重叠的对象，而只能在同一空间内控制它们。另外，使用 TEXTTOFRONT 命令可以修改图形中所有文字和标注的绘图次序。

④.3 使用与管理图层

在 AutoCAD 中,图形中通常包含多个图层,每个图层都表明了一种图形对象的特性,其中包括颜色、线型和线宽等属性;图形显示控制功能是设计人员必须掌握的技术。在绘图过程中,使用不同的图层和图形显示控制功能能够方便地控制对象的显示和编辑,从而提高绘图效率。

④.3.1 创建与设置图层

在一个复杂的图形中,有许多不同类型的图形对象,为了方便区分和管理,可以创建多个图层,将特性相似的对象绘制在同一个图层中。例如,将图形的所有尺寸标注绘制在标注图层中。

1. 图层的特点

在 AutoCAD 中,图层具有以下特点。

- ⊙ 在一幅图形中可以指定任意数量的图层。系统对图层数没有限制,对每一图层中的对象数也没有限制。
- ⊙ 为了加以区别,每个图层都有一个名称。当开始绘制新图时,AutoCAD 自动创建名为 0 的图层,这是 AutoCAD 的默认图层,其他图层则需要自定义。
- ⊙ 一般情况下,同一图层中的对象应该具有相同的线型和颜色。用户可以改变各图层的线型、颜色和状态。
- ⊙ AutoCAD 允许建立多个图层,但只能在当前图层中绘图。
- ⊙ 各图层具有相同的坐标系、绘图界限及显示时的缩放倍数。用户可以对位于不同图层中的对象同时进行编辑操作。
- ⊙ 可以对各图层进行打开、关闭、冻结、解冻、锁定与解锁等操作,以决定各图层的可见性与可操作性。

> **提示**
>
> 每个图形都包括名为 0 的图层,该图层不能删除或者重命名。该图层有两个用途:第一,确保每个图形中至少包括一个图层;第二,提供与块中的控制颜色相关的特殊图层。

2. 创建新图层

默认情况下,图层 0 将被指定使用 7 号颜色(白色或黑色,由背景色决定)、Continuous 线型、【默认】线宽及 NORMAL 打印样式。在绘图过程中,如果需要更多的图层进行组织图形,就需要先创建新图层。

在菜单栏中选择【格式】|【图层】命令,或在【功能区】选项板中选择【常用】选项卡,然后在【图层】面板中单击【图层特性】按钮📇,打开【图层特性管理器】选项板,如图 4-8 所示。单击【新建图层】按钮📇,在图层列表中将出现一个名称为【图层 1】的新图层。默认情况下,

新建图层与当前图层的状态、颜色、线性及线宽等设置相同；单击【被冻结的新图层】按钮 ，也可以创建一个新图层，只是该图层在所有的视口中都被冻结了。

图层状态管理　　删除图层

被冻结的新图层

新建组过滤器　　新建图层　　置为当前

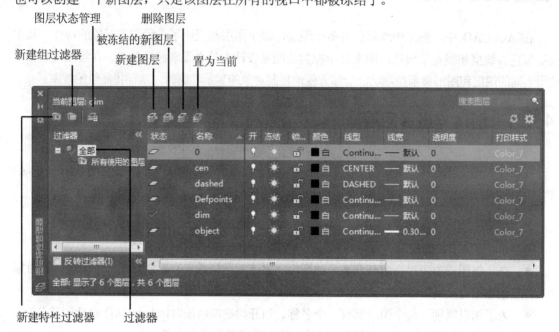

新建特性过滤器　　过滤器

图 4-8　【图层特性管理器】选项板

创建图层后，图层的名称将显示在图层列表框中，如果需要更改图层名称，单击该图层名，然后输入一个新的图层名并按 Enter 键确认即可。

3. 设置图层的颜色

在图形中颜色具有非常重要的作用，可以用来表示不同的组件、功能和区域。图层的颜色实际上是图层中图形对象的颜色。每个图层都拥有自己的颜色，对不同的图层可以设置相同的颜色，也可以设置不同的颜色，绘制复杂图形时就可以很容易地区分图形的各部分。

新建图层后，若要改变图层的颜色，可在【图层特性管理器】选项板中单击图层的【颜色】列对应的图标，打开【选择颜色】对话框，如图 4-9 所示。

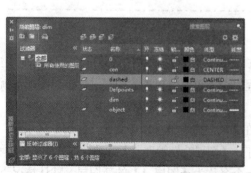

图 4-9　打开【选择颜色】对话框

在【选择颜色】对话框中，可以使用【索引颜色】、【真彩色】和【配色系统】3 个选项卡为图层设置颜色，其各自的具体功能如下。

- 【索引颜色】选项卡：可以使用 AutoCAD 的标准颜色(ACI 颜色)。在 ACI 颜色表中，每一种颜色用一个 ACI 编号(1~255 之间的整数)标识。【索引颜色】选项卡是一张包含 256 种颜色的颜色表。

- 【真彩色】选项卡：使用 24 位颜色定义显示 16M 色。指定真彩色时，可以使用 RGB 或 HSL 颜色模式。如果使用 RGB 颜色模式，则可以指定颜色的红、绿、蓝组合；如果使用 HSL 颜色模式，则可以指定颜色的色调、饱和度和亮度等元素，如图 4-10 所示。在这两种颜色模式下，可以得到同一种颜色，只是组合颜色的方式不同。

- 【配色系统】选项卡：使用标准 Pantone 配色系统设置图层的颜色，如图 4-11 所示。

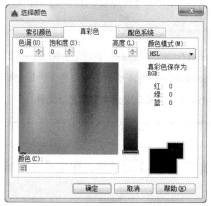　　　　　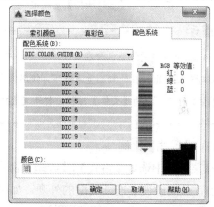

图 4-10　【真彩色】选项卡　　　　　图 4-11　【配色系统】选项卡

 提示

在菜单栏中选择【工具】|【选项】命令，打开【选项】对话框，然后在【文件】选项卡的【搜索路径、文件名和文件位置】列表中展开【配色系统位置】选项，单击【添加】按钮，在打开的文本框中输入配色系统文件的路径即可在系统中安装配色系统。

4. 使用与管理线型

线型是指图形基本元素中线条的组成和显示方式，如虚线和实线等。在 AutoCAD 中既有简单线型，也有由一些特殊符号组成的复杂线型，以满足不同国家或行业标准的使用要求。

(1) 设置图层线型

在绘制图形时若要使用线型来区分图形元素，需要对线型进行设置。默认情况下，图层的线型为 Continuous。若要改变线型，可在图层列表中单击【线型】列的 Continuous，打开【选择线型】对话框，在【已加载的线型】列表框中选择一种线型即可将其应用到图层中，如图 4-12 所示。

(2) 加载线型

默认情况下，在【选择线型】对话框的【已加载的线型】列表框中只有 Continuous 一种线型，如果需要使用其他线型，必须将其添加到【已加载的线型】列表框中。单击【加载】按钮打开【加载或重载线型】对话框,如图 4-13 所示,从当前线型库中选择需要加载的线型,然后单击【确定】按钮即可加载更多的线型。

图 4-12 【选择线型】对话框

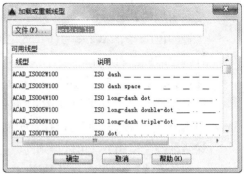

图 4-13 【加载或重载线型】对话框

 提示

AutoCAD 中的线型包含在线型库定义文件 acad.lin 和 acadiso.lin 中。通常在英制测量系统下,使用线型库定义文件 acad.lin;在公制测量系统下,使用线型库定义文件 acadiso.lin。用户可以根据需要,单击【加载或重载线型】对话框中的【文件】按钮,打开【选择线型文件】对话框,选择合适的线型库定义文件。

(3) 设置线型比例

在菜单栏中选择【格式】|【线型】命令,打开【线型管理器】对话框,即可设置图形中的线型比例,从而改变非连续线型的外观,如图 4-14 所示。

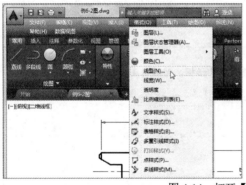

图 4-14 打开【线型管理器】对话框

【线型管理器】对话框显示了当前使用的线型和可选择的其他线型。若在线型列表中选择了某一线型后,单击【显示细节】按钮,可以在【详细信息】选项区域中设置线型的【全局比例因子】和【当前对象缩放比例】。其中,【全局比例因子】用于设置图形中所有线型的比例;【当前对象缩放比例】用于设置当前选中线型的比例。

5. 设置图层线宽

线宽设置就是改变线条的宽度。在 AutoCAD 中,使用不同宽度的线条表示对象的大小或类型,可以提高图形的表达能力和可读性。

若要设置图层的线宽,可以在【图层特性管理器】选项板的【线宽】列中单击该图层对应的

线宽【——默认】，打开【线宽】对话框，其中包含 20 多种线宽可供选择，如图 4-15 所示。也可以在菜单栏中选择【格式】|【线宽】命令，打开【线宽设置】对话框，通过调整线宽比例，使图形中的线宽显示得更宽或更窄，如图 4-16 所示。

图 4-15 【线宽】对话框

图 4-16 【线宽设置】对话框

【例 4-1】创建图层【参考线层】，要求该图层颜色为【红】，线型为 ACAD_IS004W100，线宽为 0.30 毫米，效果如图 4-17 所示。

(1) 在菜单栏中选择【格式】|【图层】命令，打开【图层特性管理器】选项板。

(2) 单击选项板上方的【新建图层】按钮 ，创建一个新图层，并在【名称】列对应的文本框中输入【参考线层】，如图 4-17 所示。

(3) 在【图层特性管理器】选项板中单击【颜色】列的图标，打开【选择颜色】对话框，然后在标准颜色区中选中红色，如图 4-18 所示。

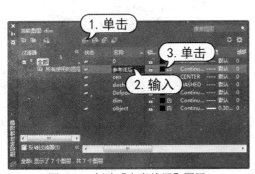

图 4-17 新建【参考线层】图层

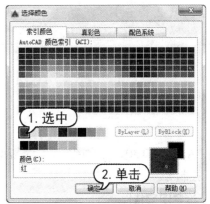

图 4-18 设置图层颜色

计算机 基础与实训教材系列

(4) 此时，【颜色】文本框中将显示颜色的名称【红】，单击【确定】按钮。

(5) 在【图层特性管理器】选项板中单击【线型】列上的 Continuous，打开【选择线型】对话框，单击【加载】按钮，如图 4-19 所示。

(6) 打开【加载或重载线型】对话框，在【可用线型】列表框中选择线型 ACAD_IS004W100，然后单击【确定】按钮，如图 4-20 所示。

图 4-19　【选择线型】对话框

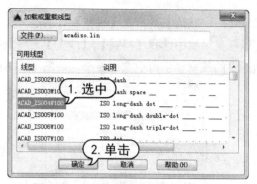

图 4-20　【加载或重载线型】对话框

(7) 返回【选择线型】对话框，在【选择线型】对话框的【已加载的线型】列表框中选择 ACAD_IS004W100，然后单击【确定】按钮，如图 4-21 所示。

(8) 在【图层特性管理器】选项板中单击【线宽】列的线宽，打开【线宽】对话框，在【线宽】列表框中选择 0.30mm，然后单击【确定】按钮，如图 4-22 所示，完成设置。

计算机
基础与实训教材系列

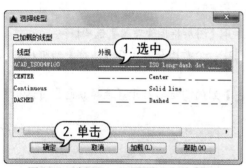

图 4-21　选择 ACAD_IS004W100 线型

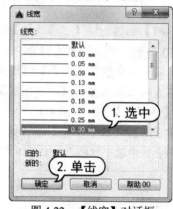

图 4-22　【线宽】对话框

4.3.2　管理图层

在 AutoCAD 中，建立图层后，需要对其进行管理，包括图层的切换、重命名、删除及图层的显示控制等。

1. 设置图层特性

使用图层绘制图形时，新对象的各种特性将默认为随层，由当前图层的默认设置决定。也可以单独设置对象的特性，新设置的特性将覆盖原来随层的特性。在【图层特性管理器】选项板中，每个图层都包含有状态、名称、打开/关闭、冻结/解冻、锁定/解锁、线型、颜色、线宽和打印样式等特性，如图 4-8 所示。

在 AutoCAD 中，图层的各列属性可以显示或隐藏，右击图层列表的标题栏，在弹出的快捷菜单中选择或取消相应的命令即可。

- 状态：显示图层和过滤器的状态。其中，被删除的图层标识为 ★，当前图层标识为 ✓。

- 名称：即图层的名字，是图层的唯一标识。默认情况下，图层的名称按图层 0、图层 1、图层 2……的编号依次递增，用户可以根据需要为图层定义能够表达用途的名称。

- 开关状态：单击【开】列对应的小灯泡图标，可以打开或关闭图层。在开状态下，灯泡的颜色为黄色，图层中的图形可以显示，也可以在输出设备上打印；在关状态下，灯泡的颜色为灰色，图层中的图形不能显示，也不能打印输出。当关闭当前图层时，系统将打开一个消息对话框，警告当前图层正在关闭。

- 冻结：单击图层【冻结】列对应的太阳或雪花图标，可以冻结或解冻图层。图层被冻结时显示雪花图标，此时图层中的图形对象不能被显示、打印输出和编辑。图层被解冻时显示太阳图标，此时图层中的图形对象能够被显示、打印输出和编辑。

- 锁定：单击【锁定】列对应的关闭或打开小锁图标，可以锁定或解锁图层。图层在锁定状态下并不影响图形对象的显示，但不能对该图层中已有图形对象进行编辑，却可以绘制新图形对象。此外，在锁定的图层中可以使用查询命令和对象捕捉功能。

- 颜色：单击【颜色】列对应的图标，可以打开【选择颜色】对话框来设置图层颜色。

- 线型：单击【线型】列显示的线型名称，可以打开【选择线型】对话框来选择所需要的线型。

- 线宽：单击【线宽】列显示的线宽值，可以打开【线宽】对话框来选择所需要的线宽。

- 打印样式：通过【打印样式】列确定各图层的打印样式，如果使用的是彩色绘图仪，则不能改变打印样式。

- 打印：单击【打印】列对应的打印机图标，可以设置图层是否被打印，在保持图形显示可见性不变的前提下控制图形的打印特性。打印功能只对没有冻结和关闭的图层起作用。

- 说明：单击【说明】列两次，可以为图层或组过滤器添加必要的说明信息。

2. 置为当前层

在【图层特性管理器】选项板的图层列表中，选择某一图层后，单击【置为当前】按钮，或在【功能区】选项板中选择【默认】选项卡，在【图层】面板的【图层】下拉列表框中选择某一图层，即可将该层设置为当前层。在【功能区】选项板中选择【常用】选项卡，然后在【图层】面板中单击【置为当前】按钮，选择需要更改到当前图层的对象，并按 Enter 键，即可将选定对象的所在图层更改为当前图层。

3. 保存与恢复图层状态

图层设置包括图层状态和图层特性。图层状态包括图层是否打开、冻结、锁定、打印和在新视口中自动冻结。图层特性包括颜色、线型、线宽和打印样式。用户可以选择需要保存的图层状态和图层特性。例如，可以选择只保存图形中图层的【冻结/解冻】设置，忽略所有其他设置。恢复图层状态时，除了设置每个图层的冻结或解冻，其他设置仍保持当前设置。

(1) 保存图形状态

若要保存图层状态，可在【图层特性管理器】选项板的图层列表中右击需要保存的图层，在弹出的快捷菜单中选择【保存图层状态】命令，打开【要保存的新图层状态】对话框，如图 4-23 所示。在【新图层状态名】文本框中输入图层状态的名称，在【说明】文本框中输入相关的图层说明文字，然后单击【确定】按钮即可。

(2) 恢复图形状态

如果改变了图层的显示等状态，还可以恢复以前保存的图层设置。在【图层特性管理器】选项板的图层列表中右击需要恢复的图层，然后在弹出的快捷菜单中选择【恢复图层状态】命令，打开【图层状态管理器】对话框，选择需要恢复的图层状态后，单击【恢复】按钮即可，如图 4-24 所示。

图 4-23　【要保存的新图层状态】对话框　　　　图 4-24　【图层状态管理器】对话框

4. 转换图层

使用【图层转换器】可以转换图层，实现图形的标准化和规范化。【图层转换器】能够转换当前图形中的图层，使之与其他图形的图层结构或 CAD 标准文件相匹配。例如，如果打开一个与本单位图层结构不一致的图形时，可以使用【图层转换器】转换图层名称和属性，以达到符合图形标准。

在菜单栏中选择【工具】|【CAD 标准】|【图层转换器】命令，打开【图层转换器】对话框，如图 4-25 所示，主要选项的功能如下。

- 【转换自】选项区域：显示当前图形中即将被转换的图层结构，可以在列表框中选择，也可以通过【选择过滤器】选择。

- 【转换为】选项区域：显示可以将当前图形的图层转换为的图层名称。单击【加载】按钮，打开【选择图形文件】对话框，可以从中选择作为图层标准的图形文件，并将该图层结构显示在【转换为】列表框中。单击【新建】按钮，打开【新图层】对话框，如图 4-26 所示，可以从中创建新的图层作为转换匹配图层，新建的图层将会显示在【转换为】列表框中。

图 4-25　【图层转换器】对话框

图 4-26　【新图层】对话框

- 【映射】按钮：可以将【转换自】列表框中选中的图层映射到【转换为】列表框中，并且当图层被映射后，将从【转换自】列表框中删除。

- 【映射相同】按钮：可以将【转换自】列表框中和【转换为】列表框中名称相同的图层进行转换映射。

- 【图层转换映射】选项区域：显示已经映射的图层名称和相关的特性值。当选中一个图层后，单击【编辑】按钮，打开【编辑图层】对话框，可以在该对话框中修改转换后的图层特性，如图 4-27 所示。单击【删除】按钮，可以取消该图层的转换映射，该图层将重新显示在【转换自】选项区域中。单击【保存】按钮，打开【保存图层映射】对话框，可以将图层转换关系保存到一个标准配置文件*. dws 中。

- 【设置】按钮：单击该按钮，打开【设置】对话框，可以设置图层的转换规则，如图 4-28 所示。

图 4-27　【编辑图层】对话框

图 4-28　【设置】对话框

- 【转换】按钮：单击该按钮，开始转换图层并关闭【图层转换】对话框。

5. 使用图层工具管理图层

在 AutoCAD 中，使用图层管理工具能够更加方便地管理图层。通过图层工具，管理图层，可以在菜单栏中选择【格式】|【图层工具】命令中的子命令，如图 4-29 所示。还可以在【功能区】选项板中选择【常用】选项卡，然后在【图层】面板中单击相应的按钮，如图 4-30 所示。

【图层】面板中的各个按钮与【图层工具】子命令的中的功能相互对应，各主要按钮的功能如下。

- 【隔离】按钮：单击该按钮，可以将选定对象的图层隔离。

- 【取消隔离】按钮：单击该按钮，恢复由【隔离】命令隔离的图层。
- 【关】按钮：单击该按钮，将选定对象的图层关闭。
- 【冻结】按钮：单击该按钮，将选定对象的图层冻结。
- 【匹配图层】按钮：单击该按钮，将选定对象的图层更改为目标对象的图层。
- 【上一个】按钮：单击该按钮，恢复上一个图层设置。
- 【锁定】按钮：单击该按钮，锁定选定对象的图层。
- 【解锁】按钮：单击该按钮，将选定对象的图层解锁。
- 【打开所有图层】按钮：单击该按钮，打开图形中的所有图层。
- 【解冻所有图层】按钮：单击该按钮，解冻图形中的所有图层。
- 【更改为当前图层】按钮：单击该按钮，将选定对象的图层更改为当前图层。
- 【将对象复制到新图层】按钮：单击该按钮，将图形复制到不同的图层。
- 【图层漫游】按钮：单击该按钮，隔离每个图层。
- 【视口冻结当前视口以外的所有视口】按钮：单击该按钮，冻结除当前视口外的其他所有布局视口中的选定图层。
- 【合并】按钮：单击该按钮，合并两个图层，并从图形中删除第一个图层。
- 【删除】按钮：单击该按钮，从图形中永久删除图层。

图 4-29　【图层工具】子命令

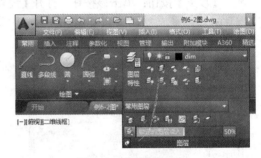

图 4-30　【图层】面板

【例4-2】不显示图 4-31 中的【标注】图层，并要求确定填充图案所在的图层。

(1) 在快速访问工具栏中选择【显示菜单栏】命令，在弹出的菜单中选择【文件】|【打开】命令，打开【选择文件】对话框，选择如图 4-31 所示的图形文件并将其打开。

(2) 在【功能区】选项板中选择【常用】选项卡，然后在【图层】面板中单击【关】按钮。

(3) 在命令行的【选择要关闭的图层上的对象或 [设置(S)/放弃(U)]:】提示下，选择任意一个标注对象。

(4) 在命令行的【图层 dim 为当前图层，是否关闭它？[是(Y)/否(N)] <否(N)>:】提示下，输入 y，并按 Enter 键，关闭标注层，此时绘图窗口中将不显示【标注层】图层，如图 4-32 所示。

(5) 在【功能区】选项板中选择【常用】选项卡，单击【图层】面板中的【图层漫游】按钮，打开【图层漫游】对话框，如图 4-33 所示。

(6) 在【图层漫游】对话框中单击【选择对象】按钮如图 4-33 所示。然后在绘图窗口选择左上角填充图案，如图 4-34 所示。

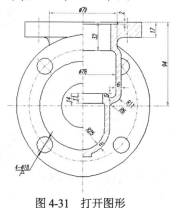

图 4-31　打开图形

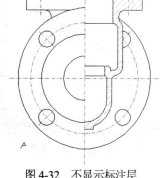

图 4-32　不显示标注层

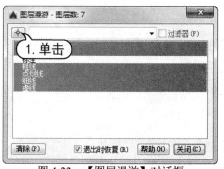

图 4-33　【图层漫游】对话框

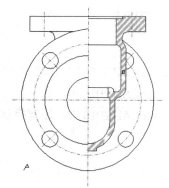

图 4-34　选中填充图案

(7) 按 Enter 键返回至【图层漫游】对话框，此时，填充图案只会在其所在的图层上亮显，用户即可确定其所在的图层，即填充图案在轮廓层。

④.4　上机练习

在 AutoCAD 2016 中打开如图 4-35 所示的图形，然后使用【图层漫游】功能，只显示 object 图层。

(1) 在快速访问工具栏中选择【显示菜单栏】命令，在弹出的菜单中选择【文件】|【打开】命令，打开【选择文件】对话框，选择 AutoCAD 安装目录中图 4-35 所示的图形文件并将其打开。

(2) 在【功能区】选项板中选择【常用】选项卡，单击【图层】面板中的【图层漫游】按钮，打开【图层漫游-图层数】对话框。

(3) 在【图层漫游-图层数】对话框中取消【退出时恢复】复选框的选中状态，然后选中 object 选项，并单击【确定】按钮。

(4) 在打开的【图层状态更改】对话框中单击【确定】按钮，即可在绘图区中只显示 object 图层。

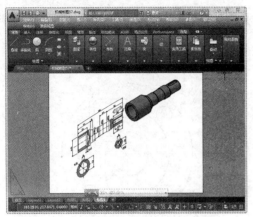

图 4-35　打开图形文件

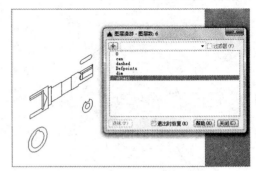

图 4-36　设置只显示 object 图层

4.5　习题

1. 在 AutoCAD 2016 中，如何在对象之间复制特性？

2. 在 AutoCAD 2016 中，如何打开或关闭线宽的显示？

3. 在 AutoCAD 2016 中，如何控制重叠对象的显示？

第5章 绘制二维平面图形

学习目标

在 AutoCAD 中，不仅可以绘制点、直线、圆、圆弧、多边形和圆环等基本二维图形，还可以绘制多段线、多线和样条曲线这样的高级图形对象。二维图形的形状都很简单，容易创建，但它们是整个 AutoCAD 的绘图基础，因此，只有熟练地掌握其绘制方法和技巧，才能够更好地绘制复杂的二维图形及轴测图。

本章重点

- ◉ 绘制点对象
- ◉ 绘制射线和构造线
- ◉ 绘制曲线对象
- ◉ 绘制与编辑多线
- ◉ 绘制与编辑多段线

⑤.1 绘制点对象

在 AutoCAD 中，点对象可用作捕捉和偏移对象的节点或参考点。可以通过【单点】、【多点】、【定数等分】和【定距等分】4 种方法创建点对象。

⑤.1.1 绘制单点与多点

在 AutoCAD 2016 的菜单栏中选择【绘图】|【点】|【单点】命令(POINT)，便可以在绘图窗口中一次指定一个点；选择【绘图】|【点】|【多点】命令，或在【功能区】选项板中选择【默认】

选项卡，在【绘图】面板中单击【多点】按钮，便可以在绘图窗口中一次指定多个点，直到按 Esc 键结束。

【例 5-1】在 AutoCAD 绘图窗口的任意位置创建 4 个点，效果如图 5-2 所示。

(1) 在菜单栏中选择【绘图】|【点】|【多点】命令，执行 POINT 命令，命令行提示中将显示【当前点模式：PDMODE=0　PDSIZE=0.0000】，如图 5-1 所示。

(2) 在命令行的【指定点：】提示下，使用鼠标指针在屏幕上拾取点 A、B、C 和 D 点，如图 5-2 所示。

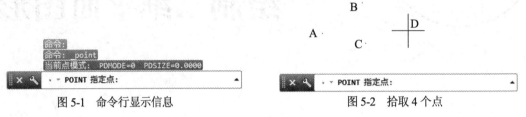

图 5-1　命令行显示信息　　　　　　　　图 5-2　拾取 4 个点

(3) 最后，按下 Esc 键结束绘制点命令。

5.1.2　设置点样式

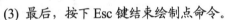

在绘制点时，命令提示行的 PDMODE 和 PDSIZE 两个系统变量显示了当前状态下点的样式和大小。在菜单栏中选择【格式】|【点样式】命令，可通过打开的【点样式】对话框对点样式和大小进行设置。

【例 5-2】继续【例 5-1】的操作，设置绘制的点样式。

(1) 在快速访问工具栏中选择【显示菜单栏】命令，在弹出的菜单中选择【格式】|【点样式】命令，打开【点样式】对话框。

(2) 在【点样式】对话框中选中一种点样式后，选中【相对于屏幕设置大小】单选按钮，并单击【确定】按钮，如图 5-3 所示。

(3) 此时，绘图区域中的点效果将如图 5-4 所示。

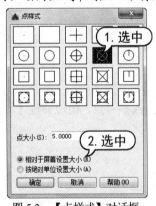

图 5-3　【点样式】对话框

图 5-4　改变样式后点效果

此外，用户还可以使用 PDMODE 命令来修改点样式。点样式对应的 PDMODE 变量值如表 5-1 所示。

表5-1　点样式与对应的 PDMODE 变量值

点 样 式	变 量 值	点 样 式	变 量 值
	0	⊡	64
	1	□	65
+	2	⊕	66
×	3	⊠	67
∣	4	⊓	68
⊙	32	⊡	96
○	33	▢	97
⊕	34	⊕	98
⊠	35	⊠	99
⊘	36	⊓	100

⑤.1.3　定数等分对象

在 AutoCAD 2016 的菜单栏中选择【绘图】|【点】|【定数等分】命令(DIVIDE)，或在【功能区】选项板中选择【默认】选项卡，然后在【绘图】面板中单击【定数等分】按钮，都可以在指定的对象上绘制等分点或在等分点处插入块。在使用该命令时应注意以下两点。

- 因为输入的是等分数，而不是放置点的个数，所以如果将所选对象分成 N 份，则实际上只生成 N－1 个点。
- 每次只能对一个对象操作，而不能对一组对象操作。

【例5-3】在如图 5-5 所示的基础上绘制如图 5-8 所示的线段图。

(1) 在快速访问工具栏中选择【显示菜单栏】命令，在弹出的菜单中选择【文件】|【打开】命令，打开【选择文件】对话框，选择如图 5-5 所示的图形文件并将其打开。

(2) 在【功能区】选项板中选择【常用】选项卡，然后在【绘图】面板中单击【定数等分】按钮，执行 DIVIDE 命令

(3) 在命令行的【选择要定数等分的对象: 】提示下，选择直线作为需要等分的对象，如图 5-6 所示。

图 5-5　打开图形

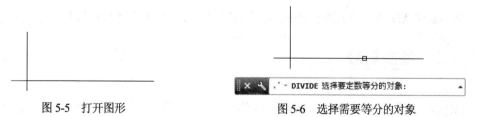

图 5-6　选择需要等分的对象

(4) 在命令行的【输入线段数目或 [块(B)]: 】提示下，输入等分段数 6，然后按 Enter 键，设置等分段数效果如图 5-7 所示。

(5) 在命令行中输入 PDMODE，将其设置为 4，此时效果如图 5-8 所示。

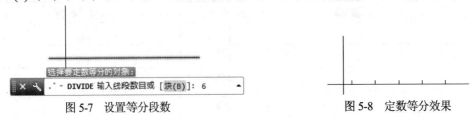

图 5-7　设置等分段数　　　　　　　　　　　图 5-8　定数等分效果

⑤.1.4　定距等分对象

在 AutoCAD 2016 的菜单栏中选择【绘图】|【点】|【定距等分】命令(MEASURE)，或在【功能区】选项板中选择【默认】选项卡，然后在【绘图】面板中单击【定距等分】按钮，均可在指定的对象上按指定的长度绘制点或插入块。

【例 5-4】在图 5-5 中，将水平直线按长度 20 定距等分。

(1) 在命令行中输入 PDMODE，将其设置为 4，修改点的样式。

(2) 在【功能区】选项板中选择【默认】选项卡，然后在【绘图】面板中单击【定距等分】按钮，发出 MEASURE 命令。

(3) 在命令行的【选择要定距等分的对象：】提示信息下，选择直线。

(4) 在命令行的【指定线段长度或 [块(B)]：】提示信息下，输入 20，效果如图 5-9 所示。

(5) 按下 Enter 键，定距等分结果如图 5-10 所示。

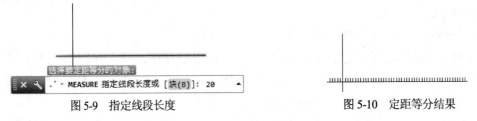

图 5-9　指定线段长度　　　　　　　　　　　图 5-10　定距等分结果

⑤.2　绘制射线和构造线

在 AutoCAD 中，为了便于绘图，经常同时使用【射线】和【构造线】命令来创建辅助线。

⑤.2.1　绘制射线

射线是一端固定，另一端无限延伸的直线。在菜单栏中选择【绘图】|【射线】命令(RAY)，或在【功能区】选项板中，选择【默认】选项卡，然后在【绘图】面板中单击【射线】按钮，指定射线的起点和通过点即可绘制一条射线。在 AutoCAD 中，射线主要用于绘制辅助线。

执行【射线】命令后，命令行提示如下。

> 命令：_ray
> RAY_ray 指定起点：
> RAY 指定通过点：

指定射线的起点后，可在【指定通过点：】提示下指定多个通过点，绘制以起点为端点的多条射线，直到按 Esc 键或 Enter 键退出。

⑤.2.2　绘制构造线

构造线是两端可以无限延伸的直线，没有起点和终点，可以放置在三维空间的任意位置，主要用于绘制辅助线。在菜单栏中选择【绘图】|【构造线】命令(XLINE)，或在【功能区】选项板中，选择【默认】选项卡，然后在【绘图】面板中单击【构造线】按钮 ，均可绘制构造线。

执行【构造线】命令后，命令行提示如下。

> 命令：_xline
> XLINE 指定点或[水平(H)/垂直(V)/角度(A)/二等分(B)/偏移(O)]：】

命令行共有 6 种绘制构造线的方法，分别介绍如下。

- ◉ 使用指定点方式绘制通过两点的构造线，如图 5-11 所示。
- ◉ 通过指定点绘制与当前 UCS 的 X 轴平行的构造线，如图 5-12 所示。

图 5-11　通过两点的构造线　　　　　　　图 5-12　平行构造线

- ◉ 通过指定点绘制与当前 UCS 的 X 轴垂直的构造线，如图 5-13 所示。
- ◉ 绘制与参照线或水平轴成指定角度并经过指定点的构造线，如图 5-14 所示。

图 5-13　垂直构造线　　　　　　　　　　图 5-14　有角度的构造线

- ◉ 使用二等分方式创建一条等分某一角度的构造线，如图 5-15 所示。
- ◉ 使用偏移方式创建平行于一条基线的构造线，如图 5-16 所示。

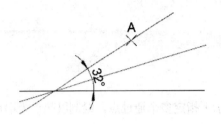

图 5-15　等分角度的构造线

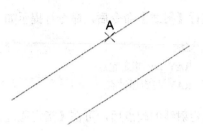

图 5-16　平行于基线的构造线

⑤.3　绘制线性对象

在 AutoCAD 中，直线、矩形和多边形是一组简单的线性对象。使用 LINE 命令可以绘制直线；使用 RECTANGE 命令可以绘制矩形；使用 POLYGON 命令可以绘制多边形。

⑤.3.1　绘制直线

直线是各种绘图中最常用、最简单的一类图形对象，指定起点和终点即可绘制一条直线。在 AutoCAD 中，可以用二维坐标(x,y)或三维坐标(x,y,z)来指定端点，也可以混合使用二维坐标和三维坐标。如果输入二维坐标，AutoCAD 将会使用当前的高度作为 Z 轴坐标值。

在菜单栏中选择【绘图】|【直线】命令(LINE)，或在【功能区】选项板中，选择【默认】选项卡，然后在【绘图】面板中单击【直线】按钮▨，即可绘制直线。

执行【直线】命令后，命令行提示如下。

```
命令：_line
LINE 指定第一点：
LINE 指定下一点或[放弃(U)]：
LINE 指定下一点或[闭合(C)/放弃(U)]：
```

AutoCAD 绘制的直线实际上是直线段，不同于几何学中的直线，在绘制时需要注意以下几点：
- 绘制单独对象时，在发出 LINE 命令后指定第 1 点，接着指定下一点，然后按 Enter 键。
- 绘制连续折线时，在发出 LINE 命令后指定第 1 点，然后连续指定多个点，最后按 Enter 键。
- 绘制封闭折线时，在最后一个【指定下一点或[闭合(C)/放弃(U)]：】提示后面输入字母 C，然后按 Enter 键。
- 在绘制折线时，如果在【指定下一点或[闭合(C)/放弃(U)]：】提示后输入字母 U，可以删除上一条直线。

⑤.3.2 绘制矩形

在菜单栏中选择【绘图】|【矩形】命令(RECTANGLE),或在【功能区】选项板中选择【默认】选项卡,然后在【绘图】面板中单击【矩形】按钮囗,即可绘制出倒角矩形、圆角矩形及有厚度的矩形等多种矩形,如图 5-17 所示。

A	B
指定角点	倒角	圆角	厚度	宽度

图 5-17 矩形的各种样式

绘制矩形时,命令行显示如下提示信息。

> 指定第一个角点或 [倒角(C)/标高(E)/圆角(F)/厚度(T)/宽度(W)]:

默认情况下,通过指定两个点作为矩形的对角点来绘制矩形。当指定了矩形的第 1 个角点后,命令行显示【指定另一个角点或[面积(A)/尺寸(D)/旋转(R)]:】提示信息,此时可直接指定另一个角点来绘制矩形;原剂也可以选择【面积(A)】选项,通过指定矩形的面积和长度(或宽度)绘制矩形;还可以选择【尺寸(D)】选项,通过指定矩形的长度、宽度和矩形另一角点的方向绘制矩形;或者选择【旋转(R)】选项,通过指定旋转的角度和拾取两个参考点绘制矩形。该命令提示中其他选项的功能如下。

- 【倒角(C)】选项:绘制一个带倒角的矩形,此时需要指定矩形的两个倒角距离。当设定了倒角距离后,将返回【指定第一个角点或[倒角(C)/标高(E)/圆角(F)/厚度(T)/宽度(W)]:】提示,提示用户完成矩形绘制。
- 【标高(E)】选项:指定矩形所在的平面高度。默认情况下,矩形在 XY 平面内。该选项一般用于三维绘图。
- 【圆角(F)】选项:绘制一个带圆角的矩形,此时需要指定矩形的圆角半径。
- 【厚度(T)】选项:按照已设定的厚度绘制矩形,该选项一般用于三维绘图。
- 【宽度(W)】选项:按照已设定的线宽绘制矩形,此时需要指定矩形的线宽。

【例 5-5】在 AutoCAD 2016 中绘制如图 5-19 所示的图形。

(1) 在快速访问工具栏中选择【显示工具栏】命令,在弹出的菜单中选择【绘图】|【矩形】命令,或在【功能区】选项板中选择【常用】选项板,在【绘图】面板中单击【矩形】按钮囗。

(2) 在【指定第一个角点或[倒角(C)/标高(E)/圆角(F)/厚度(T)/宽度(W)]:】提示下输入 F,创建带圆角的矩形。

(3) 在【指定矩形的圆角半径<0.0000>:】提示信息下输入 3,指定矩形的圆角半径为 3。

(4) 在【指定第一个角点或[倒角(C)/标高(E)/圆角(F)/厚度(T)/宽度(W)]:】提示下输入(100,100),指定矩形第一个角点。

(5) 在【指定另一个角点或[面积(A)/尺寸(D)/旋转(R)]: 】提示下输入(165,140)，指定矩形的另一个对角点，完成图形中最大矩形的绘制，如图 5-18 所示。

(6) 在【功能区】选项板中选择【常用】选项板，在【绘图】面板中单击【矩形】按钮□。

(7) 在【指定第一个角点或[倒角(C)/标高(E)/圆角(F)/厚度(T)/宽度(W)]: 】提示下输入 F，创建带圆角的矩形。

(8) 在【指定矩形的圆角半径<3.0000>: 】提示信息下输入 0，指定矩形的圆角半径为 0。

(9) 在【指定第一个角点或[倒角(C)/标高(E)/圆角(F)/厚度(T)/宽度(W)]: 】提示下输入(110,110)，指定矩形的第一个角点。

(10) 在【指定另一个角点或[面积(A)/尺寸(D)/旋转(R)]: 】提示下输入 D。

(11) 在【指定矩形的长度<0.0000>: 】提示下输入 15，指定矩形的长度。

(12) 在【指定矩形的宽度<0.0000>: 】提示下输入 20，指定矩形的宽度。

(13) 在【指定另一个角点或[面积(A)/尺寸(D)/旋转(R)]: 】提示下在角点的右上方单击，绘制 15x20 的矩形，如图 5-19 所示。

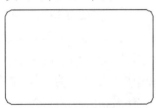

图 5-18　等分角度的构造线

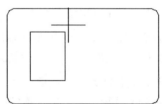

图 5-19　平行于基线的构造线

⑤.3.3　绘制正多边形

在菜单栏中选择【绘图】|【多边形】命令(POLYGON)，或在【功能区】选项板中选择【默认】选项卡，然后在【绘图】面板中单击【多边形】按钮〇，即可绘制边数为 3～1024 的正多边形。指定正多边形的边数后，其命令行显示如下提示信息。

> 指定正多边形的中心点或 [边(E)]:

默认情况下，可以使用多边形的外接圆或内切圆来绘制多边形。当指定多边形的中心点后，命令行将显示【输入选项 [内接于圆(I)/外切于圆(C)]<I>：】提示信息。选择【内接于圆】选项，表示绘制的多边形内接于假想的圆；选择【外切于圆】选项，表示绘制的多边形外切于假想的圆。

此外，如果在命令行的提示下选择【边(E)】选项，可以通过指定的两个点作为多边形一条边的两个端点来绘制多边形。使用【边】选项绘制多边形时，AutoCAD 总是从第 1 个端点到第 2 个端点，沿当前角度方向绘制多边形。

【例 5-6】在 AutoCAD 2016 中绘制边长为 80 的正六边形。

(1) 新建一个文档，在快速访问工具栏选择【显示菜单栏】命令，在弹出的菜单中选择【绘图】|【正多边形】命令。

(2) 在命令行【输入边的数目<4>:】提示下，输入正多边形的边数 6。

(3) 在【指定正多边形的中心点或[边(E)]:】提示下输入坐标(0,0)指定正六边形的中心点。

(4) 在【输入选项[内接于圆(I)/外切于圆(C)]<I>:】提示下，按 Enter 键，选择默认选项 I，使用内接于圆的方式绘制正六边形。

(5) 在命令行【指定圆的半径:】提示下输入圆的半径为 80，并按 Enter 键，绘制正六边形，如图 5-20 所示。

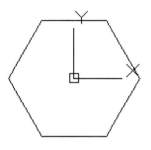

图 5-20　指定圆的半径绘制正六边形

5.4　绘制曲线对象

在 AutoCAD 中，圆、圆弧、椭圆、椭圆弧和圆环都属于曲线对象，其绘制方法相对线性对象复杂一些，但方法也比较多。

5.4.1　绘制圆

在菜单栏中选择【绘图】|【圆】命令中的子命令，或在【功能区】选项板中选择【默认】选项卡，然后在【绘图】面板中单击【圆】的相关按钮，即可绘制圆。在 AutoCAD 2016 中，可以使用以下 6 种方法绘制圆，如图 5-21 所示。

指定圆心和半径

指定圆心和直径

指定两点

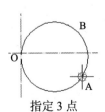

指定 3 点

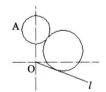

指定两个相切对象和半径

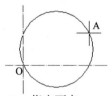

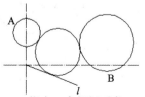

指定 3 个相切对象

图 5-21　圆的 6 种绘制方法

使用【相切、相切、半径】命令时，系统总是在距拾取点最近的部位绘制相切的圆。因此，拾取相切对象时，拾取的位置不同，绘制出的效果可能也不同，如图 5-22 所示。

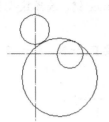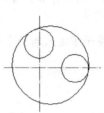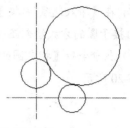

图 5-22　使用【相切、相切、半径】命令绘制圆时产生的不同效果

【例 5-7】在 AutoCAD 2016 中绘制如图 5-26 所示的圆。

(1) 继续【例 5-6】的实体操作，在快速访问工具栏中选择【显示菜单栏】命令，在弹出的菜单中选择【绘图】|【圆】|【圆心、直径】命令，以点(0,0)为圆心，绘制直径为 80 的圆 a，如图 5-23 所示。

(2) 在快速访问工具栏中选择【显示菜单栏】命令，在弹出的菜单中选择【绘图】|【圆】|【圆心、半径】命令，绘制同心圆 b，其半径为 100，如图 5-24 所示。

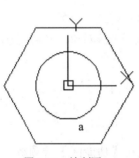

图 5-23　绘制圆 a

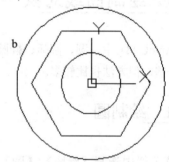

图 5-24　绘制圆 b

(3) 在菜单栏中选择【绘图】|【圆】|【两点】命令，绘制一个通过点 c 和点 d 的圆，如图 4-27 所示。

(4) 使用同样的方法绘制其他圆，图形效果如图 5-26 所示。

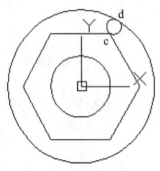

图 5-25　通过两点绘制圆

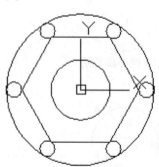

图 5-26　图形效果

⑤.4.2 绘制圆弧

在菜单栏中选择【绘图】|【圆弧】命令中的子命令，或在【功能区】选项板中选择【默认】选项卡，然后在【绘图】面板中单击【圆弧】的相关按钮，即可绘制圆弧。在 AutoCAD 中，圆弧的绘制方法有 11 种，相关命令的功能如下。

- 三点：以给定的 3 个点绘制一段圆弧，需要指定圆弧的起点、通过的第 2 个点和端点。
- 起点、圆心、端点：指定圆弧的起点、圆心和端点绘制圆弧。
- 起点、圆心、角度：指定圆弧的起点、圆心和角度绘制圆弧。此时，需要在【指定包含角：】提示下输入角度值。如果当前环境设置逆时针为角度方向，并输入正角度值，则所绘制的圆弧是从起始点绕圆心沿逆时针方向绘出；如果输入负角度值，则沿顺时针方向绘制圆弧。
- 起点、圆心、长度：指定圆弧的起点、圆心和弦长绘制圆弧。此时，所给定的弦长不得超过起点到圆心距离的两倍。另外， 在命令行的【指定弦长：】提示下，所输入的值如果为负值，则该值的绝对值将作为对应整圆的空缺部分圆弧的弦长。
- 起点、端点、角度：指定圆弧的起点、端点和角度绘制圆弧。
- 起点、端点、方向：指定圆弧的起点、端点和方向绘制圆弧。当命令行显示【指定圆弧的起点切向：】提示时，可以拖动鼠标动态地确定圆弧在起始点处的切线方向与水平方向的夹角。拖动鼠标时，AutoCAD 会在当前光标与圆弧起始点之间形成一条橡皮筋线，此橡皮筋线即为圆弧在起始点处的切线。拖动鼠标确定圆弧在起始点处的切线方向后，单击拾取键即可得到相应的圆弧。
- 起点、端点、半径：指定圆弧的起点、端点和半径绘制圆弧。
- 圆心、起点、端点：指定圆弧的圆心、起点和端点绘制圆弧。
- 圆心、起点、角度：指定圆弧的圆心、起点和角度绘制圆弧。
- 圆心、起点、长度：指定圆弧的圆心、起点和长度绘制圆弧。
- 连续：选择该命令，在命令行的【指定圆弧的起点或 [圆心(C)：】提示下直接按 Enter 键，系统将以最后一次绘制的线段或圆弧过程中确定的最后一点作为新圆弧的起点，以最后所绘线段方向或圆弧终止点处的切线方向为新圆弧在起始点处的切线方向，然后再指定一点，即可绘制出一个圆弧。

【例 5-8】在 AutoCAD 2016 中绘制如图 5-32 所示的圆弧。

(1) 在快速访问工具栏中选择【显示菜单栏】命令，在弹出的菜单中选择【绘图】|【构造线】命令，执行 XLINE 命令。

(2) 在【指定点或[水平(H)/垂直(V)/角度(A)/二等分(B)/偏移(O)]：】提示下输入 H，绘制经过点(0,0)水平构造线。

(3) 按下 Enter 键，结束构造线的绘制命令。

(4) 再次按下 Enter 键，执行 XLINE 命令，在【指定点或[水平(H)/垂直(V)/角度(A)/二等分(B)/偏移(O)]：】提示下输入 V，绘制经过点(0,0)、(-180,0)和(180,0)的垂直构造线，如图 5-27 所示。

(5) 在快速访问工具栏中选择【显示菜单栏】命令，在弹出的菜单中选择【绘图】|【圆】|【圆心、半径】命令，以圆心(-180,0)和(180,0)绘制两个半径为 100 的圆，如图 5-28 所示。

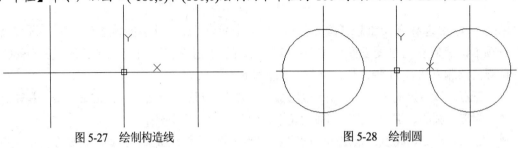

图 5-27 绘制构造线   图 5-28 绘制圆

(6) 在快速访问工具栏选择【显示菜单栏】命令，在弹出的菜单中选择【绘图】|【圆弧】|【圆心、起点、角度】命令，以(-180,0)为圆心，以点(-180,35)为起点，绘制包含角为 180 度的圆弧 a，如图 5-29 所示。

(7) 使用同样的方法，绘制一个以(180,0)为圆心，以点(180,-35)为起点，绘制包含角为 180 度的圆弧 b，如图 5-30 所示。

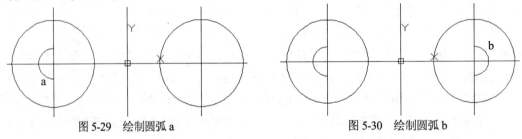

图 5-29 绘制圆弧 a   图 5-30 绘制圆弧 b

(8) 选择【绘图】|【直线】命令，经过两段圆弧的端点绘制直线和如图 5-31 所示的切线。

(9) 选择【修改】|【修剪】命令，对辅助线进行修剪，并删除构造线，图形效果如图 5-32 所示。

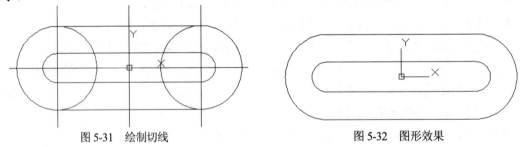

图 5-31 绘制切线   图 5-32 图形效果

⑤.4.3 绘制椭圆

在菜单栏中选择【绘图】|【椭圆】子菜单中的命令，或在【功能区】选项板中选择【默认】选项卡，然后在【绘图】面板中单击椭圆的相关按钮，均可绘制椭圆，如图 5-33 所示。可以选择【绘图】|【椭圆】|【圆心】命令，指定椭圆中心、一个轴的端点(主轴)以及另一个轴的

半轴长度绘制椭圆；也可以选择【绘图】|【椭圆】|【轴、端点】命令，指定一个轴的两个端点(主轴)和另一个轴的半轴长度绘制椭圆。

图 5-33 绘制椭圆

⑤.4.4 绘制椭圆弧

在 AutoCAD 中，椭圆弧的绘图命令和椭圆的绘图命令都是 ELLIPSE，但命令行的提示不同。在菜单栏中选择【绘图】|【椭圆】|【圆弧】命令，或在【功能区】选项板中选择【默认】选项卡，然后在【绘图】面板中单击【椭圆弧】按钮 ，均可绘制椭圆弧，此时命令行的提示信息如下。

> 命令：_ellipse
> ELLIPSE 指定椭圆的轴端点或[圆弧(A)/中心点(C)]：_a
> ELLIPSE 指定椭圆弧的轴端点或[中心点(C)]：

从【指定椭圆弧的轴端点或[中心点(C)]：】提示开始，后面的操作就是确定椭圆形状的过程，与 5.4.3 节介绍的绘制椭圆的方法完全相同。确定椭圆形状后，系统将出现如下提示信息。

> ELLIPSE 指定起始角度或[参数(P)]：

该命令提示中的选项功能如下。

- ◉ 【指定起始角度】选项：通过给定椭圆弧的起始角度来确定椭圆弧。命令行将显示【指定终止角度或[参数(P)/包含角度(I)]：】提示信息。其中，选择【指定终止角度】选项，系统要求给定椭圆弧的终止角，用于确定椭圆弧另一端点的位置；选择【包含角度】选项，系统根据椭圆弧的包含角来确定椭圆弧；选择【参数(P)】选项，将通过参数确定椭圆弧另一个端点的位置。

- ◉ 【参数(P)】选项：通过指定的参数来确定椭圆弧。命令行将显示【指定起始参数或 [角度(A)]：】提示。其中，选择【角度(A)】选项，切换至角度来确定椭圆弧；如果输入参数，即执行默认项，系统将使用公式 $P(n) = c + a×\cos(n) + b×\sin(n)$ 来计算椭圆弧的起始角。其中，n 是输入的参数，c 是椭圆弧的半焦距，a 和 b 分别是椭圆的长半轴与短半轴的轴长。

【例 5-9】在 AutoCAD 2016 中绘制如图 5-40 所示的图形。

(1) 在快速访问工具栏中选择【显示菜单栏】命令，在弹出的菜单中选择【格式】|【图层】命令，打开【图层特性管理器】选项板。

(2) 创建【辅助线层】，设置颜色为【洋红】，线型为 ACAD_IS004W100；创建【轮廓层】，设置线宽为 0.3mm；创建【标注层】，设置颜色为蓝色，如图 5-34 所示。

(3) 将【辅助线层】置为当前层。在快速访问工具栏中选择【显示工具栏】命令，在弹出的菜单中选择【绘图】|【构造线】命令，或在【功能区】选项板中选择【常用】选项卡，在【绘图】面板中单击【构造线】按钮，执行 XLINE 命令，绘制如图 5-35 所示的一条水平构造线和两条垂直构造线，其中两条垂直构造线的距离为 80。

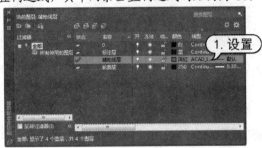

图 5-34 创建图层

图 5-35 绘制水平和垂直构造线

(4) 将【轮廓层】置为当前层，在【功能区】选项板中选择【常用】选项卡，在【绘图】面板中单击【圆心、直径】按钮，以左侧交点为圆心绘制直径为 60 的圆；以右侧交点为圆心绘制直径为 25 的圆，如图 5-36 所示。

(5) 在【功能区】选项板中选择【常用】选项卡，在【绘图】面板中单击【正多边形】按钮，以大圆的圆心为中心点，绘制正六边形，且内接圆的直径为 44，如图 5-37 所示。

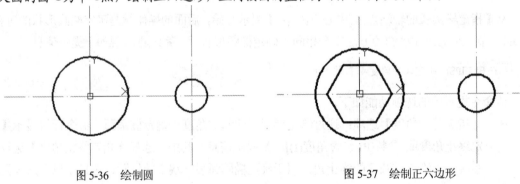

图 5-36 绘制圆   图 5-37 绘制正六边形

(6) 在【功能区】选项板中选择【常用】选项卡，在【绘图】面板中单击【圆心】按钮，以右侧小圆的圆心为中心点，以坐标(@0,50)为椭圆轴的一个端点，以 22.5 为椭圆另一条半轴的长度，绘制椭圆，如图 5-38 所示。

(7) 在【功能区】选项板中选择【常用】选项卡，在【绘图】面板中单击【直线】按钮，执行 LINE 命令，以大圆与垂直构造线的上方交点为直线的第一点，以((@80,0)为直线的第二点，绘制另一条直线，如图 5-39 所示。

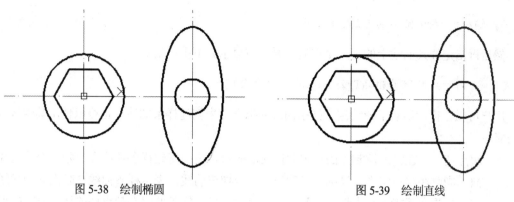

图 5-38　绘制椭圆　　　　　　　　　　　　图 5-39　绘制直线

(8) 在快速访问工具栏中选择【显示菜单栏】命令，在弹出的菜单中选择【修改】|【修剪】命令，选择椭圆作为修剪边，然后单击直线的右上方，对图形进行修剪，最终结果如图 5-40 所示。

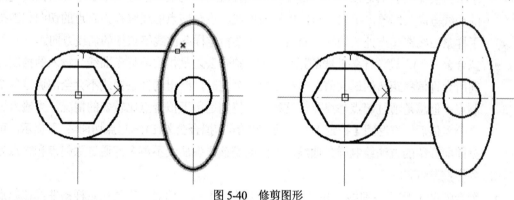

图 5-40　修剪图形

⑤.4.5　绘制与编辑样条曲线

样条曲线是一种通过或接近指定点的拟合曲线。在 AutoCAD 2016 中，其类型是非均匀关系的基本样条曲线，适用于具有不规则变化曲率半径的曲线。

1. 绘制样条曲线

在菜单栏中选择【绘图】|【样条曲线】命令(SPLINE)，在弹出的子菜单中选择【拟合点】或【控制点】命令，或在【功能区】选项板中选择【常用】选项卡，然后在【绘图】面板中单击【样条曲线拟合点】按钮▨或【样条曲线控制点】按钮▨，即可绘制样条曲线。

此时，命令行将显示【指定第一个点或 [方式(M)/节点(K)/对象(O)]：】(或【指定第一个点或 [方式(M)/阶数(D)/对象(O)]：】)提示信息。当用户选择【对象(O)】时，可以将多段线编辑得到的二次或者三次拟合样条曲线转换成等价的样条曲线。

(1) 使用拟合点绘制样条曲线

在选择【绘图】|【样条曲线】|【拟合点】命令后，可以指定样条曲线的起点，系统将显示如下提示信息：

> 输入下一点或 [起点切向(T)/公差(L)]:

然后再指定样条曲线上的另一个点后，系统将显示如下提示信息：

> 输入下一点或 [端点相切(T)/公差(L) /放弃(U) /闭合(C)]:

用户可以在提示信息下继续定义样条曲线的拟合点来创建样条曲线，也可以使用其他选项，其功能如下。

- ◉ 起点切向：在完成控制点的指定后按 Enter 键，需要确定样条曲线在起始点处的切线方向，同时在起点与当前光标点之间出现一根橡皮筋线，表示样条曲线在起点处的切线方向。如果在【指定起点切向：】提示下移动鼠标，样条曲线在起点处的切线方向的橡皮筋线也会随着光标点的移动发生变化，同时样条曲线的形状也发生相应的变化。在该提示下直接输入表示切线方向的角度值，或者通过移动鼠标的方法来确定样条曲线起点处的切线方向，即单击拾取一点，以样条曲线起点至该点的连线作为起点的切向。当指定了样条曲线在起点处的切线方向后，还需要指定样条曲线终点处的切线方向。
- ◉ 拟合公差(F)：设置样条曲线的拟合公差。拟合公差是指实际样条曲线与输入的控制点之间所允许偏移距离的最大值。当给定拟合公差时，绘出的样条曲线不会全部通过各个控制点，但总是通过起点与终点。这种方法特别适用于拟合点比较多的情况。当输入了拟合公差值后，将返回【指定下一点或 [闭合(C)/拟合公差(F)] <起点切向>：】提示，可根据前面介绍的方法绘制样条曲线，不同的是该样条曲线不再全部通过除起点和终点外的各个控制点。
- ◉ 闭合(C)：封闭样条曲线，并显示【指定切向：】提示信息，需要指定样条曲线在起点同时也是终点处的切线方向(此时样条曲线的起点与终点重合)。当确定了切线方向后，即可绘出一条封闭的样条曲线。

(2)使用控制点绘制样条曲线

在选择【绘图】|【样条曲线】|【控制点】命令后，指定样条曲线的起点，系统将显示如下提示信息：

> 输入下一点：

然后再指定样条曲线上的另一个点后，系统将显示如下提示信息：

> 输入下一点或[闭合(C)/放弃(U)]:

此时，用户可以在提示信息下继续定义样条曲线的控制点来创建样条曲线。

【例5-10】在 AutoCAD 2016 中绘制如图 5-42 所示的涡卷弹簧示意图。

(1) 在【功能区】选项板中选择【默认】选项卡，然后在【绘图】面板中单击【构造线】按钮，绘制一条水平构造线和一条垂直构造线，如图 5-41 所示。

(2) 在菜单栏中选择【绘图】|【样条曲线】|【拟合点】命令，指定两条构造线的交点为样条曲线的起点。

(3) 在【指定下一点或[闭合(C)/拟合公差(F)]<起点切向>：】提示下，依次输入点的坐标 (@7<-35)、(@5.5<45)、(@10<110)、(@7<160)、(@10<205)、(@8<250)、(@14<280)、(@10<330)、(@20<10)、(@17<68)、(@20<115)、(@18<156)、(@22<203)、(@18<250)、(@27<288)、(@36<350)、(@40<58)、(@37<120)、(@38<180)、(@33<230)、(@35<275)、(@44<325)、(@7<340)、(@7<210) 和(@4<180)。

(4) 在【指定下一点或[闭合(C)/拟合公差(F)]<起点切向>：】提示下，按 Enter 键。

(5) 在【指定起点切向：】提示下，输入 90，指定起点切向。

(6) 在【指定端点切向：】提示下，输入 90，指定端点切向，效果如图 5-42 所示。

图 5-41　绘制构造线　　　　　　　　图 5-42　绘制样条曲线

2. 编辑样条曲线

在菜单栏中选择【修改】|【对象】|【样条曲线】命令(SPLINEDIT)，或在【功能区】选项板中选择【默认】选项卡，然后在【修改】面板中单击【编辑样条曲线】按钮 ，即可编辑选中的样条曲线。样条曲线编辑命令是一个单对象编辑命令，一次只能编辑一条样条曲线对象。执行该命令并选择需要编辑的样条曲线后，在曲线周围将显示控制点，同时命令行显示如下提示信息。

输入选项 [闭合(C)/合并(J)/拟合数据(F)/编辑顶点(E)/转换为多段线(P)/反转(E)/放弃(U)/退出(X)]：

用户可以选择其中一个编辑选项来编辑样条曲线，主要选项的功能如下。

- 拟合数据(F)：编辑样条曲线所通过的某些控制点。选择该选项后，样条曲线上各控制点的位置均会出现一小方格，且命令行显示如下提示信息。

SPLINEDIT[添加(A)/闭合(C)/删除(D)/移动(M)/清理(P)/相切(T)/公差(L)/退出(X)]<退出>：

- 编辑顶点(E)：编辑样条曲线上的当前控制点。与【拟合数据】选项中的【移动】子选项的含义相同。

输入精度选项[添加(A)//删除(D)提高阶数(E)/移动(M)/权值(W)/退出(X)]<退出>：

- 反转(E)：使样条曲线的方向相反。

5.5　绘制与编辑多线

多线是由多条平行线组成的一种复合型图形，主要用于绘制建筑图中的墙壁或电子图中的线路等平行线段。其中，平行线之间的间距和数目可以调整，并且平行线数量最多不可超过 16 条。

⑤.5.1　绘制多线

在菜单栏中选择【绘图】|【多线】命令(MLINE)，即可绘制多线。执行 MLINE 后，命令行显示如下提示信息。

> 命令：_milne
> 当前的设置：对正=上，比例=20.00，样式=STANDARD
> 指定起点或[对正(J)/比例(S)/样式(ST)]：

在该提示信息中，第 2 行说明当前的绘图格式：对正方式为上，比例为 20.00，多线样式为标准型(STANDARD)；第 3 行为绘制多线时的选项，各选项功能如下。

- 对正(J)：指定多线的对正方式。此时命令行显示【输入对正类型 [上(T)/无(Z)/下(B)]<上>：】提示信息。【上(T)】选项表示当从左向右绘制多线时，多线上最顶端的线将随着光标移动；【无(Z)】选项表示绘制多线时，多线的中心线将随着光标点移动；【下(B)】选项表示当从左向右绘制多线时，多线上最底端的线将随着光标移动。
- 比例(S)：指定所绘制多线的宽度，相对于多线的定义宽度的比例因子，该比例不影响多线的线型比例。
- 样式(ST)：指定绘制多线的样式，默认为标准(STANDARD)型。当命令行显示【输入多线样式名或[?]：】提示信息时，可以直接输入已有的多线样式名，也可以输入【？】，显示已定义的多线样式。

⑤.5.2　使用【多线样式】对话框

在菜单栏中选择【格式】|【多线样式】命令(MLSTYLE)，打开【多线样式】对话框，如图 5-43 所示。用户可以根据需要创建多线样式，设置其线条数目和线的拐角方式。该对话框中各选项的功能如下。

- 【样式】列表框：显示已经加载的多线样式。
- 【置为当前】按钮：在【样式】列表中，选择需要使用的多线样式后，单击该按钮，可以将其设置为当前样式。
- 【新建】按钮：单击该按钮，打开【创建新的多线样式】对话框，可以创建新的多线样式，如图 5-44 所示。
- 【修改】按钮：单击该按钮，打开【修改多线样式】对话框，可以对创建的多线样式进行修改，如图 5-45 所示。
- 【重命名】按钮：单击该按钮，重命名【样式】列表中选中的多线样式名称，但不能重命名标准(STANDARD)样式。
- 【删除】按钮：单击该按钮，删除【样式】列表中选中的多线样式。

图 5-43　【多线样式】对话框

图 5-44　【创建新的多线样式】对话框

- 【加载】按钮：单击该按钮，打开【加载多线样式】对话框，如图 5-46 所示。可以从中选取多线样式并将其加载至当前图形中，也可以单击【文件】按钮，打开【从文件加载多线样式】对话框，选择多线样式文件。默认情况下，AutoCAD 2016 提供的多线样式文件为 acad.mln。

图 5-45　【修改多线样式】对话框

图 5-46　【加载多线样式】对话框

- 【保存】按钮：单击该按钮，打开【保存多线样式】对话框，可以将当前的多线样式保存为一个多线文件(*.mln)。

5.5.3　创建和修改多线样式

在【创建新的多线样式】对话框中单击【继续】按钮，将打开【新建多线样式】对话框，用户可以创建新多线样式的封口、填充和元素特性等内容，如图 5-47 所示。该对话框中各选项的功能如下。

- 【说明】文本框：用于输入多线样式的说明信息。当在【多线样式】列表中选中多线时，在【说明】区域中将显示说明信息。
- 【封口】选项区域：用于控制多线起点和端点处的样式。可以为多线的每个端点选择一条直线或弧线，并输入角度。其中，【直线】穿过整个多线的端点；【外弧】连接最外层元素的端点；【内弧】连接成对元素，如果有奇数个元素，则中心线不相连，如图 5-48 所示。

图 5-47 【新建多线样式】对话框

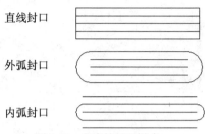

直线封口

外弧封口

内弧封口

图 5-48 多线的封口样式

● 【填充】选项区域：用于设置是否填充多线的背景。可以从【填充颜色】下拉列表框中选择所需的填充颜色作为多线的背景。如果不使用填充色，则在【填充颜色】下拉列表框中选择【无】选项即可。

● 【显示连接】复选框：选中该复选框，可以在多线的拐角处显示连接线，否则不显示，如图 5-49 所示。

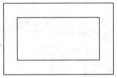 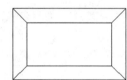

图 5-49 不显示连接与显示连接对比

● 【图元】选项区域：可以设置多线样式的元素特性，包括多线的线条数目、每条线的颜色和线型等特性。其中，【图元】列表框中列举了当前多线样式中各线条元素及其特性，包括线条元素相对于多线中心线的偏移量、线条颜色和线型。如果需要增加多线中线条的数目，可单击【添加】按钮，在【图元】列表中将加入一个偏移量为 0 的新线条元素；通过【偏移】文本框设置线条元素的偏移量；在【颜色】下拉列表框中设置当前线条的颜色；单击【线型】按钮，打开【线型】对话框设置线元素的线型。如果要删除某一线条，可在【图元】列表框中选中该线条元素，然后单击【删除】按钮即可。

在【多线样式】对话框中单击【修改】按钮，在打开的【修改多线样式】对话框中可以修改创建的多线样式，该对话框与【创建新多线样式】对话框完全相同。

⑤.5.4 编辑多线

多线编辑命令是一个专用于多线对象的编辑命令。在菜单栏中选择【修改】|【对象】|【多线】命令，可打开【多线编辑工具】对话框。该对话框中的图像按钮形象地说明了编辑多线的方法，如图 5-50 所示。

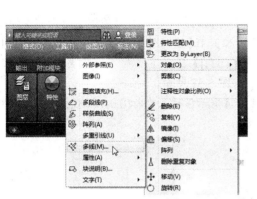

图 5-50　打开【多线编辑工具】对话框

使用十字型工具、和可以消除各种相交线，如图 5-51 所示。当选择十字型中的某种工具后，还需要选取两条多线，AutoCAD 总是切断所选的第 1 条多线，并根据所选工具切断第 2 条多线。在使用【十字合并】工具时可以生成配对元素的直角，如果没有配对元素，多线将不被切断。

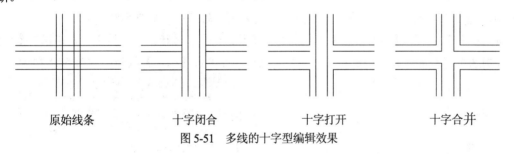

原始线条　　　　　十字闭合　　　　　十字打开　　　　　十字合并

图 5-51　多线的十字型编辑效果

使用 T 字型工具、、和角点结合工具也可以消除相交线，如图 5-52 所示。此外，角点结合工具还可以消除多线一侧的延伸线，从而形成直角。使用该工具时，需要选取两条多线，在需要保留的多线某部分上拾取点，AutoCAD 就会将多线剪裁或延伸至其中的相交点上。

原始线条　　　T 型闭合　　　　T 型打开　　　　T 型合并　　　　角点结合

图 5-52　多线的 T 型编辑效果

使用添加顶点工具可以为多线增加若干顶点，使用删除顶点工具可以从包含 3 个或更多顶点的多线上删除顶点，若当前选取的多线只有两个顶点，那么该工具将无效。

使用剪切工具、可以切断多线。其中，【单个剪切】工具用于切断多线中的一条，拾取要切断的多线某一元素上的两点，则这两点中的连线即被删除(实际上不显示)；【全部剪切】工具用于切断整条多线。

此外，使用【全部接合】工具▥可以重新显示所选两点间的任何切断部分。

【例 5-11】在 AutoCAD 2016 中绘制如图 5-63 所示的图形。

(1) 在快捷工具栏中选择【显示菜单栏】命令，在弹出的菜单中选择【绘图】|【多线】命令，在【指定起点或[对正(J)/比例(S)/样式(ST)]: 】提示下输入 J，在【输入对正类型[上(T)/无(Z)/下(B)]: 】提示下输入 Z，在【指定起点或[对正(J)/比例(S)/样式(ST)]】提示下输入 S，在【输入多线比例<0.00>: 】提示下输入 4，将多线的比例设置为 4，如图 5-53 所示。

(2) 在【指定起点或 [对正(J)/比例(S)/样式(ST)]: 】提示下输入坐标(0,0)、(@0,170)、(@0,340)和(@-170,0)，并按 C 键，封闭图形，如图 5-54 所示。

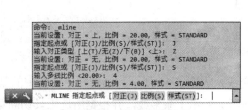

图 5-53　设置多线样式

图 5-54　绘制多线

(3) 在【功能区】选项板中选择【默认】选项板，在【绘图】面板中单击【矩形】按钮，以坐标(20,320)为矩形的第一个角点，绘制长和宽均为 130 的矩形，如图 5-55 所示。

(4) 选择【工具】|【绘图设置】命令，打开【草图设置】对话框，选择【对象捕捉】选项卡，然后分别选中【启用对象捕捉】和【中点】复选框，并单击【确定】按钮，如图 5-56 所示。

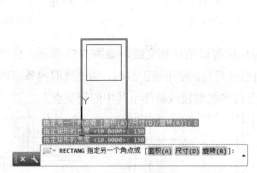

图 5-55　绘制矩形

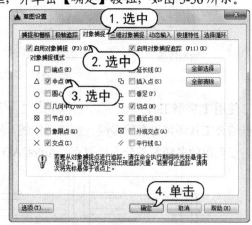

图 5-56　【对象捕捉】选项卡

(5) 在快捷工具栏中选择【显示菜单栏】命令，在弹出的菜单中选择【绘图】|【多线】命令，在【指定起点或[对正(J)/比例(S)/样式(ST)]: 】提示下输入 J，在【输入对正类型[上(T)/无(Z)/下(B)]: 】提示下输入 Z，在【指定起点或[对正(J)/比例(S)/样式(ST)]】提示下输入 S，在【输入多线比例<0.00>: 】提示下输入 4，将多线的比例设置为 4。

(6) 在【指定起点或[对正(J)/比例(S)/样式(ST)]: 】提示下捕捉矩形的中点，绘制矩形的两条中线，如图 5-57 所示。

(7) 在快捷工具栏中选择【显示菜单栏】命令，在弹出的菜单中选择【修改】|【对象】|【多

线】命令，可打开【多线编辑工具】对话框，单击该对话框中的【十字打开】工具，如图 5-58 所示。

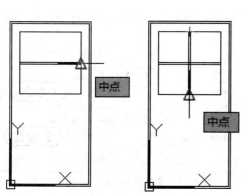

图 5-57 绘制两条中线

图 5-58 【多线编辑工具】对话框

(8) 在图形中对绘制的两条多线进行修剪，如图 5-59 所示。

(9) 在快捷工具栏中选择【显示菜单栏】命令，在弹出的菜单中选择【格式】|【多线样式】命令，打开【多线样式】对话框。

(10) 单击【新建】按钮，打开【创建新的多线样式】对话框，在【新样式名】文本框中输入 P，如图 5-60 所示。

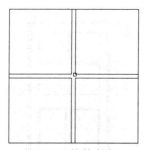

图 5-59 修剪多线

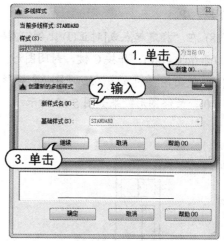

图 5-60 新建多线样式

(11) 单击【继续】按钮，打开【新建多线样式：P】对话框，单击【添加】按钮，在【偏移】文本框中输入 0.25。

(12) 在【颜色】下拉列表框中选择【选择颜色】命令，打开【选择颜色】对话框。

(13) 在【选择颜色】对话框中选择【索引颜色】选项卡，在最后一排灰度色块中选择第 6 个色块，如图 5-61 所示。

(14) 单击【确定】按钮，返回【新建多线样式：P】对话框，单击【添加】按钮，在【偏移】文本框中输入-0.25，在【填充颜色】下拉列表框中选择【红】命令，并且选中【显示连接】复选框，如图 5-62 所示。

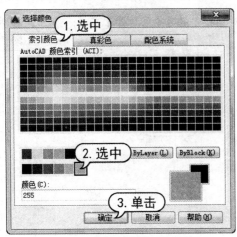

图 5-61 【选择颜色】对话框

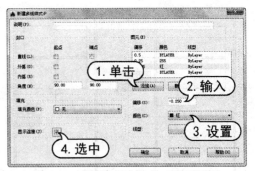

图 5-62 【新建多线样式：P】对话框

(15) 单击【确定】按钮，完成多线样式的设置。

(16) 在快捷工具栏中选择【显示菜单栏】命令，在弹出的菜单中选择【绘图】|【多线】命令，在【指定起点或[对正(J)/比例(S)/样式(ST)]：】提示下输入 J，在【输入对正类型[上(T)/无(Z)/下(B)]：】提示下输入 Z，在【指定起点或[对正(J)/比例(S)/样式(ST)]】提示下输入 S，在【输入多线比例 <0.00>：】提示下输入 6，将多线的比例设置为 6。

(17) 在"指定起点或[对正(J)/比例(S)/样式(ST)]："提示下输入 ST，在"输入多线样式名或[?]："提示下输入 P。

(18) 在"指定起点或[对正(J)/比例(S)/样式(ST)]："提示下分别输入坐标(20,20)、(20,160)、(@60,0)和(@0,-140)，并按 C 键，封闭图形。

(19) 使用同样的方法，绘制另一个矩形多线框，分别经过坐标(90,20)、(90,160)、(@60,0)和(@0,-140)，最终图形效果如图 5-63 所示。

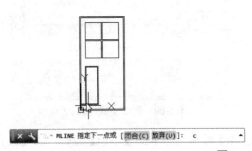
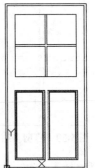

图 5-63 图形效果

⑤.6 绘制与编辑多段线

多段线是作为单个对象创建的相互连接的线段组合图形。该组合线段作为一个整体，可以由直线段、圆弧段或两者的组合线段组成，并且可以是任意开放或封闭的图形。此外为了区别多段线的显示，除了设置不同形状的图元及其长度外，还可以设置多段线中不同的线宽显示。

⑤.6.1 绘制多段线

在菜单栏中选择【绘图】|【多段线】命令(PLINE)，即可绘制多段线。执行 PLINE 命令，并在绘图窗口中指定多段线的起点后，命令行显示如下提示信息。

> 指定下一个点或 [圆弧(A)/闭合(C)/半宽(H)/长度(L)/放弃(U)/宽度(W)]:

默认情况下，当指定了多段线另一端点的位置后，将从起点到该点绘出一段多段线。该命令提示中其他选项的功能如下。

- ◉ 圆弧(A)：从绘制直线方式切换至绘制圆弧方式。
- ◉ 半宽(H)：设置多段线的半宽度，即多段线的宽度等于输入值的 2 倍。其中，可以分别指定对象的起点半宽和端点半宽。
- ◉ 长度(L)：指定绘制的直线段的长度。此时，AutoCAD 将以该长度沿着上一段直线的方向绘制直线段。如果前一段线对象是圆弧，则该段直线的方向为上一圆弧端点的切线方向。
- ◉ 放弃(U)：删除多段线上的上一段直线段或圆弧段，以方便修改在绘制多段线过程中出现的错误。
- ◉ 宽度(W)：设置多段线的宽度，可以分别指定对象的起点半宽和端点半宽。具有宽度的多段线填充与否可以通过 FILL 命令进行设置。如果将模式设置成【开(ON)】，则绘制的多段线是填充的；如果将模式设置成【关(OFF)】，则所绘制的多段线是不填充的。
- ◉ 闭合(C)：封闭多段线并结束命令。此时，系统将以当前点为起点，以多段线的起点为端点，以当前宽度和绘图方式(直线方式或者圆弧方式)绘制一段线段，以封闭该多段线，然后结束命令。

在绘制多段线时，如果在【指定下一个点或[圆弧(A)/半宽(H)/长度(L)/放弃(U)/宽度(W)]:】命令提示下输入 A，可以切换至圆弧绘制方式，命令行显示如下提示信息。

> 指定圆弧的端点或
> [角度(A)/圆心(CE)/闭合(CL)/方向(D)/半宽(H)/直线(L)/半径(R)/第二个点(S)/放弃(U)/宽度(W)]:

该命令提示中各选项的功能说明如下。

- ◉ 角度(A)：根据圆弧对应的圆心角来绘制圆弧段。选择该选项后需要在命令行提示下输入圆弧的包含角。圆弧的方向与角度的正负有关，同时也与当前角度的测量方向有关。
- ◉ 圆心(CE)：根据圆弧的圆心位置来绘制圆弧段。选择该选项后需要在命令行提示下指定圆弧的圆心。当确定了圆弧的圆心位置后，再指定圆弧的端点、包含角或对应弦长中的一个条件来绘制圆弧。
- ◉ 闭合(CL)：根据最后点和多段线的起点为圆弧的两个端点，绘制一个圆弧，以封闭多段线。闭合后，将结束多段线的绘制命令。

- 方向(D)：根据起始点处的切线方向来绘制圆弧。选择该选项后，可以通过输入起始点方向与水平方向的夹角来确定圆弧的起点切向。也可以在命令行提示下确定一个点，系统将把圆弧的起点与该点的连线作为圆弧的起点切向。当确定了起点切向后，再确定圆弧的另一个端点即可绘制圆弧。

- 半宽(H)：设置圆弧起点的半宽度和终点的半宽度。

- 直线(L)：将多段线命令由绘制圆弧方式切换至绘制直线的方式。此时将返回到【指定下一个点或 [圆弧(A)/半宽(H)/长度(L)/放弃(U)/宽度(W)]：】提示。

- 半径(R)：可根据半径来绘制圆弧。选择该选项后，需要输入圆弧的半径，并指定端点和包含角中的一个条件来绘制圆弧。

- 第二个点(S)：可根据 3 点来绘制一个圆弧。

- 放弃(U)：取消上一次绘制的圆弧。

- 宽度(W)：设置圆弧的起点宽度和终点宽度。

【例 5-12】在 AutoCAD 2016 中绘制如图 5-65 所示的图形。

(1) 在快速访问工具栏中选择【显示工具栏】命令，在弹出的菜单中选择【绘图】|【多段线】命令，发出 PLINE 命令。

(2) 在命令行的【指定起点：】提示下，输入 0，0，确定 A 点。

(3) 在命令行【指定下一个点或[圆弧(A)/闭合(C)/半宽(H)/长度(L)/放弃(U)/宽度(W)]：】提示下输入 W。

(4) 在命令行【指定起点宽度<0.0000>：】提示下输入多段线的起点宽度为 5。

(5) 在命令行【指定端点宽度<5.0000>：】提示下按 Enter 键。

(6) 在命令行【指定下一点或[圆弧(A)/闭合(C)/半宽(H)/长度(L)/放弃(U)/宽度(W)]：】提示下在绘图窗口如图 5-64 所示的 B 点位置单击。

(7) 重复步骤(3)~(6)的操作，设置多段线的起点宽度为 15，端点宽度为 1，然后绘制 B 点到 C 点的一段多段线，如图 5-65 所示。

(8) 在命令行【指定下一点或[圆弧(A)/闭合(C)/半宽(H)/长度(L)/放弃(U)/宽度(W)]：】提示下

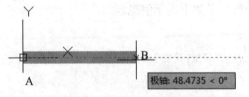

图 5-64　绘制 A 点到 B 点的线段

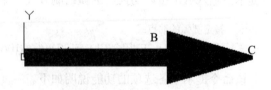

图 5-65　绘制 B 点到 C 点的线段

⑤.6.2　编辑多段线

在 AutoCAD 中，可以一次编辑一条或多条多段线。在菜单栏中选择【修改】|【对象】|【多段线】命令(PEDIT)，或在【功能区】选项板中选择【默认】选项卡，然后在【修改】面板中单击【编辑多段线】按钮，调用编辑二维多段线的命令。如果只选择一条多段线，命令行显示如下提示信息。

输入选项[闭合(C)/合并(J)/宽度(W)/编辑顶点(E)/拟合(F)/样条曲线(S)/非曲线化(D)/线型生成(L)/放弃(U)]:

如果选择多条多段线，命令行则显示如下提示信息。

输入选项[闭合(C)/打开(O)/合并(J)/宽度(W)/拟合(F)/样条曲线(S)/非曲线化(D)/线型生成(L)/放弃(U)]:

编辑多段线时，命令行中主要选项的功能如下。

- 闭合(C)：封闭所编辑的多段线，自动以最后一段的绘图模式(直线或者圆弧)连接原多段线的起点和终点。

- 合并(J)：将直线段、圆弧或者多段线连接到指定的非闭合多段线上。如果编辑的是多个多段线，系统将提示输入合并多段线的允许距离；如果编辑的是单个多段线，系统将连续选取首尾连接的直线、圆弧和多段线等对象，并将它们连成一条多段线。选择该选项时，需要连接的各相邻对象在形式上必须彼此首尾相连。

- 宽度(W)：重新设置所编辑的多段线的宽度。当输入新的线宽值后，所选的多段线均变成该宽度。

- 【编辑顶点(E)】选项：编辑多段线的顶点，只能对单个多段线操作。在编辑多段线的顶点时，系统将在屏幕上使用小叉标记出多段线的当前编辑点，命令行显示如下提示信息。

输入顶点编辑选项
[下一个(N)/上一个(P)/打断(B)/插入(I)/移动(M)/重生成(R)/拉直(S)/切向(T)/宽度(W)/退出(X)]<N>:

- 拟合(F)：使用双圆弧曲线拟合多段线的拐角，如图5-66所示。

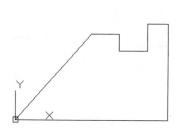 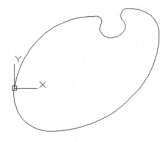

图5-66 使用曲线拟合多段线的前后效果

- 样条曲线(S)：使用样条曲线拟合多段线，且拟合时以多段线的各顶点作为样条曲线的控制点，如图5-67所示。

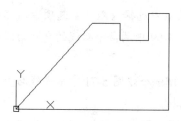 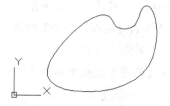

图5-67 使用样条曲线拟合多段线的前后效果

- 非曲线化(D)：删除在执行【拟合】或者【样条曲线】选项操作时插入的额外顶点，并拉直多段线中的所有线段，同时保留多段线顶点的所有切线信息。

- 线型生成(L)：设置非连续线型多段线在各顶点处的绘线方式。选择该选项后，命令行将显示【输入多段线线型生成选项 [开(ON)/关(OFF)]<关>：】提示信息。当用户选择 ON 时，多段线以全长绘制线型；当用户选择 OFF 时，多段线的各个线段独立绘制线型，当长度不足以表达线型时，以连续线代替。

- 放弃(U)：取消 PEDIT 命令的上一次操作。用户可重复使用该选项。

⑤.7 上机练习

本章主要介绍了基本二维图形的绘制方法，本次上机练习将绘制如图 5-75 所示的图形，练习圆和圆弧的绘制方法。

(1) 启动 AutoCAD 2016，创建【中心线层】，设置【颜色】为洋红，【线型】为 CENTER。

(2) 将【中心线层】设置为当前图层，在【功能区】选项板中选择【默认】选项卡，然后在【绘图】面板中单击【直线】按钮，绘制经过点(150,120)和点(@0.130)的直线，如图 5-68 所示。

(3) 使用同样的方法，绘制经过点(82,185)和点(@0.130)的直线，如图 5-69 所示。

图 5-68　绘制直线　　　　　　　　　　图 5-69　绘制中心线

(4) 在【功能区】选项板中选择【默认】选项卡，然后在【绘图】面板中单击【圆心、半径】按钮，绘制一个以图 5-69 中两条中心线的交点为圆心，半径为 42.5 的圆，如图 5-70 所示。

(5) 将默认图层设置为当前图层。在【功能区】选项板中选择【默认】选项卡，然后在【绘图】面板中单击【圆心、半径】按钮 ⊙▾，绘制一个以图 5-69 中两条中心线的交点为圆心，半径为 60 的圆，如图 5-71 所示。

(6) 在【绘图】面板中单击【圆心、半径】按钮，绘制一个以图 5-71 中水平线与中心圆右侧交点为圆心，半径为 10 的圆。

(7) 使用同样的方法，绘制一个以图 5-71 中水平线与中心圆下侧交点为圆心，半径为 10 的圆，效果如图 5-72 所示。

(8) 选择【绘图】|【圆弧】|【圆心、起点、角度】命令，绘制一个以图 5-71 中水平线与中心圆上侧交点为圆心，点((@7.5<-90)为起点，角度为 180 度的圆弧，如图 5-73 所示。

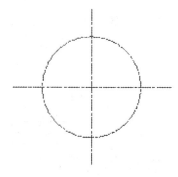

图 5-70　绘制半径为 42.5 的圆

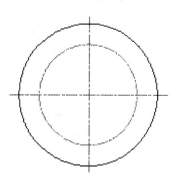

图 5-71　绘制半径为 60 圆

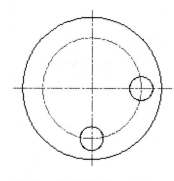

图 5-72　绘制半径为 10 的圆

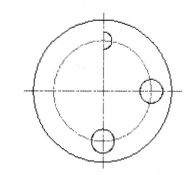

图 5-73　绘制上侧圆弧

(9) 使用同样的方法，绘制一个以图 5-73 中水平线与中心圆左侧交点为圆心，点((@7.5<180)为起点，角度为 180 度的圆弧，如图 5-74 所示。

(10) 选择【绘图】|【圆弧】|【起点、圆心、端点】命令，绘制一条以图 5-74 中上侧圆弧的上端点为起点，中心线的交点为圆心，左侧圆弧的左端点为终点的圆弧。

(11) 使用同样的方法，绘制一条以图 5-74 中上侧圆弧的下端点为起点，中心线的交点为圆心，左侧圆弧的右端点为终点的圆弧，如图 5-75 所示。

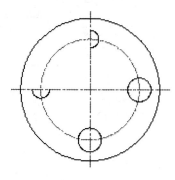

图 5-74　绘制左侧圆弧

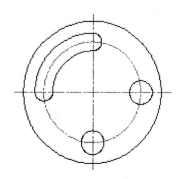

图 5-75　绘制大圆弧

⑤.8 习题

1. 绘制如图 5-76 所示的图形，尺寸可参考标注也可由用户自己确定。
2. 绘制如图 5-77 所示的图形，注意辅助线的绘制方法。

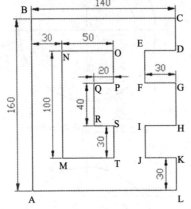

图 5-76 习题图形 1

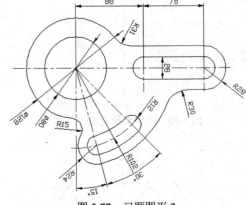

图 5-77 习题图形 2

使用精确绘图工具

学习目标

在 AutoCAD 中绘制图形时，如果对图形尺寸比例要求不太严格，用户可以大致输入图像的尺寸，使用鼠标在图形区域中直接拾取和输入。但是，有些图形对尺寸的要求比较严格，要求绘图者必须按给定的尺寸绘图。这时可以通过精确绘图工具来绘制图形，例如指定点的坐标，或者使用系统提供的对象捕捉、自动追踪等功能，在不输入坐标的情况下，精确地绘制图形。

本章重点

- ◉ 使用坐标和坐标系
- ◉ 使用动态输入
- ◉ 使用捕捉、栅格和正交功能
- ◉ 使用对象捕捉功能
- ◉ 使用自动追踪功能

6.1 使用坐标和坐标系

在绘图过程中常常需要使用某个坐标系作为参照，拾取点的位置来精确定位某个对象。AutoCAD 提供的坐标系可以用来准确地设计并绘制图形。

6.1.1 认识世界坐标系与用户坐标系

在 AutoCAD 2016 中，坐标系分为世界坐标系(WCS)和用户坐标系(UCS)。这两种坐标系均可通过坐标(x，y)进行精确定位点。

默认情况下，在开始绘制新图形时，当前坐标系为世界坐标系即 WCS，其包括 X 轴和 Y 轴(如果在三维空间工作，还有一个 Z 轴)。WCS 坐标轴的交汇处会显示【口】形标记，但坐标原点并不在坐标系的交汇点，而位于图形窗口的左下角，所有的位移都是相对于原点计算的，并且沿 X 轴正向及 Y 轴正向的位移规定为正方向，如图 6-1 所示。

在 AutoCAD 中，为了能够更好地辅助绘图，经常需要修改坐标系的原点和方向，此时世界坐标系将变为用户坐标系即 UCS。UCS 的原点以及 X 轴、Y 轴、Z 轴方向都可以移动及旋转，甚至可以依赖于图形中某个特定的对象。尽管用户坐标系中 3 个轴之间仍然互相垂直，但是在方向及位置上更灵活。另外，UCS 没有【口】形标记。

若要设置 UCS 坐标系，可在菜单栏中选择【工具】菜单中的【命名 UCS】和【新建 UCS】命令及其子命令。

例如，在菜单栏中选择【工具】|【新建 UCS】|【原点】命令，然后在如图 6-1 所示中单击圆心 O，此时世界坐标系变为用户坐标系并移动至 O 点，O 点也就成了新坐标系的原点，如图 6-2 所示。

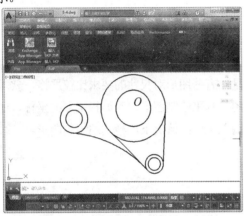

图 6-1　世界坐标系(WCS)的默认位置

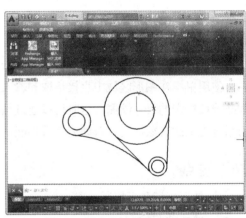

图 6-2　用户坐标系(UCS)的位置

⑥.1.2　坐标的表示方法

在 AutoCAD 中，点的坐标可以使用绝对直角坐标、绝对极坐标、相对直角坐标和相对极坐标 4 种方法表示，其特点如下。

- ⊙ 绝对直角坐标：从点(0,0)或(0,0,0)出发的位移，可以使用分数、小数或科学记数等形式表示点的 X、Y、Z 坐标值，坐标间用逗号隔开，例如点(8.3,5.8)和(3.0,5.2,8.8)等。
- ⊙ 绝对极坐标：是从点(0,0)或(0,0,0)出发的位移，但给定的是距离和角度值，其中距离和角度用 "<" 分开，且规定 X 轴正向为 0°，Y 轴正向为 90°，例如点(4.27<60)、(34<30)等。
- ⊙ 相对直角坐标和相对极坐标：相对坐标是指相对于某一点的 X 轴和 Y 轴位移，或距离和角度。表示方法是在绝对坐标表达方式前加上 "@" 号，例如(@-13,8)和(@11<24)。其中，相对极坐标中的角度是新点和上一点连线与 X 轴的夹角。

【例 6-1】在 AutoCAD 中使用 4 种坐标表示方法来创建如图 6-3 所示的三角形。

(1) 使用绝对直角坐标。在【功能区】选项板中选择【常用】选项卡，在【绘图】选项区域中单击【直线】按钮，或在命令行中输入 LINE 命令。

(1) 在【指定第一点：】提示下输入点 O 的直角坐标(0,0)。

(2) 在【指定下一点或[放弃(U)]：】提示下输入点 A 的直角坐标(53.17,93.04)。

(3) 在【指定下一点或[放弃(U)]：】提示下输入点 B 的直角坐标(211.3,155.86)。

(4) 在【指定下一点或[闭合[C]/放弃(U)]：】提示下输入 C，然后按 Enter 键，即可创建封闭的三角形，如图 6-3 所示。

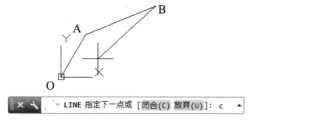
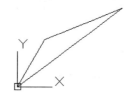

图 6-3　使用绝对直角坐标创建三角形

(5) 使用绝对极坐标。在【功能区】选项板中选择【常用】选项卡，在【绘图】选项区域中单击【直线】按钮，或在命令行中输入 LINE 命令。

(6) 在【指定第一点：】提示下输入点 O 的直角坐标(0<0)。

(7) 在【指定下一点或[放弃(U)]：】提示下输入点 A 的直角坐标(106.35<60)。

(8) 在【指定下一点或[放弃(U)]：】提示下输入点 B 的直角坐标(262.57<36)。

(9) 在【指定下一点或[闭合[C]/放弃(U)]：】提示下输入 C，然后按 Enter 键，即可创建封闭的三角形，如图 6-3 所示。

(10) 使用相对直角坐标。在【功能区】选项板中选择【常用】选项卡，在【绘图】选项区域中单击【直线】按钮，或在命令行中输入 LINE 命令。

(11) 在【指定第一点：】提示下输入点 O 的直角坐标(0,0)。

(12) 在【指定下一点或[放弃(U)]：】提示下输入点 A 的直角坐标(@53.17,93.04)。

(13) 在【指定下一点或[放弃(U)]：】提示下输入点 B 的直角坐标(@158.13,63.77)。

(14) 在【指定下一点或[闭合[C]/放弃(U)]：】提示下输入 C，然后按 Enter 键，即可创建封闭的三角形，如图 6-3 所示。

(15) 使用相对极坐标。在【功能区】选项板中选择【常用】选项卡，在【绘图】选项区域中单击【直线】按钮，或在命令行中输入 LINE 命令。

(16) 在【指定第一点：】提示下输入点 O 的直角坐标(0<0)。

(17) 在【指定下一点或[放弃(U)]：】提示下输入点 A 的直角坐标(@106.35<60)。

(18) 在【指定下一点或[放弃(U)]：】提示下输入点 B 的直角坐标(@170.5,22)。

(19) 在【指定下一点或[闭合[C]/放弃(U)]：】提示下输入 C，然后按 Enter 键，即可创建封闭的三角形，如图 6-3 所示。

⑥.1.3　控制坐标的显示

在绘图窗口中移动光标的十字指针时，状态栏上将动态地显示当前指针的坐标。AutoCAD 中，坐标显示取决于所选择的模式和程序中运行的命令，共有 4 种显示模式，如图 6-4 所示。

图 6-4　坐标的显示方式

在实际绘图过程中，可以根据需要随时按下 F6 键、Ctrl＋D 组合键、单击状态栏的坐标显示区域或者右击坐标显示区域并选择相应的命令，便可在多种显示方式之间进行切换。

 提示

当选择【关】时，坐标显示呈现灰色，表示坐标显示是关闭的，但是上一个拾取点的坐标仍然是可读的。若是一个空的命令提示符或一个不接收距离及角度输入的提示符下，就只能在【关】和【绝对】之间切换。若是一个接收距离及角度输入的提示符下，便可以在所有模式间循环切换。

⑥.1.4　创建与显示用户坐标系

在 AutoCAD 2016 中，用户可以很方便地创建和命名用户坐标系。

1. 创建用户坐标系

在 AutoCAD 2016 的菜单栏中选择【工具】|【新建 UCS】命令的子命令，即可方便地创建 UCS，其具体含义如下。

- 【世界】命令：从用户坐标系恢复到世界坐标系。WCS 是所有用户坐标系的基准，不能被重新定义。
- 【上一个】命令：从当前的坐标系恢复到上一个坐标系。
- 【面】命令：将 UCS 与实体对象的选定面对齐。若要选择一个面，可单击该面边界内或面的边界，被选中的面将亮显，UCS 的 X 轴将与找到的第一个面上的最近的边对齐。
- 【视图】命令：以垂直于观察方向(平行于屏幕)的平面为 XY 平面，建立新的坐标系，UCS 原点保持不变。常用于注释当前视图时使文字以平面方式显示。
- 【原点】命令：通过移动当前 UCS 的原点，保持其 X 轴、Y 轴和 Z 轴方向不变，从而定义新的 UCS。也可以在任何高度建立坐标系，如果没有给原点指定 Z 轴坐标值，系统将使用当前标高。
- 【对象】命令：根据选取的对象快速简单地建立 UCS，使对象位于新的 XY 平面，其中 X 轴和 Y 轴的方向取决于选择的对象类型。该选项不能用于三维实体、三维多段线、三维网格、视口、多线、面域、样条曲线、椭圆、射线、参照线、引线和多行文字等对象。对于非三维面的对象，新 UCS 的 XY 平面与绘制该对象时生效的 XY 平面平行，但 X

轴和 Y 轴可作不同的旋转。通过选择对象来定义 UCS 的方法，如表 6-1 所示。

表 6-1 点样式与对应的 PDMODE 变量值

对 象 类 型	UCS 定义方法
圆弧	圆弧的圆心成为新 UCS 的原点，X 轴通过距离选择点最近的圆弧端点
圆	圆的圆心成为新 UCS 的原点，X 轴通过选择点
标注	标注文字的中点成为新 UCS 的原点，新 X 轴的方向平行于绘制该标注时生效的 UCS 的 X 轴
直线	离选择点最近的端点成为新 UCS 的原点，AutoCAD 选择新的 X 轴使该直线位于新 UCS 的 XZ 平面中，该直线的第 2 个端点在新坐标系中 Y 坐标为零
点	成为新 UCS 的原点
二维多段线	多段线的起点成为新 UCS 的原点，X 轴沿从起点到下一顶点的线段延伸
实体	二维填充的第 1 点确定新 UCS 的原点，新 X 轴沿前两点之间的连线方向
多线	多线的起点成为新 UCS 的原点，X 轴沿多线的中心线方向
三维面	取第 1 点作为新 UCS 的原点，X 轴沿前两点的连线方向，Y 的正方向取自第 1 点和第 4 点，Z 轴由右手定则确定
文字、块参照、属性定义	该对象的插入点成为新 UCS 的原点，新 X 轴由对象绕其拉伸方向旋转定义，用于建立新 UCS 的对象在新 UCS 中的旋转角度为零

⊙ 【Z 轴矢量】命令：使用特定的 Z 轴正半轴定义 UCS。需要选择两点，第一点作为新的坐标系原点，第二点决定 Z 轴的正向，XY 平面垂直于新的 Z 轴。

⊙ 【三点】命令：通过在三维空间的任意位置指定 3 点，确定新 UCS 原点及其 X 轴和 Y 轴的正方向，Z 轴由右手定则确定。其中第 1 点定义了坐标系原点，第 2 点定义了 X 轴的正方向，第 3 点定义了 Y 轴的正方向。

⊙ X/Y/Z 命令：旋转当前的 UCS 轴来建立新的 UCS。在命令行提示信息中输入正或负的角度以旋转 UCS，用右手定则来确定绕该轴旋转的正方向。

2. 命名用户坐标系

在菜单栏中选择【工具】|【命名 UCS】命令，打开【UCS】对话框，选择【命名 UCS】选项卡，如图 6-5 所示。在【当前 UCS】列表中选择【世界】、【上一个】或某个 UCS 选项，然后单击【置为当前】按钮，即可将其置为当前坐标系，此时在该 UCS 前面将显示"▶"标记。也可以单击【详细信息】按钮，在【UCS 详细信息】对话框中查看坐标系的详细信息，如图 6-6 所示。

此外，在【当前 UCS】列表中的坐标系选项上右击将弹出一个快捷菜单，用户可以重命名坐标系、删除坐标系和将坐标系置为当前坐标系。

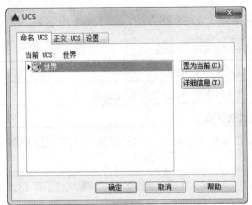

图 6-5　【命名 UCS】选项卡

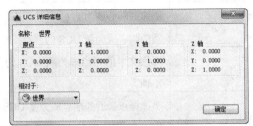

图 6-6　【UCS 详细信息】对话框

3. 使用正交用户坐标系

在 UCS 对话框中，选择【正交 UCS】选项卡，然后在【当前 UCS】列表中选择需要使用的正交坐标系，如俯视、仰视、左视、右视、主视和后视等，如图 6-7 所示。【深度】表示正交 UCS 的 XY 平面与通过坐标系统变量指定的坐标系统原点平行平面之间的距离，【相对于】下拉列表框用于指定定义正交 UCS 的基准坐标系。

4. 设置 UCS 的其他选项

使用 UCS 对话框中的【设置】选项卡可以设置 UCS 图标和 UCS，如图 6-8 所示。其中各选项的含义如下。

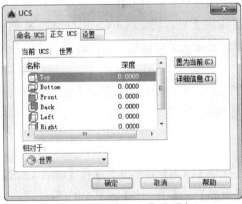

图 6-7　【正交 UCS】选项卡

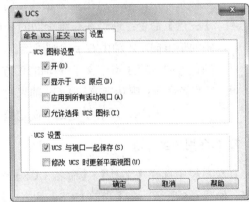

图 6-8　【设置】选项卡

- ⦿　【开】复选框：指定显示当前视口的 UCS 图标。
- ⦿　【显示于 UCS 原点】复选框：在当前视口坐标系的原点处显示 UCS 图标。如果不选中此选项，则在视口的左下角显示 UCS 图标。
- ⦿　【应用到所有活动视口】复选框：用于指定将 USC 图标设置应用到当前图形中的所有活动视口。
- ⦿　【UCS 与视口一起保存】复选框：指定将坐标系设置与视口一起保存。
- ⦿　【修改 UCS 时更新平面视图】复选框：指定当修改视口中的坐标系时，更新平面视图。

6.2 使用动态输入

在 AutoCAD 中，使用动态输入功能可以在指针位置处显示标注输入和命令提示等信息，从而极大地方便了绘图。

6.2.1 启用指针输入

选择【工具】|【绘图设置】命令，在打开的【草图设置】对话框的【动态输入】选项卡中，选中【启用指针输入】复选框即可启用指针输入功能，如图 6-9 所示。在【指针输入】选项区域中单击【设置】按钮，在打开的【指针输入设置】对话框中设置指针的格式和可见性，如图 6-10 所示。

图 6-9 【动态输入】选项卡

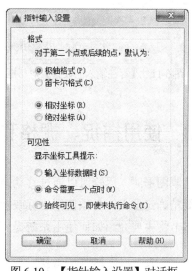

图 6-10 【指针输入设置】对话框

6.2.2 启用标注输入

在【草图设置】对话框的【动态输入】选项卡中，选中【可能时启用标注输入】复选框即可启用标注输入功能。在【标注输入】选项区域中单击【设置】按钮，在打开的【标注输入的设置】对话框中可以设置标注的可见性，如图 6-11 所示。

6.2.3 显示动态提示

在【草图设置】对话框的【动态输入】选项卡中，选中【动态提示】选项区域中的【在十字光标附近显示命令提示和命令输入】复选框，即可在光标附近显示命令提示。

在【草图设置】对话框的【动态输入】选项卡中,单击【绘图工具提示外观】按钮,打开【工具提示外观】对话框,在该对话框中可以设置工具提示外观的颜色、大小和透明度等参数,如图 6-12 所示。

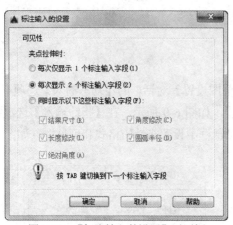

图 6-11　【标注输入的设置】对话框

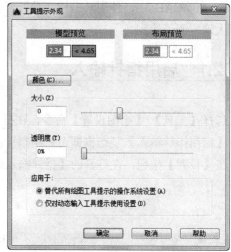

图 6-12　【工具提示外观】对话框

⑥.3　使用捕捉、栅格和正交功能

在绘制图形时,尽管可以通过移动光标来指定点的位置,但很难精确指定点的某一位置。因此,若要精确定位点,必须使用坐标或捕捉功能。第 2 章已经详细介绍了使用坐标精确定位点的方法,本节将主要介绍如何使用系统提供的栅格、捕捉和正交功能来精确定位点。

⑥.3.1　设置栅格和捕捉

【捕捉】用于设定鼠标光标移动的间距。【栅格】是一些标定位置的小点,起坐标值的作用,可以提供直观的距离和位置参照,如图 6-13 所示。在 AutoCAD 2016 中,使用【捕捉】和【栅格】功能,可以提高绘图效率。

1. 打开或关闭捕捉和栅格功能

打开或关闭【捕捉】和【栅格】功能有以下几种方法。

- ◉　在 AutoCAD 程序窗口的状态栏中,单击【捕捉模式】和【栅格显示】按钮。
- ◉　按 F9 键打开或关闭捕捉,按 F7 键打开或关闭栅格。
- ◉　在菜单栏中选择【工具】|【绘图设置】命令,打开【草图设置】对话框,如图 6-14 所示。在【捕捉和栅格】选项卡中选中或取消选中【启用捕捉】和【启用栅格】复选框。

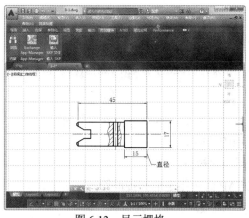

图 6-13　显示栅格

图 6-14　【草图设置】对话框

2. 设置捕捉和栅格参数

利用【草图设置】对话框中的【捕捉和栅格】选项卡，如图 6-14 所示，可以设置捕捉和栅格的相关参数，各选项的功能显示如下。

- ◉ 【启用捕捉】复选框：打开或关闭捕捉方式。选中该复选框，可以启用捕捉。
- ◉ 【捕捉间距】选项区域：设置捕捉间距、捕捉角度以及捕捉基点坐标。
- ◉ 【捕捉类型】选项区域：用于设置捕捉类型和样式，包括【栅格捕捉】和【极轴捕捉】两种。【栅格捕捉】单选按钮：选中该单选按钮，可以设置捕捉样式为栅格。当选中【矩形捕捉】单选按钮时，可以将捕捉样式设置为标准矩形捕捉模式，光标可以捕捉一个矩形栅格；当选中【等轴测捕捉】单选按钮时，可以将捕捉样式设置为等轴测捕捉模式，光标可以捕捉到一个等轴测栅格；在【捕捉间距】和【栅格间距】选项区域中可以设置相关参数；PolarSnap 单选按钮：选中该单选按钮，可以设置捕捉样式为极轴捕捉。此时，在启用了极轴追踪或对象捕捉追踪的情况下指定点，光标将沿极轴角或对象捕捉追踪角度进行捕捉，这些角度是相对最后指定的点或最后获取的对象捕捉点计算的，并且在【极轴间距】选项区域中的【极轴距离】文本框中可设置极轴捕捉间距。
- ◉ 【启用栅格】复选框：打开或关闭栅格的显示。选中该复选框，可以启用栅格。
- ◉ 【栅格间距】选项区域：设置栅格间距。如果栅格的 X 轴和 Y 轴间距值为 0，则栅格采用捕捉 X 轴和 Y 轴间距的值。
- ◉ 【栅格行为】选项区域：用于设置【视觉样式】下栅格线的显示样式(三维线框除外)。

⑥.3.2　使用 GRID 与 SNAP 命令

在 AutoCAD 2016 中，不仅可以通过【草图设置】对话框设置栅格和捕捉参数，还可以通过 GRID 与 SNAP 命令进行设置。

1. 使用 GRID 命令

执行 GRID 命令时，其命令行显示如下提示信息。

指定栅格间距(X)或[开(ON)/关(OFF)/捕捉(S)/主(M)/自适应(D)/界限(L)/跟随(F)/纵横向间距(A)] <10.0000>：

默认情况下，需要设置栅格间距值。该间距不能设置太小，否则将导致图形模糊及屏幕重画太慢，甚至无法显示栅格。该命令行提示中其他选项的功能如下。

- 【开(ON)】/【关(OFF)】选项：打开或关闭当前栅格。
- 【捕捉(S)】选项：将栅格间距设置为由 SNAP 命令指定的捕捉间距。
- 【主(M)】选项：设置每个主栅格线的栅格分块数。
- 【自适应(D)】选项：设置是否允许以小于栅格间距的间距拆分栅格。
- 【界限(L)】选项：设置是否显示超出界限的栅格。
- 【跟随(F)】选项：设置是否跟随动态 UCS 的 XY 平面而改变栅格平面。
- 【纵横向间距(A)】选项：设置栅格的 X 轴和 Y 轴间距值。

2. 使用 SNAP 命令

执行 SNAP 命令时，其命令行显示如下提示信息。

指定捕捉间距或 [打开(ON)/关闭(OFF)/纵横向间距(A)/传统(L)/样式(S)/类型(T)] <10.0000>：

默认情况下，需要指定捕捉间距，并使用【打开(ON)】选项，以当前栅格的分辨率、旋转角和样式激活捕捉模式；使用【关闭(OFF)】选项，关闭捕捉模式，但保留当前设置。此外，该命令行提示中其他选项的功能如下。

- 【纵横向间距(A)】选项：在 X 和 Y 方向上指定不同的间距。如果当前捕捉模式为等轴测，则不能使用该选项。
- 【传统(L)】选项：指定"是"将导致旧行为，光标将始终捕捉到捕捉栅格；指定"否"将导致新行为，光标仅在操作正在进行时捕捉到捕捉栅格。
- 【样式(S)】选项：设置【捕捉】栅格的样式为【标准】或【等轴测】。【标准】样式显示与当前 UCS 的 XY 平面平行的矩形栅格，X 间距与 Y 间距可能不同；【等轴测】样式显示等轴测栅格，栅格点初始化为 30°和 150°角。等轴测捕捉可以旋转，但不能有不同的纵横向间距值。等轴测包括上等轴测平面(30°和 150°角)、左等轴测平面(90°和 150°角)和右等轴测平面(30°和 90°角)，如图 6-15 所示。

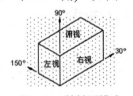

图 6-15　等轴测模式

- 【类型(T)】选项：指定捕捉类型为极轴或栅格。

6.3.3 使用正交模式

使用 ORTHO 命令，打开正交模式，用于控制是否以正交方式绘图。在正交模式下，可以方便地绘制出与当前 X 轴或 Y 轴平行的线段。打开或关闭正交方式有以下两种方法。

- 在 AutoCAD 程序窗口的状态栏中单击【正交模式】按钮。
- 按 F8 键打开或关闭正交模式。

打开正交模式功能后，输入的第 1 点是任意的，但当移动光标准备指定第 2 点时，引出的橡皮筋线不再是这两点之间的连线，而是起点至光标十字线的垂直线中较长的那段线，此时单击，橡皮筋线即变为所绘直线。

6.4 使用对象捕捉功能

在绘图的过程中，经常需要指定一些已有对象上的点，如端点、圆心和两个对象的交点等。如果只凭观察进行拾取，不可能非常准确地找到这些点。为此，AutoCAD 提供了对象捕捉功能，能够迅速、准确地捕捉到某些特殊点，从而精确地绘制图形。

6.4.1 启用对象捕捉功能

在 AutoCAD 2016 中，可以通过【对象捕捉】工具栏和【草图设置】对话框等方式来设置对象捕捉模式。

1．【对象捕捉】工具栏

在使用 AutoCAD 绘图时，当要求指定点时，单击【对象捕捉】工具栏中相应的特征点按钮，再把光标移至需要捕捉对象上的特征点附近，即可捕捉到相应的对象特征点，如图 6-16 所示。

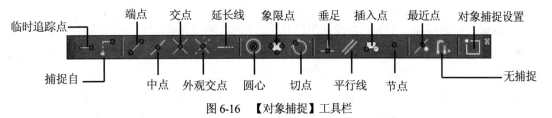

图 6-16 【对象捕捉】工具栏

2．使用自动捕捉功能

在绘图的过程中，使用对象捕捉的频率非常高。为此，AutoCAD 2016 提供了一种自动对象捕捉模式。

自动捕捉是指当把光标置于一个对象上时，系统自动捕捉到对象上所有符合条件的几何特征点，并显示相应的标记。如果把光标放在捕捉点上多停留一会，系统还会显示捕捉的提示。这样，在选择点之前，就可以方便地预览和确认捕捉点。

若要打开对象捕捉模式，可在【草图设置】对话框的【对象捕捉】选项卡中，选中【启用对象捕捉】复选框，然后在【对象捕捉模式】选项区域中选中相应的复选框，如图 6-17 所示。

3. 对象捕捉快捷菜单

当要求指定点时，可以按下 Shift 键或者 Ctrl 键，右击打开【对象捕捉】快捷菜单，如图 6-18 所示。选择需要的子命令，然后将光标移至需捕捉对象的特征点附近，即可捕捉到相应的对象特征点。

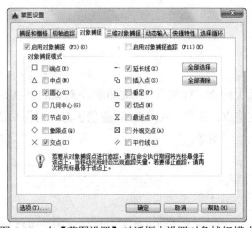

图 6-17　在【草图设置】对话框中设置对象捕捉模式

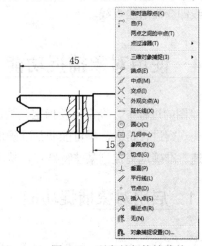

图 6-18　对象捕捉快捷菜单

在对象捕捉快捷菜单中，【点过滤器】子命令中的各命令用于捕捉满足指定坐标条件的点。除此之外的其他各项都与【对象捕捉】工具栏中的各种捕捉模式相对应。

6.4.2　运行和覆盖捕捉模式

在 AutoCAD 2016 中，对象捕捉模式可以分为运行捕捉模式和覆盖捕捉模式两种。

- 在【草图设置】对话框的【对象捕捉】选项卡中，将需要设置的对象捕捉模式始终处于运行状态，直到关闭为止，称为运行捕捉模式。
- 如果在点的命令行提示下输入关键字(如 MID、CEN 和 QUA 等)，单击【对象捕捉】工具栏中的工具或在对象捕捉快捷菜单中选择相应命令，只临时打开捕捉模式，称为覆盖捕捉模式，仅对本次捕捉点有效，在命令行中显示一个【于】标记。

 提示

若要打开或关闭运行捕捉模式，可以单击状态栏中的【对象捕捉】按钮。设置覆盖捕捉模式后，系统将暂时覆盖运行捕捉模式。

⑥.5　使用自动追踪功能

在 AutoCAD 中，自动追踪可按指定角度绘制对象，或者绘制与其他对象有特定关系的对象。自动追踪功能分为极轴追踪和对象捕捉追踪两种，是非常有用的辅助绘图工具。

⑥.5.1　极轴追踪与对象捕捉追踪

极轴追踪是按事先给定的角度增量来追踪特征点，而对象捕捉追踪则是按与对象的某种特定关系来追踪，这种特定的关系确定了一个未知角度。也就是说，如果事先知道需要追踪的方向(角度)，则使用极轴追踪；如果事先不知道具体的追踪方向(角度)，但知道与其他对象的某种关系(如相交)，则可以使用对象捕捉追踪。极轴追踪和对象捕捉追踪可以同时使用。

极轴追踪功能可以在系统要求指定一个点时，按照预先设置的角度增量显示一条无限延伸的辅助线(此处是一条虚线)，此时就可以沿辅助线追踪得到光标点。用户可以在【草图设置】对话框的【极轴追踪】选项卡中对极轴追踪和对象捕捉追踪进行设置，如图 6-19 所示。

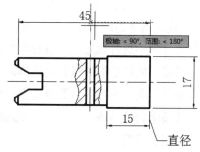

图 6-19　设置极轴追踪

【极轴追踪】选项卡中各选项的功能说明如下。

- ⦿ 【启用极轴追踪】复选框：选中或取消选中该复选框，可以打开或关闭极轴追踪。也可以使用自动捕捉系统变量或按 F10 键来打开或关闭极轴追踪。

- ⦿ 【极轴角设置】选项区域：用于设置极轴角度。在【增量角】下拉列表框中可以选择系统预设的角度，如果该下拉列表框中的角度不能满足需要，可以选中【附加角】复选框，然后单击【新建】按钮，在【附加角】列表中增加新角度。

- ⦿ 【对象捕捉追踪设置】选项区域：用于设置对象捕捉追踪。选中【仅正交追踪】单选按钮，可以在启用对象捕捉追踪时，只显示获取的对象捕捉点的正交(水平/垂直)对象捕捉追踪路径；选中【用所有极轴角设置追踪】单选按钮，可以将极轴追踪设置应用到对象捕捉追踪。使用对象捕捉追踪时，光标将从获取的对象捕捉点起沿极轴对齐角度进行追踪。也可以使用系统变量 POLARMODE 对对象捕捉追踪进行设置。

- ◉ 【极轴角测量】选项区域：用于设置极轴追踪对齐角度的测量基准。其中，选中【绝对】单选按钮，可以基于当前用户坐标系(UCS)确定极轴追踪角度；选中【相对上一段】单选按钮，可以基于最后绘制的线段确定极轴追踪角度。

⑥.5.2　使用临时追踪点和捕捉自功能

在【对象捕捉】工具栏中，还有两个非常有用的对象捕捉工具，即【临时追踪点】和【捕捉自】工具。这两种工具的功能说明如下。

- ◉ 【临时追踪点】工具■■：可以在一次操作中创建多条追踪线，根据这些追踪线确定所要定位的点。
- ◉ 【捕捉自】工具■：在使用相对坐标指定下一个应用点时，【捕捉自】工具可以提示输入基点，并将该点作为临时参照点，这与通过输入前缀@使用最后一个点作为参照点类似。该工具不是对象捕捉模式，但经常与对象捕捉一起使用。

⑥.5.3　使用自动追踪功能绘图

使用自动追踪功能能够快速而精确地定位点，在很大程度上提高了绘图效率。在 AutoCAD 2016 中，设置自动追踪功能选项，可以打开【选项】对话框，在【绘图】选项卡的【Autotrack 设置】选项区域中进行设置，其各选项功能如下。

- ◉ 【显示极轴追踪矢量】复选框：设置是否显示极轴追踪的矢量数据。
- ◉ 【显示全屏追踪矢量】复选框：设置是否显示全屏追踪的矢量数据。
- ◉ 【显示自动追踪工具提示】复选框：设置在追踪特征点时是否显示工具栏上的相应按钮的提示信息。

【例 6-2】在 AutoCAD 2016 中使用自动追踪功能绘制图形。

(1) 在快捷访问工具栏中选择【显示菜单栏】命令，在弹出的菜单中选择【工具】|【绘图设置】命令，打开【草图设置】对话框。

(2) 在【草图设置】对话框中选择【捕捉和栅格】选项卡，然后选中【启用捕捉】复选框，在【捕捉类型和样式】选项区域中选中 PolarSnap 单选按钮，在【极轴距离】文本框中设置极轴距离为 0.5，如图 6-20 所示。

(3) 选择【极轴追踪】选项卡，选中【启用极轴追踪】复选框，在【增量角】下拉列表框中输入 30，然后单击【确定】按钮，如图 6-21 所示。

(4) 在状态栏中单击【极轴追踪】、【对象捕捉】以及【对象捕捉追踪】按钮，打开极轴追踪、对象捕捉和对象追踪功能。

(5) 在快速访问工具栏中选择【显示菜单栏】命令，在弹出的菜单中选择【绘图】|【构造线】命令，在绘图窗口中绘制一条水平构造线和一条垂直构造线作为辅助线，如图 6-22 所示。

(6) 在快速访问工具栏中选择【显示菜单栏】命令，在弹出的菜单中选择【绘图】|【圆】|【半径】命令，捕捉辅助线的交点，当显示【交点】标记时，单击确定圆心，然后从辅助线的交点向右下角移动光标，追踪 25 个单位，此时屏幕上显示【极轴：25.0000<300°】，如图 6-23 所示。单击指定圆的半径。

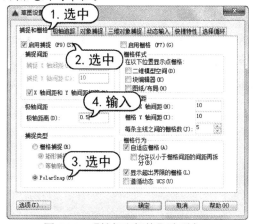

图 6-20　【捕捉和栅格】选项卡

图 6-21　【极轴追踪】选项卡

图 6-22　绘制构造线

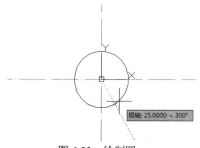

图 6-23　绘制圆

(7) 使用相同的方法，绘制直径为 25 的圆，如图 6-24 所示。

(8) 在【功能区】选项板中选择【常用】选项卡，在【绘图】面板中单击【矩形】按钮，并在【对象捕捉】工具栏中单击【临时追踪点】按钮，然后将指针沿着捕捉辅助线的交点向下追踪 108 个单位，当屏幕显示【交点：108.0000<270°】时单击鼠标，确定临时追踪点。

(9) 将指针沿着临时追踪点水平向右追踪 42 个单位，当屏幕显示【追踪点：42.0000<0°】时，如图 6-25 所示。单击鼠标，确定一个角点，绘制长 14 宽 40 的矩形。

图 6-24　绘制直径 25 的圆

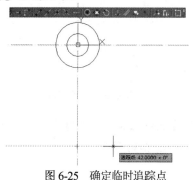

图 6-25　确定临时追踪点

计算机基础与实训教材系列

(10) 在快速访问工具栏中选择【显示菜单栏】命令，在弹出的菜单中选择【绘图】|【圆】|【半径】命令，并在【对象捕捉】工具栏中单击【临时追踪点】按钮，然后将鼠标指针沿着捕捉矩形的右下角点向上追踪 18 个单位，当屏幕显示【交点: 18.0000<90°】时单击，确定临时追踪点，然后将指针向右移动，当屏幕显示【追踪点: 30.0000<0°】时单击鼠标，确定圆的圆心，绘制一个半径为 30 的圆，如图 6-26 所示。

(11) 在快速访问工具栏中选择【显示菜单栏】命令，在弹出的菜单中选择【绘图】|【射线】命令，捕捉上方半径为 25 圆的切点，确定射线的起点，然后向右下方移动鼠标指针，当屏幕显示【极轴: 19.0000<330°】时单击，绘制一条射线，如图 6-27 所示。

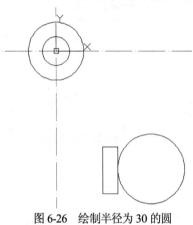
图 6-26　绘制半径为 30 的圆

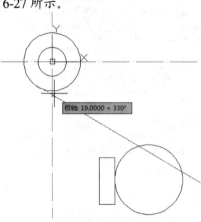
图 6-27　绘制射线

(12) 在快速访问工具栏中选择【显示菜单栏】命令，在弹出的菜单中选中【绘图】|【直线】命令，以矩形右上角顶点为起点，绘制一条任意长度的垂直直线，如图 6-28 所示。

(13) 在快速访问工具栏中选择【显示菜单栏】命令，在弹出的菜单中选择【绘图】|【圆】|【相切、相切、半径】命令，绘制与直线和射线相切的圆，其半径为 20，如图 6-29 所示。

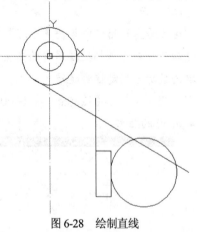
图 6-28　绘制直线

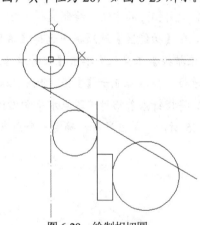
图 6-29　绘制相切圆

(14) 重复以上操作，绘制半径为 35 的圆，并且圆心与辅助线交点的水平距离为 66，垂直距离为 28，如图 6-30 所示。

(15) 在快速访问工具栏中选择【显示菜单栏】命令，在弹出的菜单中选择【绘图】|【相切、相切、半径】命令，绘制与半径 35 的圆和直径为 50 的圆相切的圆，其半径为 85，如图 6-31 所示。

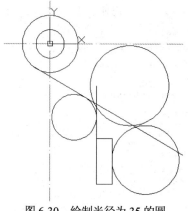
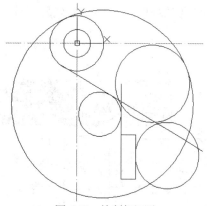

图 6-30　绘制半径为 35 的圆　　　　　　　图 6-31　绘制相切圆

(16) 在【功能区】选项板中选择【常用】选项卡，在【修改】面板中单击【修剪】按钮，对绘制的图形进行修剪，如图 6-32 所示。

(17) 最后，删除辅助线完成图形的绘制，如图 6-33 所示。

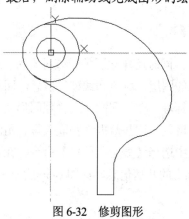
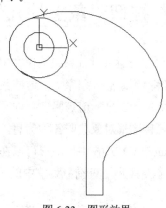

图 6-32　修剪图形　　　　　　　　　　　图 6-33　图形效果

6.6　显示快捷特性

AutoCAD 提供快捷特性功能，当用户选择对象时，即可显示快捷特性面板，如图 6-34 所示，从而方便修改对象的属性。

在【草图设置】对话框的【快捷特性】选项卡中，选中【选择时显示快捷特性选项板】复选框可以启用快捷特性功能，如图 6-35 所示。【快捷特性】选项卡中其他各选项的功能如下。

- ◉　【选项板显示】选项区域：可以设置所有对象的快捷特性面板或显示已定义快捷特性的对象的快捷特性面板。
- ◉　【选项板位置】选项区域：可以设置快捷特性面板的位置。选中【由光标位置决定】单选按钮，快捷特性面板将根据【象限点】和【距离】的值显示在某个位置；选中【固定】单选按钮，快捷特性面板将显示在上一次关闭时的位置。

⦿ 【选项板行为】选项区域：可以设置快捷特性面板显示的最小行数以及是否自动收拢。

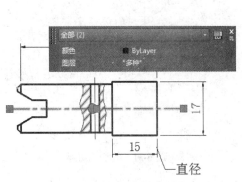

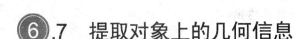

图 6-34　启用快捷特性

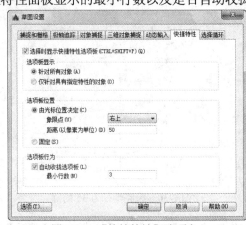

图 6-35　【快捷特性】选项卡

6.7　提取对象上的几何信息

在创建图形对象时，系统不仅在屏幕上绘出该对象，同时还建立了关于该对象的一组数据，并将它们保存到图形数据库中。这些数据不仅包含对象的图层、颜色和线型等信息，而且还包含对象的 X、Y、Z 坐标值等属性，如圆心或直线端点坐标等。在绘图操作或管理图形文件时，经常需要从各种图形对象获取各种信息。通过查询对象，可以从这些数据中获取大量有用的信息。

在 AutoCAD 2016 中，用户可以在快速访问工具栏中选择【显示菜单栏】命令，在弹出的菜单中选择【工具】|【查询】菜单中的子命令，提取对象上的几何信息，如图 6-36 所示。

6.7.1　获取距离和角度

在绘图过程中，如果按严格的尺寸输入，则绘出的图形对象具有严格的尺寸。但当采用在屏幕上拾取点的方式绘制图形时，一般当前图形对象的实际尺寸并不明显地反映出来。为此，AutoCAD 提供了两点之间的距离和角度的查询命令 DIST。当在屏幕上拾取两个点时，DIST 命令返回两点之间的距离和在 XY 平面上的夹角。输入的两点可使用任意精确输入法。当用 DIST 命令查询对象的长度时，查询的是三维空间的距离，无论拾取的两个点是否在同一平面上，两点之间的距离总是基于三维空间的。使用 DIST 命令查询的最后一个距离值保存到系统变量中，如果需要查看该系统变量的当前值，可在命令行输入 DISTANCE 命令。

例如，要查询坐标(100,100)和(200,200)之间的距离，可以在快速访问工具栏中选择【显示菜单栏】命令，在弹出的菜单中选择【工具】|【查询】|【距离】命令，然后在命令提示下依次输入第一点坐标(100,100)和第二点坐标(200,200)，系统在命令行显示刚刚输入的两点之间的距离和在

XY 平面的角度，如图 6-37 所示。

图 6-36　【查询】子菜单

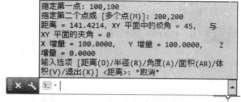

图 6-37　显示两点间的距离和在 XY 平面的角度

如图 6-37 所示，点(100,100)到(200,200)之间的距离为 141.4214，两点的连线与 X 轴正向夹角为 45 度，与 XY 平面的夹角为 0 度，这两点在 X 轴、Y 轴、Z 轴方向的增量分别为 100、100和 0。

6.7.2　获取区域信息

在快速访问工具栏中选择【显示菜单栏】命令，在弹出的菜单中选择【工具】|【查询】|【面积】命令(AREA)，可以获取图形的面积和轴承。

例如，要查询半径为 20 的圆的面积，可以在快速访问工具栏中选择【显示菜单栏】命令，在弹出的菜单中选择【工具】|【查询】|【面积】命令，然后在【指定第一个角点或[对象(O)/加(A)/减(S)]：】提示下输入 O，并选择该圆，将获取该圆的面积和周长，如图 6-38 所示。

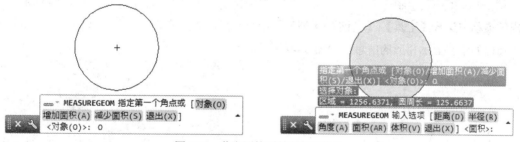

图 6-38　获取圆的面积和周长信息

6.7.3　获取面域/质量特性

在 AutoCAD 中，用户还可以在快速访问工具栏中选择【显示菜单栏】命令，在弹出的菜单中选择【工具】|【查询】|【面域/质量特性】命令(MASSPROP)，获取图形的面域和质量特性，如图 6-39 所示。

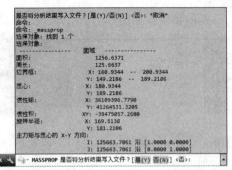

图 6-39　获取图形的面域和质量特性

⑥.7.4　列表显示对象信息

在快速访问工具栏中选择【显示菜单栏】命令，在弹出的菜单中选择【工具】|【查询】|【列表】命令(LIST)，可以显示选定对象的特性数据。该命令可以列出任意 AutoCAD 对象的信息，所返回的信息取决于选择的对象类型，但有些信息是常驻的。对每个对象始终都显示的一般信息包括：对象类型、对象所在的当前层和对象相对于当前用户坐标系(X,Y,Z)的空间位置。当一两个对象尚未设置成【随层】颜色和线型时，从显示信息中可以清除地看出(若二者都设置为【随层】，则此条目不被记录)。

另外，列表显示命令还增加了特殊信息，列表显示命令还可以显示未设置 0 的对象厚度、对象在空间的高度(Z 坐标)和对象在 UCS 坐标中的延伸方向。

对某些类型的对象还增加了特殊信息，如对圆提供了直径、圆周长和面积信息，对直线提供了长度信息及在 XY 平面内的角度信息。为每种对象提供的信息都稍有差别，依具体对象而定。

例如，在(0,0)点绘制一个半径为 10 的圆，在快速访问工具栏中选择【显示菜单栏】命令，在弹出的菜单中选择【工具】|【查询】|【列表】命令，然后选择该圆，按 Enter 键后在【AutoCAD 文本窗口】中将显示相应的信息，如图 6-40 所示。

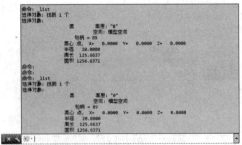

图 6-40　显示图形信息

如果一个图形包含多个对象，要获得整个图形的数据信息，可以使用 DVLIST 命令。执行该命令后，系统将在文本窗口中显示当前图形中包含的每个对象的信息。该窗口出现对象信息时，系统将暂停运行。此时按 Enter 键继续输出，按 Esc 键取消。

6.7.5　提示当前点坐标值

在 AutoCAD 中，在快速访问工具栏中选择【显示菜单栏】命令，在弹出的菜单中选择【工具】|【查询】|【点坐标】命令(ID)，可以显示图形中特定点的坐标值，也可以通过指定其坐标值可视化定位一个点。ID 命令的功能是，在屏幕在拾取一点，在命令行按 X、Y、Z 形式显示所拾取点的坐标值。这样可以使 AutoCAD 在系统变量 LASTPOINT 中保持跟踪在图形中拾取的最后一点。当使用 ID 命令拾取点时，该点保存到系统变量 LASTPOINT 中。在后续命令中，只需输入@即可调用该点。

【例 6-3】使用 ID 命令显示当前拾取点的坐标值，并以该点为圆心绘制一个半径为 20 的圆。

(1) 在快速访问工具栏中选择【显示菜单栏】命令，在弹出的菜单中选择【工具】|【查询】|【点坐标】命令。

(2) 在命令行提示下用鼠标在屏幕上拾取一个点，此时系统将显示该点的坐标，如图 6-41 所示。

(3) 在快速访问工具栏中选择【显示菜单栏】命令，在弹出的菜单中选择【绘图】|【圆】|【圆心、半径】命令，并在命令行输入@，调用刚才拾取的点作为圆心。

(4) 在【指定圆的半径或[直径(D)]<20.0000>：】提示下输入 20，然后按下 Enter 键，即可拾取的点为圆心，绘制一个以 20 为半径的圆，如图 6-42 所示。

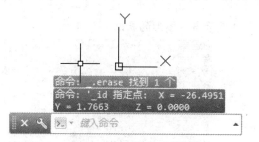

图 6-41　显示拾取点坐标

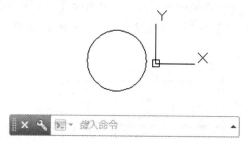

图 6-42　绘制半径为 20 的圆

6.7.6　获取时间信息

在快速访问工具栏中选择【显示菜单栏】命令，在弹出的菜单中选择【工具】|【查询】|【时间】命令(TIME)，在【AutoCAD 文本窗口】中生成一个报告，显示当前日期和时间、图形创建的日期和时间、最后一次更新的日期和时间以及图形在编辑器中的累计时间。

6.7.7　查询对象状态

【状态】是指关于绘图环境及系统状态的各种信息。在 AutoCAD 中，任何图形对象都包含着许多信息。例如，当图形包含对象的数量、图形名称、图形界限及其状态(开或闭)、图形的插入基点、捕捉和网格设置、操作空间、当前图层、颜色、线型、标高和厚度、填充、栅格、正交、快速文字、捕捉和数字化仪的状态、对象捕捉模式、可用磁盘空间、内存可用空间以及自由交换文件的空间等。了解这些状态数据，对于控制图形的绘制、显示和打印输出等都很有意义。

要了解对象包含的当前信息，可用在快速访问工具栏中选择【显示菜单栏】命令，在弹出的菜单中选择【工具】|【查询】|【状态】命令(STATUS)，这时在【AutoCAD 文本窗口】将显示图形的如下状态信息：

- 图形文件的路径、名称和包含的对象数。
- 模型空间或图纸空间的绘图界限、已利用的图形范围和显示范围。
- 插入基点。
- 捕捉分辨率(即捕捉间距)和栅格点分布间距。
- 当前空间(模型或图纸)、当前图层、颜色、线型、线宽、基面标高和延伸厚度。
- 填充、栅格、正交、快速文本、间隔捕捉和数字化板开关的当前设置。
- 对象捕捉的当前设置。
- 磁盘空间的使用情况。

【例 6-4】查询如图 6-43 所示图形对象的状态。

(1) 在快速访问工具栏中选择【显示菜单栏】命令，在弹出的菜单中选择【文件】|【打开】命令，打开如图 6-43 所示的图形窗口。

(2) 在快速访问工具栏中选择【显示菜单栏】命令，在弹出的菜单中选择【工具】|【查询】|【状态】命令，系统将自动打开如图 6-44 所示的窗口显示当前图形的状态。

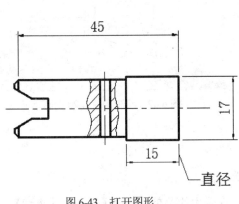

图 6-43　打开图形

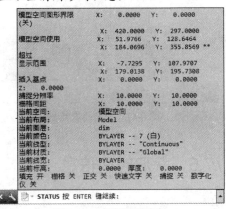

图 6-44　查询图形状态

(3) 按下 Enter 键，继续显示文本，阅读完信息后，按下 F2 键返回到图形窗口。

6.7.8　设置变量

在快速访问工具栏中选择【显示菜单栏】命令，在弹出的菜单中选择【工具】|【查询】|【设置变量】命令(SETVAR)，可以观察和修改 AutoCAD 的系统变量。在 AutoCAD 中，系统变量可以实现许多功能。例如，AREA 记录了最后一个面积；SNAPMODE 用于记录捕捉的状态；DWGNAME 用于保存当前文件的名字。

系统变量存储与 AutoCAD 的配置文件或图形文件中,或根本不存储。任何与绘图环境或编辑器相关的变量通常存于配置文件中,其他的变量一部分存于图形文件中,另一部分不存储。如果在配置文件中存储了一个特殊的变量,那么它的设置就会在一幅图中执行之后,在另外的图形中也会得到执行。如果变量存储在图形文件中,则它的当前值仅依赖于当前的图形文件。

6.8 使用【快速计算器】选项板

在 AutoCAD 2016 中,快速计算功能不仅具备 CAL 命令的功能,能够进行数字计算、科学计算、单位转换和变量求值,而且界面直观、易于操作。

6.8.1 数字计算器

AutoCAD 的【快速计算器】选项板具有基本计算器的计算功能。单击【菜单浏览器】按钮,在弹出的菜单中选择【工具】|【选项板】|【快速计算器】命令(QUICKCALC),或在【功能区】选项板中选择【常用】选项卡,在【实用工具】面板中单击【快速计算器】按钮,打开【快速计算器】选项板,展开【数字键区】和【科学】区域,【快速计算器】选项板实际上就是一个计算器,如图 6-45 所示。

例如,要计算 Sin(2^3-4)的值,可以在表达式输入区域输入该表达式,或直接用鼠标单击【数字键区】和【科学】区域对应的数字和函数来输入表达式,按下 Enter 键,即可得到计算结果,如图 6-46 所示。

图 6-45 【快速计算器】选项板

图 6-46 快速计算

6.8.2 单位转换

在【快速计算器】选项板中,展开【单位转换】区域,可以对长度、质量和圆形单位进行转换。例如,要计算 2 米为多少英尺,可以在【快速计算器】选项板的【单位转换】区域中选择【单位类型】为长度，【转换自】为米，【转换到】为英尺以及【要转换的值】为 2，然后单击【已转换的值】，即可显示转换结果，如图 6-47 所示。

图 6-47　单位转换

6.8.3　变量求值

在【快速计算器】选项板中，展开【变量】区域，可以使用函数对变量求值。例如，可以使用 dee 函数求两个端点之间的距离；使用 ill 函数求由四个端点定义的两条直线的交点；使用 mee 函数求两个端点之间的中点；使用 nee 函数求 XY 平面中两个端点的法向单位矢量；使用 vee 函数求两个端点之间的矢量；使用 veel 函数求两个端点之间的单位矢量，如图 6-48 所示。

此外，用户可以单击【变量】标题栏上的【新建变量】按钮，打开【变量定义】对话框来定义变量，或单击【编辑变量】按钮，使用【变量定义】对话框定义好的变量，如图 6-49 所示。

图 6-48　变量求值　　　　　　　　　图 6-49　【变量定义】对话框

6.9　使用 CAL 命令计算值和点

CAL 是一个功能很强的三维计算器，可以完成数学表达式和矢量表达式(点、矢量和数值的组合)的计算。它被集成在绘图编辑器中，可以不用使用桌面计算器。它的功能十分强大，除了包含标准的数学函数之外，还包含了一组专门用于计算点、矢量和 AutoCAD 几何图形的函数。可以透明地在命令行执行 CAL 命令，例如，当用 CIRCLE 命令时系统会提示输入半径，此时便可以向 CAL 求助，来计算半径，而不用中断 CIRCLE 命令。

6.9.1　将 CAL 用作桌面计算器

在 AutoCAD 中，可以使用 CAL 命令计算关于加、减、乘和除的数学表达式。

【例6-5】使用 CAL 命令计算表达式 8/4+7。

(1) 在命令行输入 CAL 命令，然后按下 Enter 键。

(2) 在命令行提示下输入 8/4+7，如图 6-50 所示。

(3) 按下 Enter 键，即可显示表达式计算结果，如图 6-51 所示。

图 6-50　输入表达式　　　　　　　　　　　图 6-51　显示计算结果

如果在命令提示下直接输入 CAL 命令，则表达式的值就会显示到屏幕上。如果从某个 AutoCAD 命令中透明地执行 CAL，则所计算的结果将被解释为 AutoCAD 命令的一个输入值。

【例6-6】绘制一个半径为 20/7(七分之二十)的圆。

(1) 在快速访问工具栏中选择【显示菜单栏】命令，在弹出的菜单中选择【圆】|【圆心、半径】命令，然后在命令行【指定圆的圆心或[三点(3P)/两点(2P)/相切、相切、半径(T)]: 】提示下输入(0,0)。

(2) 在命令行【指定圆的半径[直径(D): 】提示下输入【'cal】，然后按下 Enter 键。

(3) 在命令行【CAL>>>>表达式: 】提示下输入 20/7，如图 6-52 所示。

(4) 此时，即可显示计算结果，并以该值为半径绘制圆，如图 6-53 所示。

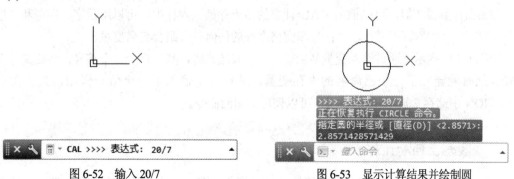

图 6-52　输入 20/7　　　　　　　　　　　图 6-53　显示计算结果并绘制圆

CAL 支持建立在科学/工程计算器之上的大多数标准函数，如表 6-2 所示。

表 6-2　常用标准函数

标 准 函 数	含 义
Sin(角度)	返回角度的正弦值
Cos(角度)	返回角度的余弦值
Tang(角度)	返回角度的正切值
Asin(实数)	返回数的反正弦值
Acos(实数)	返回数的反余弦值
Atan(实数)	返回数的反正切值
Ln(实数)	返回数的自然对数值
Log(实数)	返回数的以 10 为底的对数值
Exp(实数)	返回 e 的幂值
Exp10(实数)	返回 10 的幂值
Sqr(实数)	返回数的平方值
Sqrt(实数)	返回数的平方根值
Abs(实数)	返回数的绝对值
Round(实数)	返回数的整数值(最近的整数)
Trunc(实数)	返回数的整数部分
R2d(角度)	将角度值从弧度转化为度
D2r(角度)	将角度值从度转化为弧度
Pi(角度)	常量 π (pi)

与 AutoLISP 函数不同，CAL 要求按十进制来输入角度，并按此返回角度值。可以输入一个复杂的表达式，并用必要的圆括号结束，CAL 将按 AOS(代数运算体系)规划计算表达式。

6.9.2　使用变量

与桌面计算器相似，可以把用 CAL 计算的结果存储到内存中。可以用数字、字母和其他除"("、")"、"'"、" ""、";"和空格之外的任何符号组合命名变量。

当在 CAL 提示下通过键入变量名来输入一个表达式时，其后跟上一个等号，然后是计算表达式。此时就建立了一个已命名的内存变量，并在其中输入了一个值。例如，为了在变量FRACTION 中储存 7 被 12 除的结果，可以使用下面的命令。

```
命令：cal
>>表达式：FRACTION=7/12
```

为了在 CAL 表达式中使用变量的值，可以简单地在表达式中给出变量名。例如，要利用FRACTION 的值，并将其除以 2，可以使用下面的命令。

```
命令：cal
>>表达式：FRACTION=/2
```

如果要在 AutoCAD 命令提示或某个 AutoCAD 命令的某一项提示下给出变量值，则可以用感叹号"！"作为前缀直接输入变量名。例如，如果要把存于变量 FRACTION 中的值作为一个新圆的半径，则可在 CIRCLE 命令的半径提示下，输入"！FRACTION"，如下所示。

```
命令：cal
>>表达式：FRACTION= FRACTION /2
```

6.9.3　将 CAL 作为点和矢量计算器

点和矢量的表示都可以使用两个或三个实数的组合来表示(平面空间用两个实数，三维空间用三个实数来表示)。点用于定义空间中的位置，而矢量用于定义空间中的方向或位移。在 CAL 计算过程中，在计算表达式中可以使用点坐标。也可以用任何一种标准的 AutoCAD 格式来指定一个点，如表 6-3 所示，其中应用最普遍的是笛卡尔坐标和极坐标。

表 6-3　标准的 AutoCAD 坐标表示格式

坐 标 类 型	表 示 方 式
笛卡尔	[X，Y，Z]
极坐标	[距离<角度]
相对坐标	用@作为前缀，如[@距离<角度]

在使用 CAL 时，必须把坐标用"[　]"括起来。CAL 命令可以按如下方式对点进行标准的+、-、*、/运算，如表 6-4 所示。

表 6-4　CAL 命令可执行的标准运算

运 算 符	含　　义
乘	数字*点坐标或点坐标*点坐标
除	点坐标/数字或点坐标/点坐标
加	点坐标+点坐标
减	点坐标-点坐标

包含点坐标的表达式也可以称为矢量表达式。在 AutoCAD 中，可以通过求 X 和 Y 坐标的平均值来获得空间两点的中点坐标。

【例6-7】求点(5,4)和(2,8)的中点坐标。

(1) 在命令行输入 CAL 命令，然后按下 Enter 键。

(2) 在命令行【>>>>表达式：】提示下输入([5,4]+[2,8])/2，并按下 Enter 键，如图 6-54 所示。

(3) 此时，即可在命令上方显示如图 6-55 所示的中点坐标。

```
命令: CAL
>> 表达式: ([5,4]+[2,8])/2
3.5,6,0
```

```
× ✦ 🖩 ▾ CAL >> 表达式: ([5,4]+[2,8])/2    ▲
```

图 6-54　输入表达式

```
× ✦ >▾ 键入命令                           ▲
```

图 6-55　显示中点坐标

⑥.9.4　在 CAL 命令中使用捕捉模式

在 AutoCAD 中，不仅可以对孤立的点进行运算，还可以使用 AutoCAD 捕捉模式作为算术表达式的一部分。AutoCAD 提示选择对象并返回相应捕捉点的坐标。在算术表达式中使用捕捉模式大大简化了相对其他对象的坐标输入。

使用捕捉模式时，只需输入它的 3 字符名，例如，使用圆形捕捉模式时只需输入"cen"。函数 CUR 通知 CAL 让用户拾取一个点。

【例 6-8】计算图 6-56 所示图形中两个圆心的中点坐标。

(1) 在快速访问工具栏中选择【显示菜单栏】命令，在弹出的菜单中选择【文件】|【打开】命令，打开如图 6-56 所示的图形窗口。

(2) 在命令行输入 CAL 命令，然后按下 Enter 键。

(3) 在命令行【>>>>表达式: 】提示下输入(cur+cur)/2，然后按下 Enter 键。

(4) 在命令行【>>>>输入点: 】提示下输入 cen，并按下 Enter 键。

(5) 在命令行【CAL 于】提示下拾取小圆的圆心，捕捉对象。

(6) 在命令行【>>>>输入点: 】提示下输入 cen，并按下 Enter 键。

(7) 在命令行【CAL 于】提示下拾取大圆的圆心，捕捉对象，即可显示圆的中心点坐标，如图 6-57 所示。

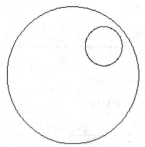

图 6-56　打开图形

图 6-57　显示两个圆的圆心中点坐标

也可以通过输入表 6-5 所示 CAL 函数(而不是 CUR)，把对象捕捉包含到表达式之中。

表 6-5　CAL 函数

CAL 函数	等价的对象捕捉模式
end	Endpoint(端点)
ins	Insert(插入点)
int	Intersection(交点)

(续表)

CAL 函数	等价的对象捕捉模式
mid	Midpoint(中点)
cen	Center(圆心)
nea	Nearest(最近点)
nod	Node(节点)
qua	Quadrant(象限点)
per	Perpendicular(垂足)
tan	Tangent(切点)

【例6-9】以图 6-56 所示图形中的两圆心间的中点为圆心，绘制一个半径为 20 的圆。

(1) 在命令行输入 CIRCLE 命令，然后按下 Enter 键。

(2) 在命令行【指定圆的圆心或[三点(3P)/两点(2P)/相切、相切、半径(T)]: 】提示下输入'cal，然后按下 Enter 键。

(3) 在命令行【>>>>表达式: 】提示下输入(cen+cen)/2，然后按下 Enter 键。

(4) 在命令行【>>>>选择图元用于 CEN 捕捉: 】提示下拾取小圆，如图 6-58 所示。

(5) 在命令行【>>>>选择图元用于 CEN 捕捉: 】提示下拾取大圆。

(6) 在命令行【指定圆的半径或[直径(D)]<20.0000>: 】提示下输入 20 ，然后按下 Enter 键，即可绘制如图 6-59 所示的圆。

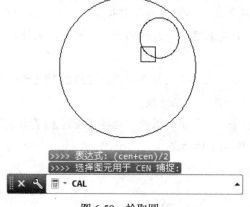

图 6-58 拾取圆

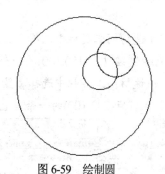

图 6-59 绘制圆

6.9.5 使用 CAL 命令获取坐标点

AutoCAD 的 CAL 命令还提供了一系列函数用于获取坐标点，如下所示。

- W2u(P1)：将世界坐标系中表示的点 P1 转换到当前用户坐标系中。
- U2w(P1)：将当前用户坐标系中表示的点 P1 转换到世界坐标系中。
- Ill(P1,P2,P3,P4)：返回由(P1,P2)和(P3,P4)确定的两条直线的交点；ilp(P1,P2,P3,P4,P5)确定

直线(p1,p2)和平面(p3,p4,p5)的交点。

- Ille：返回由 4 个端点定义的两条直线的交点，是 ill(cen,end,cen,end)的简化形式。
- Mee：返回两个端点间的中点。
- Pld(P1,P2,DIST)：返回直线(P1,P2)上距离 P1 为 dist 的点。当 DIST=0 时，返回 P1，当 DIST 为负值时，返回的点将位于 P1 之前；如果 DIST 等于(P1，P2)间的距离，则返回 P2；如果 DIST 大于(P1,P2)间的距离，则返回点落在 P2 之后。
- Plt(P1,P2,T)：返回直线(P1,P2)上距离 P1 为一个 T 的点。T 是从 P1 到所求点的距离与 P1，P2 间距的比值。当 T=0 时，返回 P1；当 T=1 时，返回 P2；如果 T 为负值，则返回点位于 P1 之前；如果 T 大于 1，则返回点位于 P2 之后。
- Rot(P,Origin,Ang)：绕经过点 Origin 的 Z 轴旋转点 P，转角为 Ang。
- Rot(P,AxP1,AxP2,Ang)：以直线(AxP1,AxP2)为旋转点 P，转角为 Ang。

此外，还可以在表达式中使用@字符来获得 CAL 计算得到的最后一个点的坐标。

6.10 上机练习

本章的上机练习将在 AutoCAD 2016 中使用对象捕捉功能绘制一个扳手，用户可以通过实例操作巩固所学的知识。

(1) 在快速访问工具栏中选择【显示菜单栏】命令，在弹出的菜单中选择【工具】|【绘图设置】命令，打开【草图设置】对话框，在【对象捕捉】选项卡的【对象捕捉模式】选项区域中分别选中【交点】、【圆心】、【端点】和【切点】4 个复选框，如图 6-60 所示，然后单击【确定】按钮。

(2) 在快速访问工具栏中选择【显示菜单栏】命令，在弹出的菜单中选择【绘图】|【构造线】命令，分别绘制经过点(100,100)的一条水平构造线与一条垂直构造线。

(3) 在快速访问工具栏中选择【显示菜单栏】命令，在弹出的菜单中选择【绘图】|【构造线】命令，绘制经过点(282,100)的一条垂直构造线，如图 6-61 所示。

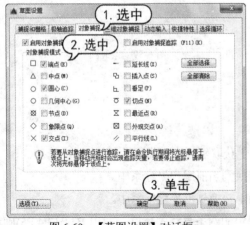

图 6-60 【草图设置】对话框

图 6-61 绘制构造线

（4）在快速访问工具栏中选择【显示菜单栏】命令，在弹出的菜单中选择【绘图】|【圆】|【圆心、半径】命令，将指针移动到水平构造线与左侧垂直构造线的交点处，当显示【交点】标记时，单击拾取该点，绘制半径为 22 的圆，如图 6-62 所示。

（5）在【功能区】选项板中选择【常用】选项卡，在【绘图】面板中单击【正多边形】按钮，在命令行【输入边的数目<4>：】提示下输入 6，然后将指针移动到半径为 22 的圆的圆心处，当显示【圆心】标记时，单击拾取该点，将其作为正六边形的中心点，如图 6-63 所示。

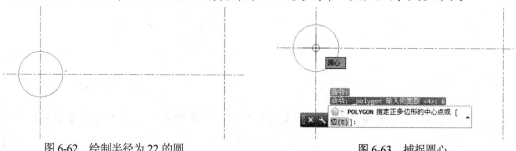

图 6-62　绘制半径为 22 的圆　　　　　　　　　图 6-63　捕捉圆心

（6）在命令行【输入选项[内接于圆(I)/外切于圆(C)]<I>：】提示下按下 Enter 键，然后将指针移动至圆与垂直构造线的交点处，当显示【交点】标记时，单击拾取该点，设置内接于圆的半径，完成正六边形的绘制，如图 6-64 所示。

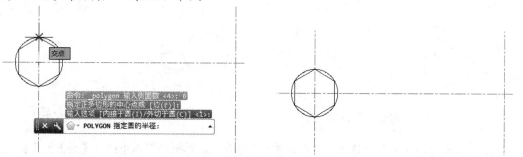

图 6-64　捕捉交点绘制正六边形

（7）在【功能区】选项板中选择【常用】选项卡，在【修改】面板中单击【修剪】按钮，对正六边形进行修剪，如图 6-65 所示。

（8）在快速访问工具栏中选择【显示菜单栏】命令，在弹出的菜单中选择【绘图】|【圆】|【圆心、半径】命令，将指针移动到正六边形的端点处，当显示【端点】标记时，单击拾取该点，绘制半径为 22 的圆，如图 6-66 所示。

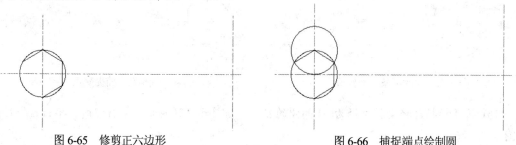

图 6-65　修剪正六边形　　　　　　　　　图 6-66　捕捉端点绘制圆

(9) 使用同样的方法，以 A 点为圆心，绘制半径为 22 的圆；以 B 点为圆心，绘制半径为 44 的圆，如图 6-67 所示。

(10) 在【功能区】选项板中选择【常用】选项卡，在【修改】面板中单击【修剪】按钮，对多个圆进行修剪，如图 6-68 所示。

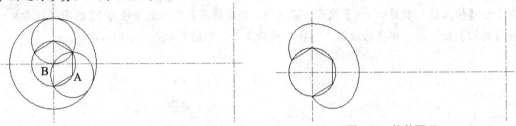

图 6-67　绘制多个圆　　　　　　　　　　　图 6-68　修剪图形

(11) 在快速访问工具栏中选择【显示菜单栏】命令，在弹出的菜单中选择【绘图】|【圆】|【圆心、半径】命令，将指针移动到右侧垂直构造线与水平构造线的交点处，当显示【交点】标记时，单击拾取该点，绘制半径为 14 的圆，如图 6-69 所示。

(12) 使用同样的方法，以右侧垂直构造线与水平构造线的交点为圆心，绘制直径为 15 的圆，如图 6-70 所示。

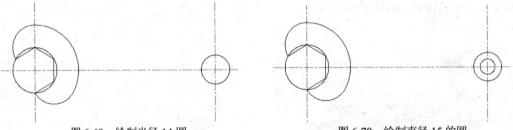

图 6-69　绘制半径 14 圆　　　　　　　　　　图 6-70　绘制直径 15 的圆

(13) 在快速访问工具栏中选择【显示菜单栏】命令，在弹出的菜单中选择【绘图】|【构造线】命令，绘制两条水平构造线，且分别经过正六边形的上、下两个端点，如图 6-71 所示。

(14) 在【功能区】选项板中，选择【常用】选项卡，在【绘图】面板中单击【直线】按钮，将鼠标指针移至最上面一条水平构造线与半径为 44 的圆弧的交点处，当显示【交点】标记时，单击拾取该点，如图 6-72 所示。

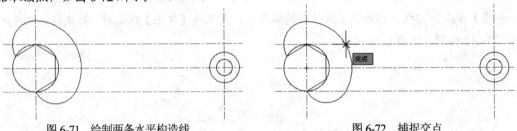

图 6-71　绘制两条水平构造线　　　　　　　　图 6-72　捕捉交点

(15) 将鼠标指针移动至半径为 14 的圆的左侧，当显示【递延切点】标记时，单击拾取该点，如图 6-73 所示。

(16) 重复以上操作，绘制另一条直线，如图 6-74 所示。

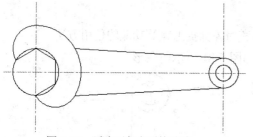

图 6-73　捕捉切点

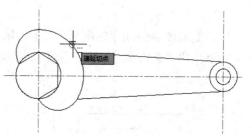

图 6-74　绘制直线

(17) 选择最上面和最下面的水平构造线，然后按 Delete 键，将其删除，如图 6-75 所示。

(18) 在快速访问工具栏中选择【显示菜单栏】命令，在弹出的菜单中选择【绘图】|【圆】|【相切、相切、半径】命令，将鼠标指针移动至半径为 44 的圆的右半部分，当显示【递延切点】标记时，单击拾取该点，如图 6-76 所示。

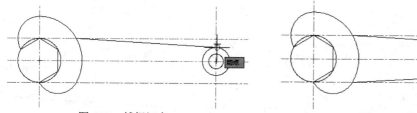

图 6-75　删除两条水平构造线　　　　　　　图 6-76　捕捉切点

(19) 将鼠标指针移动至倾斜直线附近，当显示【递延切点】标记时，单击拾取该点，绘制半径为 22 的圆，如图 6-77 所示。

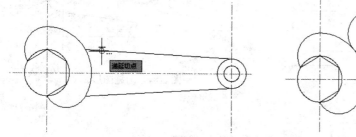

图 6-77　捕捉切点绘制半径为 22 的圆

(20) 重复以上步骤，绘制与直线和半径为 44 的弧线相切的圆，且圆半径为 22，如图 6-78 所示。

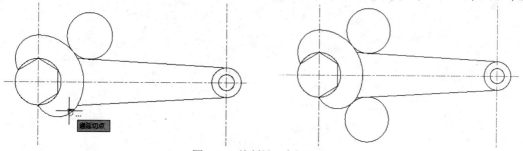

图 6-78　绘制另一个相切圆

(21) 在【常用】选项卡的【修改】面板中单击【修剪】按钮，修剪图形，如图 6-79 所示。

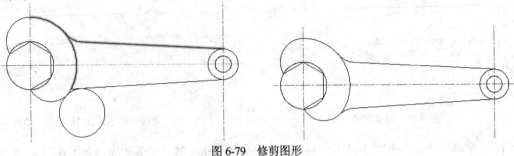

图 6-79　修剪图形

6.11　习题

1. 绘制如图 6-80 所示的图形，熟悉极轴追踪和对象捕捉追踪等功能的使用方法。
2. 利用极轴追踪和对象捕捉追踪等功能绘制如图 6-81 所示的图形。

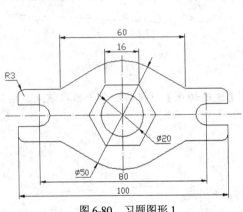

图 6-80　习题图形 1

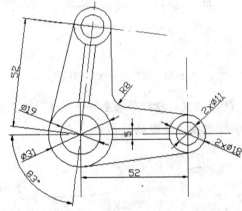

图 6-81　习题图形 2

选择与编辑图形对象

学习目标

在 AutoCAD 中，单纯地使用绘图命令或绘图工具只能创建出一些基本图形对象，要绘制复杂的图形，就必须借助图形编辑命令。在编辑对象前，首先要选择对象，然后进行编辑。当选中对象时，在其中部或两端将显示若干个小方框(即夹点)，利用它们可以对图形进行简单的编辑。此外，AutoCAD 2016 还提供了丰富的对象编辑工具，可以合理地构造和组织图形，以保证绘图的准确性，简化绘图操作，从而极大地提高了绘图效率。

本章重点

- ◉ 选择与编辑对象
- ◉ 使用夹点编辑图形
- ◉ 更正错误与删除对象
- ◉ 移动、旋转和对齐对象
- ◉ 复制、镜像、阵列和偏移对象
- ◉ 修改对象的形状和大小
- ◉ 倒角、圆角、打断和合并对象

7.1 选择对象

在编辑图形之前，首先需要选择编辑的对象。AutoCAD 用虚线亮显所选的对象，这些对象就构成选择集。选择集可以包含单个对象，也可以包含复杂的对象编组。

在 AutoCAD 2016 中，单击【菜单浏览器】按钮 A，在弹出的菜单中单击【选项】按钮，通过打开【选项】对话框的【选择集】选项卡，设置选择集模式、拾取框的大小及夹点功能。

计算机 基础与实训教材系列

⑦.1.1 选择对象的方法

在 AutoCAD 2016 中，选择对象的方法很多。例如，可以通过单击对象逐个拾取；也可以利用矩形窗口或交叉窗口选择；也可以选择最近创建的对象，前面的选择集或图形中的所有对象，也可以向选择集中添加对象或从中删除对象。

在命令行输入 SELECT 命令，按 Enter 键，并且在命令行的【选择对象：】提示下输入【？】，将显示如下的提示信息。

> 命令：select
> 选择对象：?
> *无效选择*
> 需要点或窗口(W)/上一个(L)/窗交(C)/框(BOX)/全部(ALL)/栏选(F)/圈围(WP)/圈交(CP)/编组(G)/添加(A)/删除(R)/多个(M)/前一个(P)/放弃(U)/自动(AU)/单个(SI)/子对象/对象

根据提示信息，输入其中的大写字母即可指定对象的选择模式。例如，设置矩形窗口的选择模式，在命令行的【选择对象：】提示下输入 W 即可。常用的选择模式主要有以下几种。

- ⦿ 默认情况下：可以直接选择对象，此时光标变为一个小方框(即拾取框)，利用该方框可逐个拾取所需对象。该方法每次只能选取一个对象，不适合选取大量对象。
- ⦿ 【窗口(W)】选项：可以通过绘制一个矩形区域来选择对象。当指定了矩形窗口的两个对角点时，所有位于这个矩形窗口内的对象将被选中，不在该窗口内或只有部分在该窗口内的对象不被选中，如图 7-1 所示。

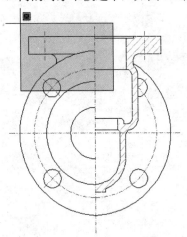
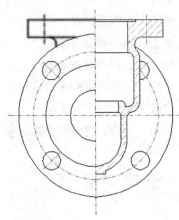

图 7-1　使用【窗口】方式选择对象

- ⦿ 【上一个(L)】选项：选取图形窗口内可见元素中最后创建的对象。不管使用多少次【上一个(L)】选项，都只有一个对象被选中。
- ⦿ 【窗交(C)】选项：使用交叉窗口选择对象，与使用窗口选择对象的方法类似，但全部位于窗口之内或与窗口边界相交的对象都将被选中。在定义交叉窗口的矩形窗口时，系统使用虚线方式显示矩形，以区别窗口选择方法，如图 7-2 所示。

● 【编组(G)】选项：使用组名称来选择一个已定义的对象编组。

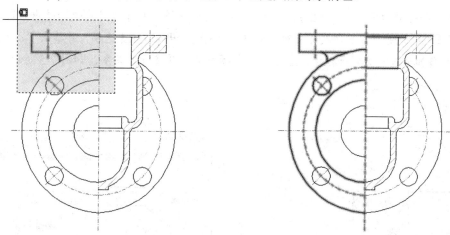

图 7-2 使用【窗交】方式选择对象

● 【框(BOX)】选项：由【窗口】和【窗交】组合的一个单独选项。从左到右设置拾取框的两角点，则执行【窗口】选项；从右到左设置拾取框的两角点，则执行【窗交】选项。

7.1.2 过滤选择

在命令行提示下输入 FILTER 命令，将打开【对象选择过滤器】对话框。可以使用对象的类型(如直线、圆及圆弧等)、图层、颜色、线型或线宽等特性作为条件，过滤选择符合设定条件的对象，如图7-3 所示。此时，必须考虑图形中对象的特性是否设置为随层。

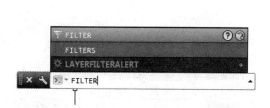

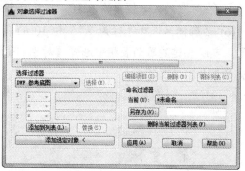

图 7-3 打开【对象选择过滤器】对话框

在【对象选择过滤器】对话框下面的列表框中显示了当前设置的过滤条件。其他各选项的功能如下。

● 【选择过滤器】选项区域：用于设置选择的条件。
● 【编辑项目】按钮：单击该按钮，可以编辑过滤器列表框中选中的项目。
● 【删除】按钮：单击该按钮，可以删除过滤器列表框中选中的项目。
● 【清除列表】按钮：单击该按钮，可以删除过滤器列表框中的所有项目。
● 【命名过滤器】选项区域：用于选择已命名的过滤器。

【例7-1】选择如图7-4所示中的所有半径为2.75和10的圆或圆弧。

(1) 在命令行提示下，输入FILTER命令，并按Enter键，打开【对象选择过滤器】对话框。

(2) 在【选择过滤器】区域的下拉列表框中，选择【**开始 OR】选项，并单击【添加到列表】按钮，将其添加至过滤器列表框中，表示以下各项目为逻辑【或】关系，如图7-5所示。

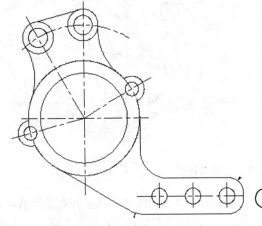

图7-4　图形

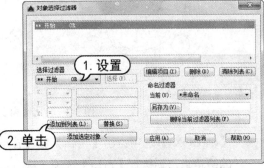

图7-5　【对象选择过滤器】对话框

(3) 在【选择过滤器】区域的下拉列表框中，选择【圆半径】选项，并在X后面的下拉列表框中选择=，在对应的文本框中输入2.75，表示将圆的半径设置为2.75。

(4) 单击【添加到列表】按钮，将设置的圆半径过滤器添加至过滤器列表框中，此时列表框中将显示【对象=圆】和【圆半径=2.750000】两个选项。

(5) 在【选择过滤器】区域的下拉列表框中选择【圆弧半径】，并在X后面的下拉列表框中选择=，在对应的文本框中输入10，然后将其添加至过滤器列表框中，如图7-6所示。

(6) 为确保只选择半径为2.75和10的圆或圆弧，需要删除过滤器【对象=圆】和【对象=圆弧】。可以在过滤器列表框中选择【对象=圆】和【对象=圆弧】，然后单击【删除】按钮，删除后的效果如图7-7所示。

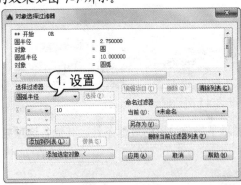

图7-6　添加条件

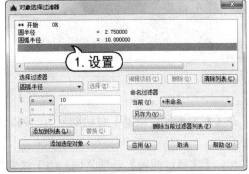

图7-7　删除多余条件

(7) 在过滤器列表框中单击【圆弧半径=10】下面的空白区，并在【选择过滤器】选项区域的下拉列表框中选择【**结束 OR】选项，然后单击【添加到列表】按钮，将其添加至过滤器列表框中，表示结束逻辑【或】关系。对象选择过滤器设置完毕，如图7-8所示。

(8) 单击【应用】按钮，在绘图窗口中使用窗口选择法框选所有图形，然后按 Enter 键，系统将过滤出满足条件的对象并将其选中，如图 7-9 所示。

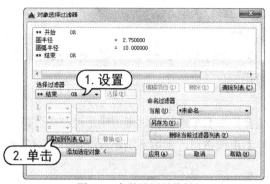

图 7-8　条件设置最终效果

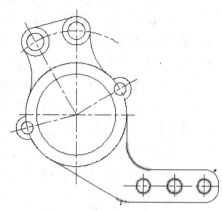

图 7-9　显示选择结果(虚线部分)

7.1.3　快速选择

在 AutoCAD 2016 中，当需要选择具有某些共同特性的对象时，可以利用【快速选择】对话框，根据对象的图层、线型、颜色及图案填充等特性和类型，创建选择集。在菜单栏中选择【工具】|【快速选择】命令，或在【功能区】选项板中选择【常用】选项卡，然后在【实用工具】面板中单击【快速选择】按钮 ，即可打开【快速选择】对话框，如图 7-10 所示。

图 7-10　打开【快速选择】对话框

【快速选择】对话框中各选项的功能如下。

◉　【应用到】下拉列表框：选择过滤条件的应用范围，可以应用于整个图形，也可以应用于当前选择集。如果有当前选择集，则【当前选择】选项为默认选项；如果没有当前选择集，则【整个图形】选项为默认选项。

- 【选择对象】按钮 ：单击该按钮将切换至绘图窗口中，可以根据当前所指定的过滤条件选择对象。选择完毕后，按 Enter 键结束选择，并返回至【快速选择】对话框中，同时 AutoCAD 会将【应用到】下拉列表框中的选项设置为【当前选择】。
- 【对象类型】下拉列表框：用于指定需要过滤的对象类型。
- 【特性】列表框：指定作为过滤条件的对象特性。
- 【运算符】下拉列表框：控制过滤的范围。运算符包括：=、< >、>、<以及全部选择等。其中 > 和 < 运算符对某些对象特性是不可用的。
- 【值】下拉列表框：设置过滤的特性值。
- 【如何应用】选项区域：选中【包括在新选择集中】单选按钮，则由满足过滤条件的对象构成选择集；选中【排除在新选择集之外】单选按钮，则由不满足过滤条件的对象构成选择集。
- 【附加到当前选择集】复选框：用于指定由 QSELECT 命令所创建的选择集是追加到当前选择集中，还是替代当前选择集。

【例7-2】选择如图 7-4 所示中半径为 2.75 的圆。

(1) 在菜单栏中选择【工具】|【快速选择】命令，打开【快速选择】对话框。

(2) 在【应用到】下拉列表框中，选择【整个图形】选项；在【对象类型】下拉列表框中，选择【圆】选项。

(3) 在【特性】列表框中选择【半径】选项，在【运算符】下拉列表框中选择【=等于】选项，然后在【值】文本框中输入数值 2.75，表示选择图形中所有半径为 2.75 的圆弧。

(4) 在【如何应用】选项区域中选中【包括在新选择集中】单选按钮，按设定条件创建新的选择集，如图 7-11 所示。

(5) 设置完成后，单击【确定】按钮，系统将选中图形中所有符合要求的图形对象，如图 7-12 所示。

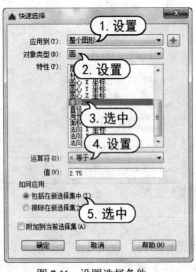

图 7-11　设置选择条件

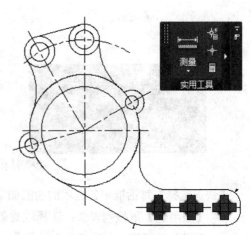

图 7-12　显示选择效果

⑦.1.4　使用编组

在 AutoCAD 中，可以将图形对象进行编组以创建一种选择集，使编辑对象变得更为灵活。在命令行提示下输入 GROUP，并按 Enter 键，将显示如下提示信息。

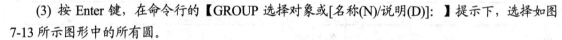

GROUP 选择对象或 [名称(N)/说明(D)]:

其选项的功能如下。

- ⊙　【名称(N)】选项：设置对象编组的名称。
- ⊙　【说明(D)】选项：设置对象编组的说明信息。

若要取消对象编组，可以在菜单栏中选择【工具】|【解除编组】命令即可。

【例 7-3】将如图 7-13 所示中的所有圆创建为一个对象编组 Circle。

(1) 在命令行提示下输入 GROUP 命令，按 Enter 键，然后输入 N 并按 Enter 键。

(2) 在命令行的【GROUP 输入编组名或[?]: 】提示信息下输入 Circle，指定编组的名称为 Circle。

(3) 按 Enter 键，在命令行的【GROUP 选择对象或[名称(N)/说明(D)]: 】提示下，选择如图 7-13 所示图形中的所有圆。

(4) 按 Enter 键结束对象选择，完成对象编组。此时，如果单击编组中的任意对象，所有其他对象也同时被选中，如图 7-14 所示。

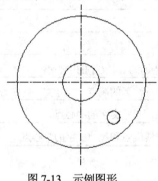
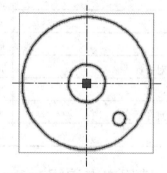

图 7-13　示例图形　　　　　　　　　图 7-14　选择编组中的所有图形

⑦.2　使用夹点编辑图形

在 AutoCAD 中，夹点是一种集成的编辑模式。该模式为用户提供了一种方便快捷地编辑操作途径。例如，使用夹点能够将对象进行拉伸、移动、旋转、缩放及镜像等操作。

⑦.2.1　使用夹点模式

默认情况下，夹点始终处于打开状态。用户可以通过【选项】对话框的【选择集】选项卡设置夹点的显示和大小。不同的对象用来控制其特征的夹点的位置和数量也不相同。表 7-1 所示列举了 AutoCAD 中常见对象的夹点特征。

表 7-1　AutoCAD 中常见对象的夹点特征

对 象 类 型	夹 点 特 征
直线	两个端点和中点
多段线	直线段的两端点、圆弧段的中点和两端点
构造线	控制点和线上的邻近两点
射线	起点和射线上的一个点
多线	控制线上的两个端点
圆弧	两个端点和中点
圆	4 个象限点和圆心
椭圆	4 个定点和中心点
椭圆弧	端点、中点和中心点
区域覆盖	各个顶点
文字	插入点和第 2 个对齐点(如果有的话)
段落文字	各个顶点
属性	插入点
形	插入点
三维网络	网格上的各个顶点
三维面	周边顶点
线性标注、对齐标注	尺寸线和尺寸界线的端点，尺寸文字的中心点
角度标注	尺寸线端点和指定尺寸标注弧的端点，尺寸文字的中心点
半径标注、直径标注	半径或直线标注的端点，尺寸文字的中心点
坐标标注	被标注点，指定的引出线端点和尺寸文字的中心点

⑦.2.2　使用夹点编辑对象

在 AutoCAD 中，夹点是一种集成的编辑模式，提供了一种方便快捷的编辑操作途径。例如，使用夹点可以对对象进行拉伸、移动、旋转、缩放及镜像等操作。

1. 拉伸对象

在不执行任何命令的情况下，选择对象并显示其夹点，然后单击其中一个夹点，进入编辑状态。此时，AutoCAD 自动将其作为拉伸的基点，进入【拉伸】编辑模式，命令行将显示如下提示信息。

拉伸

指定拉伸点或 [基点(B)/复制(C)/放弃(U)/退出(X)]:

其选项的功能如下。

⊙ 【基点(B)】选项：重新确定拉伸基点。

⊙ 【复制(C)】选项：允许确定一系列的拉伸点，以实现多次拉伸。

⊙ 【放弃(U)】选项：取消上一次操作。

⊙ 【退出(X)】选项：退出当前的操作。

默认情况下，指定拉伸点(可以通过输入点的坐标或者直接用鼠标指针拾取点)后，AutoCAD 将把对象拉伸或移动至新的位置。对于某些夹点，移动时只能移动对象而不能拉伸对象，如文字、块、直线中点、圆心、椭圆中心和点对象上的夹点。

2. 移动对象

移动对象仅仅是位置上的平移，对象的方向和大小不会改变。若要精确地移动对象，可以使用捕捉模式、坐标、夹点和对象捕捉模式。夹点编辑模式下确定基点后，在命令行提示下输入 MO 进入移动模式，命令行将显示如下提示信息。

> **移动**
> 指定移动点或 [基点(B)/复制(C)/放弃(U)/退出(X)]:

通过输入点的坐标或拾取点的方式来确定平移对象的目的点后，即可以基点为平移的起点，以目的点为终点，将所选对象平移至新位置。

3. 旋转对象

夹点编辑模式下确定基点后，在命令行提示下输入 RO 进入旋转模式，命令行将显示如下提示信息。

> **旋转**
> 指定旋转角度或 [基点(B)/复制(C)/放弃(U)/参照(R)/退出(X)]:

默认情况下，输入旋转的角度值或通过拖动方式确定旋转角度后，即可将对象绕基点旋转指定的角度。也可以选择【参照】选项，以参照方式旋转对象，这与【旋转】命令中的【对照】选项功能相同。

4. 缩放对象

夹点编辑模式下确定基点后，在命令行提示下输入 SC 进入缩放模式，命令行将显示如下提示信息。

> **比例缩放**
> 指定比例因子或 [基点(B)/复制(C)/放弃(U)/参照(R)/退出(X)]:

默认情况下，当确定了缩放的比例因子后，AutoCAD 将相对于基点进行缩放对象操作。当比例因子大于 1 时放大对象；当比例因子大于 0 而小于 1 时缩小对象。

5. 镜像对象

与【镜像】命令的功能类似，镜像操作后将删除原对象。夹点编辑模式下确定基点后，在命令行提示下输入 MI 进入镜像模式，命令行将显示如下提示信息。

> ****镜像****
> 指定第二点或 [基点(B)/复制(C)/放弃(U)/退出(X)]:

指定镜像线上的第 2 个点后，AutoCAD 将以基点作为镜像线上的第 1 点，新指定的点为镜像线上的第 2 个点，将对象进行镜像操作并删除原对象。

【例 7-4】使用夹点编辑功能，绘制如图 7-28 所示的零件图形。

(1) 在【功能区】选项板中选择【常用】选项卡，然后在【绘图】面板中单击【直线】按钮，绘制一条水平直线和一条垂直直线作为辅助线。

(2) 在菜单栏中选择【工具】|【新建 UCS】|【原点】命令，将坐标系原点移至辅助线的交点处，如图 7-15 所示。

(3) 选择所绘制的垂直直线，并单击两条直线的交点，将其作为基点，在命令行的【指定拉伸点或[基点(B)/复制(C)/放弃(U)/退出(X)/]: 】提示下中输入 C，移动并复制垂直直线，然后在命令行中输入(120,0)，即可得到另一条垂直的直线，如图 7-16 所示。

图 7-15　绘制水平和垂直直线　　　　　图 7-16　使用夹点的拉伸功能绘制垂直直线

(4) 在【功能区】选项板中选择【常用】选项卡，然后在【绘图】面板中单击【多边形】按钮，以左侧垂直直线与水平直线的交点为中心点，绘制一个半径为 15 的圆的内接正六边形，如图7-17 所示。

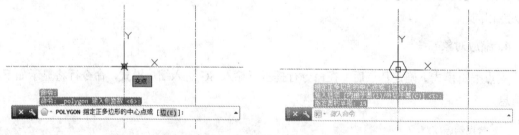

图 7-17　绘制正六边形

(5) 在【功能区】选项板中选择【常用】选项卡，然后在【绘图】面板中单击【圆心、直径】按钮，以右侧垂直直线与水平直线的交点为圆心，绘制一个直径为 65 的圆，如图 7-18 所示。

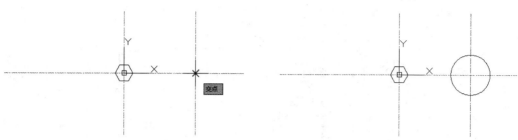

图 7-18　绘制直径为 65 的圆

(6) 选择右侧所绘的圆，并单击该圆的最上端夹点，将其作为基点(该点将显示为红色)，在命令行中输入 C，并在拉伸的同时复制图形，然后在命令行中输入(50,0)，即可得到一个直径为 100 的拉伸圆，如图 7-19 所示。

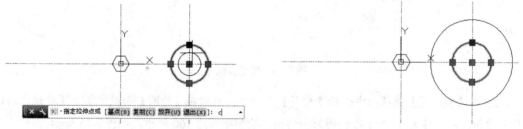

图 7-19　使用夹点的拉伸功能绘制圆

(7) 在【功能区】选项板中选择【常用】选项卡，然后在【绘图】面板中单击【圆心、直径】按钮，以六边形的中心点为圆心，绘制一个直径为 45 的圆，如图 7-20 所示。

(8) 选择所绘制的水平直线，并单击直线上的夹点，将其作为基点，在命令行中输入 C，移动并复制水平直线，然后在命令行中输入(@0,9)，即可得到一条水平的直线，如图 7-21 所示。

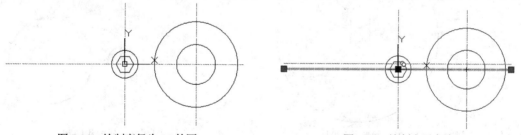

图 7-20　绘制直径为 45 的圆　　　　　　　　　　图 7-21　绘制水平直线

(9) 选择右侧的垂直直线，并单击直线上的夹点，将其作为基点，在命令行中输入 C，移动并复制垂直直线，然后在命令行中输入(@-38,0)，即可得到另一条垂直直线，如图 7-22 所示。

(10) 在【功能区】选项板中选择【常用】选项卡，然后在【修改】面板中单击【修剪】按钮，修剪直线，如图 7-23 所示。

(11) 选择修剪后的直线，在命令行中输入 MI，镜像所选的对象，在水平直线上任意选择两点作为镜像线的基点，然后在【要删除源对象吗？】命令提示下，输入 N，按下 Enter 键，即可得到镜像的直线，如图 7-24 所示。

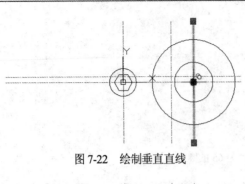

图 7-22 绘制垂直直线

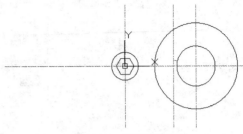

图 7-23 修剪后的效果

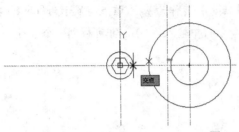

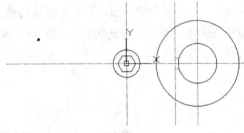

图 7-24 镜像直线

(12) 在【功能区】选项板中选择【常用】选项卡，然后在【绘图】面板中单击【相切、相切、半径】按钮，以直径为 45 和 100 的圆为相切圆，绘制半径为 160 的圆，如图 7-25 所示。

(13) 在【功能区】选项板中选择【常用】选项卡，然后在【修改】面板中单击【修剪】按钮，修剪绘制的相切圆，如图 7-26 所示。

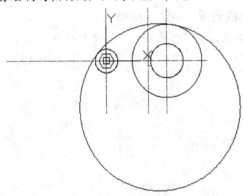

图 7-25 绘制相切圆

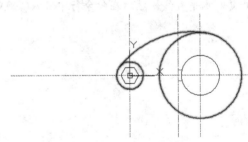

图 7-26 修剪相切圆

(14) 选择修剪后的圆弧，在命令行中输入 MI，镜像所选的对象，然后在水平直线上任意选择两点作为镜像线的基点，并在【要删除源对象吗？】命令提示下，输入 N，按下 Enter 键，即可得到镜像的圆弧，如图 7-27 所示。

(15) 在【功能区】选项板中选择【常用】选项卡，然后在【修改】面板中单击【修剪】按钮，对图形进行修剪，如图 7-28 所示。

(16) 在菜单栏中选择【工具】|【新建 UCS】|【世界】命令，恢复世界坐标系。关闭绘图窗口，并保存所绘的图形。

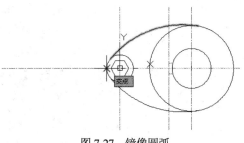

图 7-27 镜像圆弧

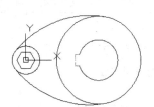

图 7-28 修剪后的图形

7.3 更正错误与删除对象

使用 AutoCAD 绘制图形时，常常会发生绘制错误的问题，为了更正错误，用户可以使用 AutoCAD 提供的撤销和删除功能进行操作。

7.3.1 撤销操作

在 AutoCAD 中有很多方法可以放弃最近一个或多个操作，最简单的是使用 UNDO 命令放弃单个操作，也可以一次撤销前面进行的多个操作。这时可以在命令提示行中输入 UNDO 命令，然后在命令行中输入要放弃的操作数目。例如，要放弃最近的 5 个操作，可以输入 5。AutoCAD 将显示放弃的命令或系统变量设置。

执行 UNDO 命令，命令行提示信息如下。

> 输入要放弃的操作数目或[自动(A)/控制(C)/开始(BE)/结束(E)/标记(M)/后退(B)] <1>:

此时，用户可以使用【标记(M)】选项来标记一个操作，然后用【后退(B)】选项放弃在标记操作之后执行的所有操作；也可以使用【开始(BE)】选项和【结束(E)】选项来放弃一组预先定义的操作。

如果要重做使用 UNDO 命令放弃的最后一个操作，可以使用 REDO 命令或在快速访问工具栏中选择【显示菜单栏】命令，在弹出的菜单中选择【编辑】|【重做】命令。

7.3.2 删除对象

在菜单栏中选择【修改】|【删除】命令(ERASE)，或在【功能区】选项板中选择【常用】选项卡，然后在【修改】面板中单击【删除】按钮，即可删除图形中选中的对象。

通常，发出【删除】命令后，AutoCAD 要求选择需要删除的对象，按 Enter 键或空格键结束对象选择，同时删除已选择的对象。如果在【选项】对话框的【选择集】选项卡中，选中【选择模式】选项区域中的【先选择后执行】复选框，即可先选择对象，然后单击【删除】按钮将其删除。

⑦.4 移动、旋转和对齐对象

在 AutoCAD 2016 中，不仅可以使用夹点进行移动和旋转对象，还可以通过【修改】菜单中的相关命令来实现。

⑦.4.1 移动对象

移动对象是指对象的重定位。在菜单栏中选择【修改】|【移动】命令(MOVE)，或在【功能区】选项板中选择【常用】选项卡，然后在【修改】面板中单击【移动】按钮🔌，即可在指定方向上按指定距离移动对象。对象的位置发生了改变，但方向和大小不改变。

若要移动对象，首先选择需要移动的对象，然后指定位移的基点和位移矢量。在命令行的【指定基点或[位移(D)]<位移>:】提示下，如果单击或以键盘输入形式给出基点坐标，命令行将显示【指定第二个点或<使用第一个点作位移>:】提示；如果按 Enter 键，那么所给出的基点坐标值将作为偏移量，即该点作为原点(0,0)，然后将图形相对于该点移动由基点设定的偏移量。

⑦.4.2 旋转对象

在菜单栏中选择【修改】|【旋转】命令(ROTATE)，或在【功能区】选项板中选择【常用】选项卡，然后在【修改】面板中单击【旋转】按钮⭕，即可将对象绕基点旋转指定的角度。

执行该命令后，从命令行显示的【UCS 当前的正角方向：ANGDIR=逆时针 ANGBASE=0】提示信息中，可以了解到当前的正角度方向(如逆时针方向)，零角度方向与 X 轴正方向的夹角(如 0°)。

选择需要旋转的对象(可以依次选择多个对象)，并指定旋转的基点，命令行将显示【指定旋转角度或[复制(C)参照(R)]<O>】提示信息。如果直接输入角度值，则可以将对象绕基点旋转该角度，角度为正时逆时针旋转，角度为负时顺时针旋转；如果选择【参照(R)】选项，将以参照方式旋转对象，需要依次指定参照方向的角度值和相对于参照方向的角度值。

【例 7-5】在 AutoCAD 中绘制如图 7-34 所示的图形。

(1) 在【功能区】选项板中选择【常用】选项卡，然后在【绘图】面板中单击【圆心、半径】按钮，绘制一个半径为 30 的圆。

(2) 在菜单栏中选择【工具】|【新建 UCS】|【原点】命令，将坐标系的原点移至圆心位置，如图 7-29 所示。

(3) 在【功能区】选项板中选择【常用】选项卡，然后在【修改】面板中单击【直线】按钮，经过点(0,15)、点(@15,-15)和点(@-15,-15)绘制直线，如图 7-30 所示。

(4) 在【功能区】选项板中选择【常用】选项卡，然后在【修改】面板中单击【旋转】按钮⭕，在命令行的【选择对象:】提示下，选择绘制的两条直线。

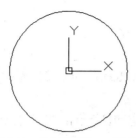

图 7-29　绘制半径为 30 的圆

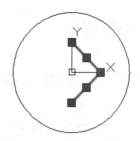

图 7-30　绘制直线

(5) 在命令行的【指定基点：】提示下，输入点的坐标(0,0)作为移动的基点。

(6) 在命令行的【指定旋转角度，或[复制(C)参照(R)]<O>：】提示下，输入 C，并指定旋转的角度为 180°，然后按 Enter 键，效果如图 7-31 所示。

(7) 在【功能区】选项板中选择【常用】选项卡，然后在【绘图】面板中单击【圆心、半径】按钮，以坐标(0,22.5)为圆心，绘制一个半径为 7.5 的圆，如图 7-32 所示。

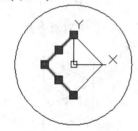

图 7-31　旋转直线

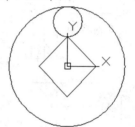

图 7-32　绘制半径为 7.5 的圆

(8) 在【功能区】选项板中选择【常用】选项卡，然后在【修改】面板中单击【旋转】按钮，在命令行的【选择对象：】提示下，选择半径为 7.5 的圆。

(9) 在命令行的【指定基点：】提示下，输入点的坐标(0,0)作为移动的基点。

(10) 在命令行的【指定旋转角度，或[复制(C)参照(R)]<O>：】提示下，输入 C，并指定旋转的角度为 90°，按 Enter 键，效果如图 7-33 所示。

(11) 在【功能区】选项板中选择【常用】选项卡，然后在【修改】面板中单击【旋转】按钮，最后在命令行的【选择对象：】提示下，选择两个半径为 7.5 的圆。

(12) 在命令行的【指定基点：】提示下，输入点的坐标(0,0)作为移动的基点。

(13) 在命令行的【指定旋转角度，或[复制(C)参照(R)]<O>：】提示下，输入 C，并指定旋转的角度为 180°，然后按 Enter 键，效果如图 7-34 所示。

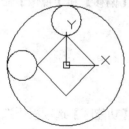

图 7-33　旋转圆

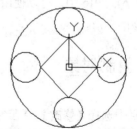

图 7-34　绘制半径为 35 的圆

7.4.3 对齐对象

在菜单栏中选择【修改】|【三维操作】|【对齐】命令(ALIGN)，可以使当前对象与其他对象对齐，既适用于二维对象，也适用于三维对象。

当在对齐二维对象时，可以指定 1 对或 2 对对齐点(源点和目标点)；当对齐三维对象时，则需要指定 3 对对齐点，如图 7-35 示。

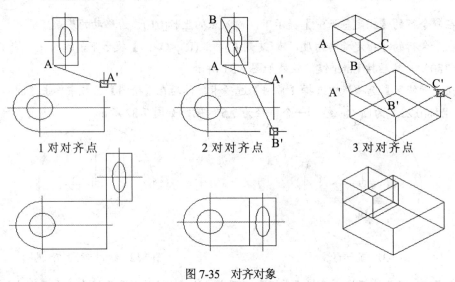

图 7-35　对齐对象

在对齐对象时，命令行将显示【是否基于对齐点缩放对象？[是(Y)/否(N)] <否>：】提示信息。如果选择【否(N)】选项，则对象改变位置，且对象的第一源点与第一目标点重合，第二源点位于第一目标点与第二目标点的连线上，即对象先平移，后旋转；如果选择【是(Y)】选项，则对象除平移和旋转外，还基于对齐点进行缩放。由此可见，【对齐】命令是【移动】命令和【旋转】命令的组合。

7.5 复制、阵列、偏移和镜像对象

在 AutoCAD 2016 中，可以使用【复制】、【阵列】、【偏移】和【镜像】命令创建与源对象相同或相似的图形。

7.5.1 复制对象

在菜单栏中选择【修改】|【复制】命令(COPY)，或在【功能区】选项板中选择【常用】选项卡，然后在【修改】面板中单击【复制】按钮，即可对已有的对象复制出副本，并放置到指定的位置。

执行该命令时，需要选择复制的对象，命令行将显示【指定基点或[位移(D)/模式(O)/多个(M)]<位移>：】提示信息。如果只需要创建一个副本，直接指定位移的基点和位移矢量(相对于基点的方向和大小)；如果需要创建多个副本，而复制模式为单个时，只要输入 M，设置复制模式为多个，然后在【指定第二个点或[退出(E)/放弃(U)<退出>：】提示下，通过连续指定位移的第二点来创建该对象的其他副本，直至按 Enter 键结束。

⑦.5.2　阵列对象

绘制多个在 X 轴或在 Y 轴上等间距分布，或围绕一个中心旋转，或沿着路径均匀分布的图形时，可以使用阵列命令。

1. 矩形阵列

矩形阵列，是指在 X 轴、Y 轴或者 Z 轴方向上等间距绘制多个相同的图形。选择【修改】|【阵列】|【矩形阵列】命令，或单击【修改】工具栏中的【矩形阵列】按钮 ，或在命令行中输入 ARRAYRECT 命令，即可执行【矩形阵列】命令，命令行提示信息如下。

```
命令：_arrayrect
选择对象：指定对角点： 找到 1 个//选择需要阵列的对象
选择对象：//按回车键，完成选中
类型 = 矩形　关联 = 是
为项目数指定对角点或 [基点(B)/角度(A)/计数(C)] <计数>：a//设置行轴的角度
指定行轴角度 <0>：30//输入角度 30
为项目数指定对角点或 [基点(B)/角度(A)/计数(C)] <计数>：c//使用计数方式创建阵列
输入行数或 [表达式(E)] <4>：3//输入阵列行数
输入列数或 [表达式(E)] <4>：4//输入阵列列数
指定对角点以间隔项目或 [间距(S)] <间距>：s//设置行间距和列间距
指定行之间的距离或 [表达式(E)] <16.4336>：15//输入行间距
指定列之间的距离或 [表达式(E)] <16.4336>：20//输入列间距
按 Enter 键接受或 [关联(AS)/基点(B)/行(R)/列(C)/层(L)/退出(X)] <退出>：//按回车，完成阵列
```

除了通过指定行数、行间距、列数和列间距方式创建矩形阵列以外，还可以通过【为项目数指定对角点】选项在绘图区通过移动光标指定阵列中的项目数，通过【间距】选项来设置行间距和列间距。如表 7-2 所示列出了主要参数的含义。

表 7-2　矩形阵列参数含义

参　　数	含　　义
基点(B)	表示指定阵列的基点
角度(A)	输入 A，命令行要求指定行轴的旋转角度
计数(C)	输入 C，命令行要求分别指定行数和列数的方式产生矩形阵列
间距(S)	输入 S，命令行要求分别指定行间距和列间距

(续表)

参 数	含 义
关联(AS)	输入 AS，用于指定创建的阵列项目是否作为关联阵列对象，或是作为多个独立对象
行(R)	输入 R，命令行要求编辑行数和行间距
列(C)	输入 C，命令行要求编辑列数和列间距
层(L)	输入 L，命令行要求指定在 Z 轴方向上的层数和层间距

2. 环形阵列

环形阵列是指围绕一个中心创建多个相同的图形。选择【修改】|【阵列】|【环形阵列】命令，或单击【修改】工具栏中的【环形阵列】按钮，或在命令行中输入 ARRAYPOLAR 命令，即可执行【环形阵列】命令，命令行提示信息如下。

```
命令：_arraypolar
选择对象：指定对角点：找到 3 个//选择需要阵列的对象
选择对象：//按回车键，完成选择
类型 = 极轴  关联 = 是
  指定阵列的中心点或 [基点(B)/旋转轴(A)]：//拾取阵列中心点
  输入项目数或 [项目间角度(A)/表达式(E)] <4>：6//输入项目数为 6
  指定填充角度(+=逆时针、-=顺时针)或 [表达式(EX)] <360>：//直接按回车，表示填充角度为 360 度
  按 Enter 键接受或 [关联(AS)/基点(B)/项目(I)/项目间角度(A)/填充角度(F)/行(ROW)/层(L)/旋转项目(ROT)/
  退出(X)] <退出>：//按回车键，完成环形阵列
```

在 AutoCAD 2016 中，【旋转轴】表示指定由两个指定点定义的自定义旋转轴，对象绕旋转轴阵列。【基点】选项用于指定阵列的基点，【行数】选项用于编辑阵列中的行数和行间距之间的增量标高，【旋转项目】选项用于控制在排列项目时是否旋转项目。

3. 路径阵列

路径阵列是指沿路径或部分路径均匀分布对象副本。路径可以是直线、多段线、三维多段线、样条曲线、螺旋、圆弧、圆或椭圆。选择【修改】|【阵列】|【路径阵列】命令，或单击【修改】工具栏中的【路径阵列】按钮，或在命令行中输入 ARRAYPATH 命令，即可执行【路径阵列】命令，命令行提示信息如下。

```
命令：_arraypath
选择对象：找到 1 个//选择需要阵列的对象
选择对象：//按回车键，完成选择
类型 = 路径  关联 = 是
选择路径曲线：//选择路径曲线
  输入沿路径的项数或 [方向(O)/表达式(E)] <方向>：o//输入 o，用于设置选定对象是否需要相对于路径起
始方
  向重新定向
  指定基点或 [关键点(K)] <路径曲线的终点>：//指定阵列对象的基点
```

指定与路径一致的方向或 [两点(2P)/法线(NOR)] <当前>：//按 Enter 键，表示按当前方向阵列，"两点"表示

指定两个点来定义与路径的起始方向一致的方向，"法线"表示对象对齐垂直于路径的起始方向。

输入沿路径的项目数或 [表达式(E)] <4>：8//输入阵列的项目数

指定沿路径的项目之间的距离或 [定数等分(D)/总距离(T)/表达式(E)] <沿路径平均定数等分(D)>：d//输入 d，

表示在路径曲线上定数等分对象副本

按 Enter 键接受或 [关联(AS)/基点(B)/项目(I)/行(R)/层(L)/对齐项目(A)/Z 方向(Z)/退出(X)] <退出>：//按 Enter 键，完成路径阵列

(7).5.3　偏移对象

在菜单栏中选择【修改】|【偏移】命令(OFFSET)，或在【功能区】选项板中选择【常用】选项卡，然后在【修改】面板中单击【偏移】按钮，即可对指定的直线、圆弧和圆等对象作同心偏移复制。在实际应用中，常利用【偏移】命令的特性创建平行线或等距离分布图形。执行【偏移】命令时，其命令行提示信息如下。

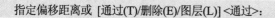
指定偏移距离或 [通过(T)/删除(E)/图层(L)] <通过>：

默认情况下，需要指定偏移距离，再选择偏移复制的对象，然后指定偏移方向，以复制出对象。其他各选项的功能如下。

- 【通过(T)】选项：在命令行输入 T，命令行提示【选择要偏移的对象，或 [退出(E)/放弃(U)] <退出>：】提示信息，选择偏移对象后，命令行提示【指定通过点或 [退出(E)/多个(M)/放弃(U)] <退出>：】提示信息，指定复制对象经过的点或输入 M 将对象偏移多次。
- 【删除(E)】选项：在命令行中输入 E，命令行显示【要在偏移后删除源对象吗？[是(Y)/否(N)] <否>：】提示信息，输入 Y 或 N 来确定是否需要删除源对象。
- 【图层(L)】选项：在命令行中输入 L，选择需要偏移对象的图层。

使用【偏移】命令复制对象时，复制结果不一定与原对象相同。例如，对圆弧作偏移后，新圆弧与旧圆弧同心且具有同样的包含角，但新圆弧的长度将发生改变。对圆或椭圆作偏移后，新圆、新椭圆与旧圆、旧椭圆有同样的圆心，但新圆的半径或新椭圆的轴长将发生变化。对直线段、构造线以及射线作偏移，即是平行复制。

【例 7-6】使用【偏移】命令，绘制如图 7-42 所示的六边形地板砖。

(1) 在【功能区】选项板中选择【常用】选项卡，然后在【绘图】面板中单击【多边形】按钮，绘制一个内接于半径为 12 的假想圆的正六边形，如图 7-36 所示。

(2) 在【功能区】选项板中选择【常用】选项卡，然后在【修改】面板中单击【偏移】按钮，发出 OFFSET 命令。在【指定偏移距离或 [通过(T)/删除(E)/图层(L)] <5.0000>：】提示下，输入偏移距离 1，并按 Enter 键。

(3) 在【选择要偏移的对象，或 [退出(E)/放弃(U)] <退出>：】提示下，选中正六边形。

计算机基础与实训教材系列

(4) 在【指定要偏移的那一侧上的点，或 [退出(E)/多个(M)/放弃(U)] <退出>: 】提示下，在正六边形的内侧单击，确定偏移方向，将得到偏移正六边形，如图 7-37 所示。

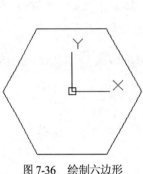

图 7-36　绘制六边形

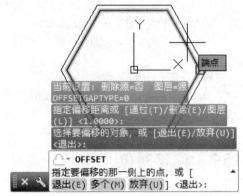

图 7-37　使用偏移命令绘制正六边形

(5) 在【选择要偏移的对象，或 [退出(E)/放弃(U)] <退出>: 】提示下，选中偏移的正六边形。

(6) 输入偏移距离 3，并按 Enter 键，将得到第二个偏移的正六边形，如图 7-38 所示。

(7) 在【选择要偏移的对象，或 [退出(E)/放弃(U)] <退出>: 】提示下，选中第二个偏移的正六边形。

(8) 输入偏移距离 1，并按 Enter 键，将得到第三个偏移的正六边形，如图 7-39 所示。

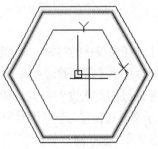

图 7-38　第 2 个偏移的正六边形

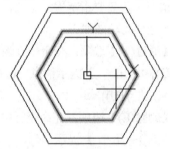

图 7-39　第 3 个偏移的正六边形

(9) 在【功能区】选项板中选择【常用】选项卡，然后单击【直线】按钮，分别绘制正六边形的 3 条对角线，如图 7-40 所示。

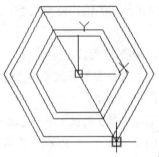
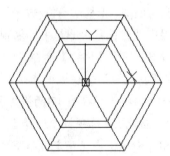

图 7-40　绘制对角线

(10) 在【功能区】选项板中选择【常用】选项卡，然后在【修改】面板中单击【偏移】按钮，执行 OFFSET 命令。将绘制的 3 条直线分别向两边各偏移 1，效果如图 7-41 所示。

(11) 在【功能区】选项板中选择【常用】选项卡，然后在【修改】面板中单击【修剪】按钮，对图形中的多余线条进行修剪，最终的图形效果如图 7-42 所示。

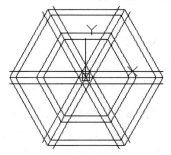
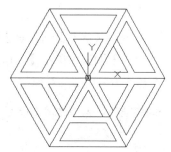

图 7-41　使用偏移命令绘制直线　　　　图 7-42　绘制六边形地板砖

7.5.4　镜像对象

在菜单栏中选择【修改】|【镜像】命令(MIRROR)，或在【功能区】选项板中选择【常用】选项卡，然后在【修改】面板中单击【镜像】按钮，即可将对象以镜像线对称复制。

执行该命令时，需要选择镜像的对象，然后依次指定镜像线上的两个端点，命令行将显示【删除源对象吗？[是(Y)/否(N)] <N>：】提示信息。如果直接按 Enter 键，则镜像复制对象，并保留原来的对象；如果输入 Y，则在镜像复制对象的同时删除原对象。

在 AutoCAD 中，使用系统变量 MIRRTEXT 可以控制文字对象的镜像方向。如果 MIRRTEXT 的值为 1，则文字对象完全镜像，镜像出来的文字不可读，如图 7-43(b)所示；如果 MIRRTEXT 的值为 0，则文字对象方向不镜像，如图 7-43(a)所示(其中 AB 为镜像线)。

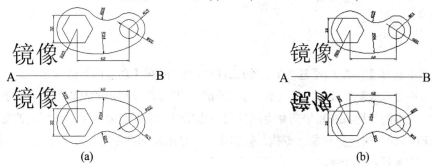

(a)　　　　　　　　　　　　　　(b)

图 7-43　使用 MIRRTEXT 变量控制镜像文字方向

7.6　修改对象的形状和大小

在 AutoCAD 2016 中，可以使用【修剪】和【延伸】命令缩短或拉长对象，以与其他对象的边相接。也可以使用【缩放】、【拉伸】和【拉长】命令，在一个方向上调整对象的大小或按比例放大或缩小对象。

⑦.6.1 修剪对象

在菜单栏中选择【修改】|【修剪】命令(TRIM)，或在【功能区】选项板中选择【常用】选项卡，然后在【修改】面板中单击【修剪】按钮 ，即可以某一对象为剪切边修剪其他对象。执行该命令，并选择作为剪切边的对象后(也可以是多个对象)，按 Enter 键，系统将显示如下提示信息。

> 选择要修剪的对象，或按住 Shift 键选择要延伸的对象，或 [栏选(F)/窗交(C)/投影(P)/边(E)/删除(R)/放弃(U)]:

在 AutoCAD 中，可以作为剪切边的对象有直线、圆弧、圆、椭圆或椭圆弧、多段线、样条曲线、构造线、射线以及文字等。剪切边也可以同时作为被剪边。默认情况下，选择需要修剪的对象(即选择被剪边)，系统将以剪切边为界，将被剪切对象上位于拾取点一侧的部分剪切掉。如果按下 Shift 键，同时选择与修剪边不相交的对象，修剪边将变为延伸边界，将选择的对象延伸至与修剪边界相交。该命令提示中各主要选项的功能如下。

- ◉ 【投影(P)】选项：选择该命令时，可以指定执行修剪的空间，主要应用于三维空间中两个对象的修剪，可将对象投影到某一平面上执行修剪操作。
- ◉ 【边(E)】选项：选择该选项时，命令行显示【输入隐含边延伸模式 [延伸(E)/不延伸(N)]<不延伸>:】提示信息。如果选择【延伸(E)】选项，当剪切边太短而且没有与被修剪对象相交时，可延伸修剪边，然后进行修剪；如果选择【不延伸(N)】选项，只有当剪切边与被修剪对象真正相交时，才能进行修剪。
- ◉ 【放弃(U)】选项：取消上一次的操作。

⑦.6.2 延伸对象

在菜单栏中选择【修改】|【延伸】命令(EXTEND)，或在【功能区】选项板中选择【常用】选项卡，然后在【修改】面板中单击【延伸】按钮 ，即可延长指定的对象与另一对象相交或外观相交。延伸命令的使用方法和修剪命令的使用方法相似，不同之处在于：使用延伸命令时，如果在按住 Shift 键的同时选择对象，则执行修剪命令；使用修剪命令时，如果在按住 Shift 键的同时选择对象，则执行延伸命令。

【例 7-7】延伸如图 7-44 所示图形中的对象，效果如图 7-45 所示。

(1) 在【功能区】选项板中选择【常用】选项卡，然后在【修改】面板中单击【延伸】按钮 ，执行 EXTEND 命令。在命令行的【选择对象:】提示下，用鼠标拾取外侧的大圆，然后按 Enter 键，结束对象选择。

(2) 在命令行的【选择要延伸的对象，或按住 Shift 键选择要延伸的对象，或 [栏选(F)/窗交(C)/投影(P)/边(E)/放弃(U)]：】提示下，拾取直线 AB，然后按 Enter 键，结束延伸命令。

(3) 使用相同的方法，延伸其他的直线，效果如图 7-45 所示。

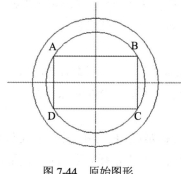

图 7-44　原始图形

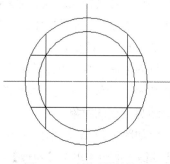

图 7-45　延伸后的效果

7.6.3　缩放对象

在菜单栏中选择【修改】|【缩放】命令(SCALE)，或在【功能区】选项板中选择【常用】选项卡，然后在【修改】面板中单击【缩放】按钮，即可将对象按指定的比例因子相对于基点进行尺寸缩放。

首先需要选择对象，然后指定基点，命令行将显示【指定比例因子或 [复制(C)/参照(R)]<1.0000>：】提示信息。如果直接指定缩放的比例因子，对象将根据该比例因子相对于基点缩放，当比例因子大于 0 小于 1 时则缩小对象，当比例因子大于 1 时则放大对象；如果选择【参照(R)】选项，对象将按参照的方式缩放，需要依次输入参照长度的值和新的长度值，AutoCAD 根据参照长度与新长度的值自动计算比例因子(比例因子=新长度值/参照长度值)，然后进行缩放。

例如，将图 7-46(a)所示的图形缩小为原来的一半，可在【功能区】选项板中选择【常用】选项卡，然后在【修改】面板中单击【缩放】按钮，选中所有图形，并指定基点为(0,0)，在【指定比例因子或[复制(C)/参照(R)]：】提示行下，输入比例因子 0.5，按 Enter 键，效果如图 7-46(b)所示。

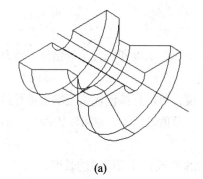

(a)

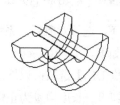

(b)

图 7-46　缩放图形

⑦.6.4 拉伸对象

在菜单栏中选择【修改】|【拉伸】命令(STRETCH)，或在【功能区】选项板中选择【常用】选项卡，然后在【修改】面板中单击【拉伸】按钮，即可压缩或拉伸对象，操作方式根据图形对象在选择框中的位置决定。

执行拉伸对象命令时，可以使用【交叉窗口】方式或者【交叉多边形】方式选择对象，然后依次指定位移基点和位移矢量，系统将会移动全部位于选择窗口之内的对象，并拉伸(或压缩)与选择窗口边界相交的对象。

例如，将如图 7-47(a)所示图形右半部分拉伸，可以在【功能区】选项板中选择【常用】选项卡，并在【修改】面板中单击【拉伸】按钮，然后使用【窗口】选择右半部分的图形，并指定辅助线的交点为基点，拖动鼠标指针，即可随意拉伸图形，如图 7-47(b)所示。

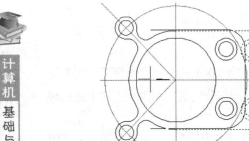
(a)

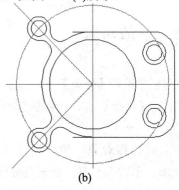
(b)

图 7-47 拉伸图形

⑦.6.5 拉长对象

在菜单栏中选择【修改】|【拉长】命令(LENGTHEN)，或在【功能区】选项板中选择【常用】选项卡，然后在【修改】面板中单击【拉长】按钮，均可修改线段或圆弧的长度。执行该命令时，命令行显示如下提示。

> 选择对象或 [增量(DE)/百分数(P)/全部(T)/动态(DY)]:

默认情况下，选择对象后，系统会显示出当前选中对象的长度和包含角等信息。该命令提示中选项的功能如下。

- ⊙ 【增量(DE)】选项：以增量方式修改圆弧的长度。可以直接输入长度增量进行拉长直线或者圆弧，长度增量为正值时拉长，长度增量为负值时缩短。也可以输入 A，通过指定圆弧的包含角增量来修改圆弧的长度。
- ⊙ 【百分数(P)】选项：以相对于原长度的百分比来修改直线或圆弧的长度。
- ⊙ 【全部(T)】选项：以给定直线的新的总长度或圆弧的新包含角来改变长度。

- ● 【动态(D)】选项：允许动态地改变圆弧或直线的长度。

7.7 倒角、圆角、打断和合并对象

在 AutoCAD 中，可以使用【倒角】或【圆角】命令修改对象使其以平角或圆角相接，使用【打断】命令在对象上创建间距。

7.7.1 倒角对象

在菜单栏中选择【修改】|【倒角】命令(CHAMFER)，或在【功能区】选项板中选择【常用】选项卡，然后在【修改】面板中单击【倒角】按钮 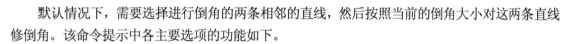，均可为对象绘制倒角。执行该命令时，命令行显示如下提示信息。

> 选择第一条直线或 [放弃(U)/多段线(P)/距离(D)/角度(A)/修剪(T)/方式(E)/多个(M)]:

默认情况下，需要选择进行倒角的两条相邻的直线，然后按照当前的倒角大小对这两条直线修倒角。该命令提示中各主要选项的功能如下。

- ● 【多段线(P)】选项：以当前设置的倒角大小对多段线的各顶点(交角)修倒角。
- ● 【距离(D)】选项：设置倒角距离尺寸。
- ● 【角度(A)】选项：根据第 1 个倒角距离和角度来设置倒角大小。
- ● 【修剪(T)】选项：设置倒角后是否保留原拐角边，命令行将显示【输入修剪模式选项 [修剪(T)/不修剪(N)]<修剪>:】提示信息。其中，选择【修剪(T)】选项，表示倒角后对倒角边进行修剪；选择【不修剪(N)】选项，表示不进行修剪。
- ● 【方法(E)】选项：设置倒角的方法，命令行将显示【输入修剪方法[距离(D)/角度(A)]<距离>:】提示信息。其中，选择【距离(D)】选项，表示以两条边的倒角距离来修倒角；选择【角度(A)】选项，表示以一条边的距离以及相应的角度来修倒角。
- ● 【多个(M)】选项：对多个对象修倒角。

例如，对如图 7-48(a)所示的轴平面图修倒角后，效果如图 7-48(b)所示。

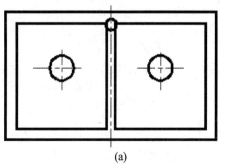
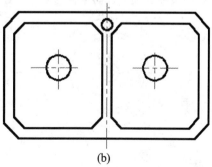

(a)   (b)

图 7-48 对图形修倒角

⑦.7.2 圆角对象

在菜单栏中选择【修改】|【圆角】命令(FILLET)，或在【功能区】选项板中选择【常用】选项卡，然后在【修改】面板中单击【圆角】按钮 ，即可对对象用圆弧修圆角。执行该命令时，命令行显示如下提示信息。

选择第一个对象或 [放弃(U)/多段线(P)/半径(R)/修剪(T)/多个(M)]:

修圆角的方法与修倒角的方法相似，在命令行提示中，选择【半径(R)】选项，即可设置圆角的半径大小。

【例 7-8】在 AutoCAD 2016 中绘制如图 7-60 所示的汽车轮胎。

(1) 在【功能区】选项板中选择【常用】选项卡，然后在【绘图】面板中单击【构造线】按钮，绘制一条经过点(100,100)的水平辅助线和一条经过点(100,100)的垂直辅助线，如图 7-49 所示。

(2) 在【功能区】选项板中选择【常用】选项卡，然后在【绘图】面板中单击【圆心、半径】按钮，以点(100,100)为圆心，绘制半径为 5 的圆，如图 7-50 所示。

图 7-49　绘制辅助线　　　　　　　　　　　图 7-50　绘制半径为 5 的圆

(3) 在【功能区】选项板中选择【常用】选项卡，然后在【绘图】面板中单击【圆心、半径】按钮，绘制小圆的 4 个同心圆，半径分别为 10、40、45 和 50，如图 7-51 所示。

(4) 在【功能区】选项板中选择【常用】选项卡，然后在【修改】面板中单击【偏移】按钮，将水平辅助线分别向上、向下偏移 4，如图 7-52 所示。

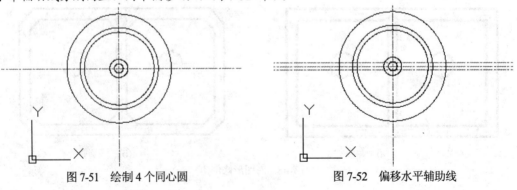

图 7-51　绘制 4 个同心圆　　　　　　　　　图 7-52　偏移水平辅助线

(5) 在【功能区】选项板中选择【常用】选项卡，然后在【绘图】面板中单击【直线】按钮，在两圆之间捕捉辅助线与圆的交点绘制直线，并删除两条偏移的辅助线，如图 7-53 所示。

(6) 在【功能区】选项板中选择【常用】选项卡，然后在【绘图】面板中单击【圆心、半径】按钮，以点(93,100)为圆心，绘制半径为 1 的圆，如图 7-54 所示。

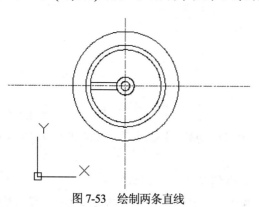

图 7-53 绘制两条直线

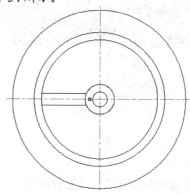

图 7-54 绘制半径为 1 的圆

(7) 在【功能区】选项板中选择【常用】选项卡，然后在【修改】面板中单击【圆角】按钮 ，在【选择第一个对象或[放弃(U)/多段线(P)/半径(R)/修剪(T)/多个(M)]：】提示下，输入 R，并指定圆角半径为 3，最后按 Enter 键。

(8) 在【选择第一个对象或[放弃(U)/多段线(P)/半径(R)/修剪(T)/多个(M)]：】提示下，选中半径为 40 的圆。

(9) 在【选择第二个对象，或按住 Shift 键选择要应用角点的对象：】提示下，选中直线，完成圆角的操作，如图 7-55 所示。

(10) 使用同样的方法，将直线与圆相交的其他 3 个角都倒成圆角，如图 7-56 所示。

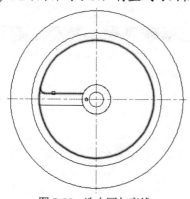

图 7-55 选中圆与直线

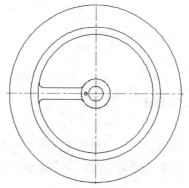

图 7-56 圆角处理

(11) 在【功能区】选项板中选择【常用】选项卡，然后在【修改】面板中单击【阵列】下拉按钮，选择【环形阵列】选项，此时命令行显示【ARRAYPOLAR 选择对象：】命令，如图 7-57 所示。

(12) 在命令行【选择对象：】提示下，选中如图 7-58 所示的圆弧、直线和圆。

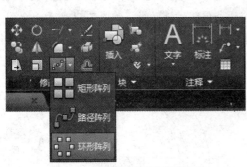

图 7-57 选择【环形阵列】选项

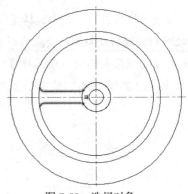

图 7-58 选择对象

(13) 在命令行【指定阵列的中心点或[基点(B)/旋转轴(A)]: 】提示下，指定坐标点(100,100)为中心点。

(14) 此时将按照默认设置自动阵列选中的对象，如图 7-59 所示。

(15) 选中阵列的对象，将自动打开【阵列】选项卡，如图 7-60 所示。在该选项卡中可以对阵列的对象进行具体的参数设置。

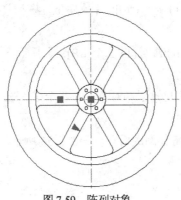

图 7-59 阵列对象

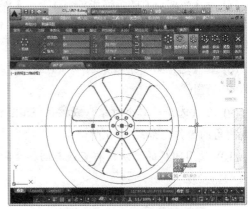

图 7-60 显示【阵列】选项卡

⑦.7.3 打断命令

在 AutoCAD 中，使用【打断】命令可以删除部分对象或将对象分解成两部分，还可以使用【打断于点】命令将对象在一点处断开成两个对象。

1. 打断对象

在菜单栏中选择【修改】|【打断】命令(BREAK)，或在【功能区】选项板中选择【常用】选项卡，然后在【修改】面板中单击【打断】按钮，即可删除部分对象或将对象分解成两部分。执行该命令，命令行将显示如下提示信息。

指定第二个打断点或 [第一点(F)]:

默认情况下，以选择对象时的拾取点作为第 1 个断点，同时还需要指定第 2 个断点。如果直接选取对象上的另一点或者在对象的一端之外拾取一点，系统将删除对象上位于两个拾取点之间的部分。如果选择【第一点(F)】选项，可以重新确定第 1 个断点。

在确定第 2 个打断点时，如果在命令行输入@，可以使第 1 个、第 2 个断点重合，将对象一分为二。如果对圆、矩形等封闭图形使用打断命令，AutoCAD 将沿逆时针方向把第 1 断点到第 2 断点之间的那段圆弧或直线删除。例如，在如图 7-61 所示图形中，使用打断命令时，单击点 A 和 B 与单击点 B 和 A 产生的效果不同。

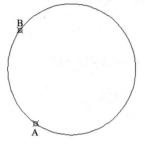
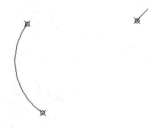

图 7-61　打断图形

2. 打断于点

在【功能区】选项板中选择【常用】选项卡，然后在【修改】面板中单击【打断于点】按钮 ，即可将对象在一点处断开成两个对象，该命令是从【打断】命令中派生出来的。执行该命令时，需要选择被打断的对象，然后指定打断点，即可从该点打断对象。例如，在如图 7-62 所示图形中，若要从点 C 处打断圆弧，执行【打断于点】命令，并选择圆弧，然后单击点 C 即可。

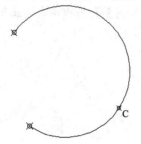
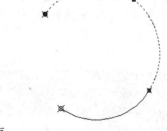

图 7-62　打断于点

⑦.7.4　合并对象

如果需要连接某一连续图形上的两个部分，或者将某段圆弧闭合为整圆，可以在菜单栏中选择【修改】|【合并】命令(JOIN)，或在【功能区】选项板中选择【常用】选项卡，然后在【修改】面板中单击【合并】按钮━━。执行该命令并选择需要合并的对象，命令行将显示如下提示信息。

选择圆弧，以合并到源或进行 [闭合(L)]:

选择需要合并的对象，按 Enter 键，即可将选中的对象合并。如图 7-64 所示即是对在同一个圆上的两段圆弧进行合并后的效果(注意方向)。如果选择【闭合(L)】选项，表示可以将选择的任意一段圆弧闭合为一个整圆。选择如图 7-63 中左边图形上的任一段圆弧，执行该命令后，将得到一个完整的圆，效果如图 7-64 所示。

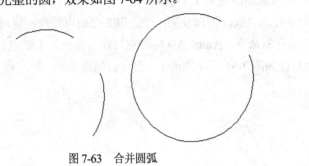
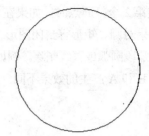

图 7-63　合并圆弧　　　　　　　　　　　　　　图 7-64　将圆弧闭合为整圆

7.8　上机练习

本章的上机练习将通过实例，介绍在 AutoCAD 2016 中分解图形对象的方法，用户可以通过具体的操作巩固所学的知识。

对于矩形、块等由多个对象编组的组合对象，如果需要对单个成员进行编辑，就需要先将它分解开。在快速访问工具栏中选择【显示菜单栏】命令，在弹出的菜单中选择【修改】|【分解】命令(EXPLODE)，或在【功能区】选项板中选择【常用】选项卡，在【修改】面板中单击【分解】按钮，选择需要分解的对象后按 Enter 键，即可分解图形并结束该命令。

(1) 在【功能区】选项板中选择【常用】选项板，在【绘图】面板中单击【正多边形】按钮，绘制一个正三角形，如图 7-65 所示。

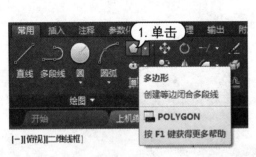
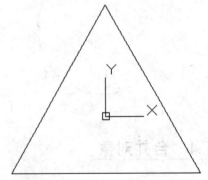

图 7-65　绘制正三角形

(2) 在【功能区】选项板中选择【常用】选项卡，在【修改】面板中单击【旋转】按钮，将正三角形右下角点旋转 30 度，如图 7-66 所示。

(3) 在【功能区】选项板中选择【常用】选项卡，在【修改】面板中单击【分解】按钮，将绘制的正三角形进行分解，如图 7-67 所示。

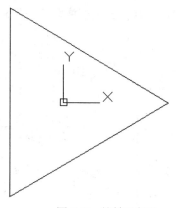

图 7-66 旋转三角形

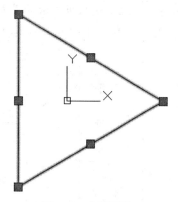

图 7-67 分解图形

(4) 在【功能区】选项板中选择【常用】选项卡，在【修改】面板中单击【偏移】按钮，将三角形垂直的边向右偏移 15 个单位，如图 7-68 所示。

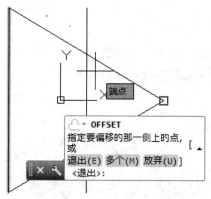

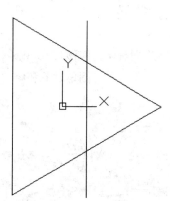

图 7-68 偏移直线

(5) 在【功能区】选项板中选择【常用】选项卡，在【绘图】面板中单击【直线】按钮，经过偏移直线与三角形交点绘制长度为 30 的直线，如图 7-69 所示。

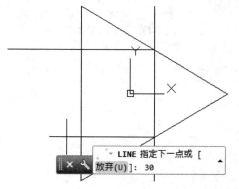

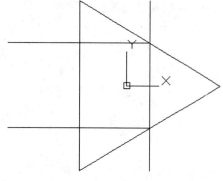

图 7-69 绘制两条长度为 30 的直线

(6) 在【功能区】选项板中选择【常用】选项卡，在【绘图】面板中单击【直线】按钮，经过三角形的顶点绘制长度为 10 的直线，如图 7-70 所示。

计算机 基础与实训教材系列

(7) 在【功能区】选项板中选择【常用】选项卡，在【修改】面板中单击【修剪】按钮，对图形进行修剪，如图 7-71 所示。

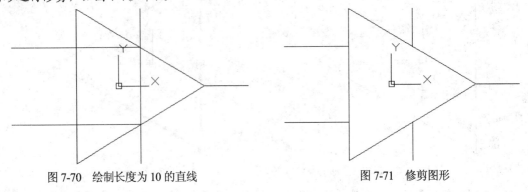

图 7-70　绘制长度为 10 的直线　　　　　　　　图 7-71　修剪图形

7.9 习题

1. 使用阵列对象、偏移对象和修剪对象等功能，绘制如图 7-72 所示的图形。
2. 使用圆角对象、倒角对象和修剪对象等功能，绘制如图 7-73 所示的图形。

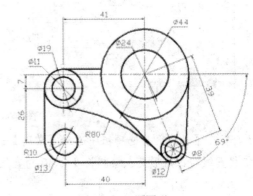

图 7-72　习题图形 1　　　　　　　　　图 7-73　习题图形 2

第8章

创建面域与图案填充

学习目标

　　面域指具有边界的平面区域，也是一个面对象，内部可以包含孔。从外观上看，面域和一般的封闭线框没有区别，但实际图形中面域就像是一张没有厚度的纸，除了包括边界外，还包括边界内的平面。

　　图案填充是一种使用指定线条图案、颜色来充满指定区域的操作，用于表达剖切面和不同类型物体对象的外观纹理等，被广泛应用在机械制图、建筑工程图及地质构造图等各类图形中。

本章重点

- ⊙ 将图形转换为面域
- ⊙ 使用图案填充
- ⊙ 绘制圆环与宽线

8.1 将图形转换为面域

　　在 AutoCAD 中，可以将由某些对象围成的封闭区域转换为面域，这些封闭区域可以是圆、椭圆、封闭的二维多段线或封闭的样条曲线等对象，也可以是由圆弧、直线、二维多段线、椭圆弧以及样条曲线等对象构成的封闭区域。

8.1.1 创建面域

　　在菜单栏中选择【绘图】|【面域】命令(REGION)，或在【功能区】选项板中选择【默认】选项卡，然后在【绘图】面板中单击【面域】按钮，从绘图窗口中选择一个或多个用于转换为面域的封闭图形，按下 Enter 键后即可将其转换为面域。因为圆、多边形等封闭图形属于线框模型，而面域属于实体模型，因此当面域在选中时表现的形式也不相同，如图 8-1 所示为选中圆与

圆形面域时的效果。

在菜单栏中选择【绘图】|【边界】命令(BOUNDARY)，或在【功能区】选项板中选择【默认】选项卡，然后在【绘图】面板中单击【边界】按钮，均可以使用打开的【边界创建】对话框来定义面域。此时，在【对象类型】下拉列表框中选择【面域】选项，如图 8-2 所示，单击【确定】按钮，即创建的图形将是一个面域，而不是边界。

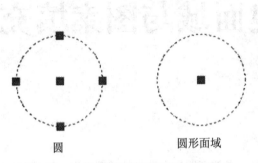

圆　　　　　　　　　圆形面域

图 8-1　选中圆与圆形面域时的效果

图 8-2　【边界创建】对话框

面域总是以线框的形式显示，可以对其进行复制、移动等编辑操作。但在创建面域时，如果系统变量 DELOBJ 的值为 1，AutoCAD 在定义了面域后将删除原始对象；如果系统变量 DELOBJ 的值为 0，则不删除原始对象。

此外，如果在菜单栏中选择【修改】|【分解】命令(EXPLODE)，可以将面域的各个环转换为相应的线、圆等对象。

8.1.2　对面域进行布尔运算

布尔运算是数学上的一种逻辑运算。在 AutoCAD 中，绘图时使用布尔运算，可以提高绘图效率，尤其是在绘制比较复杂的图形时。布尔运算的对象只包括实体和共面的面域，对于普通的线条图形对象无法使用布尔运算。

在 AutoCAD 2016 中，用户可以对面域执行【并集】、【差集】及【交集】3 种布尔运算，各种运算效果如图 8-3 所示。

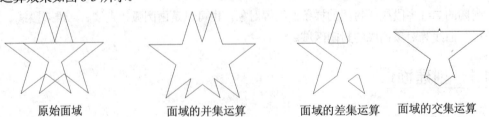

原始面域　　　　　　面域的并集运算　　　　面域的差集运算　　面域的交集运算

图 8-3　面域的布尔运算

面域的 3 种运算含义如下。

◉　并集运算：创建面域的并集，此时连续选择需要进行并集操作的面域对象，按下 Enter

键，即可将选择的面域合并为一个图形并结束命令。

⊙ 差集运算：创建面域的差集，即使用一个面域减去另一个面域。

⊙ 交集运算：创建多个面域的交集即各个面域的公共部分，此时需要同时选择两个或两个
以上的面域对象，然后按 Enter 键即可。

⑧.1.3　从面域中提取数据

从表面上看，面域和一般的封闭线框没有区别，就像是一张没有厚度的纸。而实际中，面域
是二维实体模型，它不但包含边界的信息，还有边界内的信息。通过使用这些信息可以计算工程
属性，如面积、质心及惯性等。

在 AutoCAD 2016 菜单栏中选择【工具】|【查询】|【面域/质量特性】命令(MASSPROP)，
然后选择面域对象，按 Enter 键，系统将在命令行显示面域对象的数据特性，如图 8-4 所示。

此时，在命令行显示提示下按 Enter 键，即可结束命令操作；输入 Y，将打开【创建质量与
面积特性文件】对话框，可将面域对象的数据特性保存为文件，如图 8-5 所示。

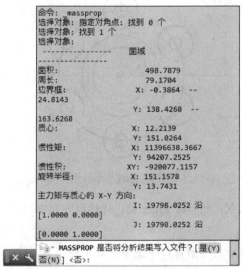

图 8-4　显示面域对象数据特性

图 8-5　【创建质量与面积特性文件】对话框

【例 8-1】在 AutoCAD 2016 中绘制图形，并查看其质量特性。

(1) 在【功能区】选项板中选择【默认】选项卡，然后在【绘图】面板中单击【构造线】按
钮，绘制一条水平辅助线和垂直辅助线，如图 8-6 所示

(2) 在【功能区】选项板中选择【默认】选项卡，然后在【绘图】面板中单击【圆心、半径】
按钮，以辅助线的交点为圆心，分别绘制半径为 35、50 和 80 的同心圆，如图 8-7 所示。

(3) 在【功能区】选项板中选择【默认】选项卡，然后在【绘图】面板中单击【圆心、半径】
按钮，以垂直辅助线和半径为 80 的圆的上方交点为圆心，分别绘制半径为 8 和 22 的同心圆，如
图 8-8 所示。

計算机基础与实训教材系列

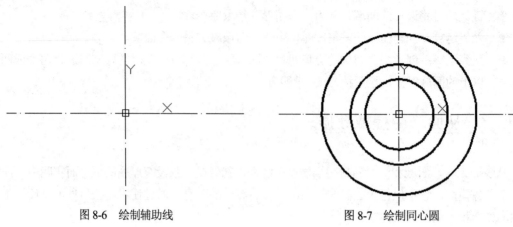

图 8-6 绘制辅助线   图 8-7 绘制同心圆

(4) 在【功能区】选项板中选择【默认】选项卡，然后在【修改】面板中单击【环形阵列】按钮，以半径为 8 和 22 的同心圆为阵列对象，创建一个环形阵列，如图 8-9 所示。

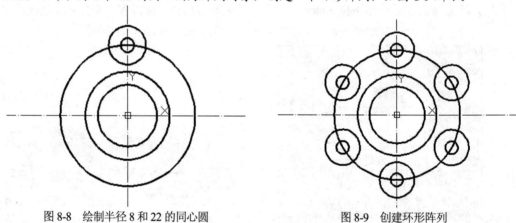

图 8-8 绘制半径 8 和 22 的同心圆   图 8-9 创建环形阵列

(5) 选中创建的环形阵列，在命令提示行中输入 X，然后按 Enter 键，将环形阵列中的所有同心圆分解为单独的图形，如图 8-10 所示。

(6) 在菜单栏中选择【绘图】|【面域】命令，然后在绘图窗口中选中所有半径为 22 的圆和半径为 8 的圆，然后按 Enter 键，将其转换为面域，如图 8-11 所示。

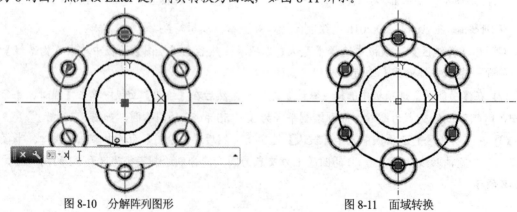

图 8-10 分解阵列图形   图 8-11 面域转换

(7) 重复步骤(6)的操作，将半径为 80 的圆转换为面域。

(8) 在菜单栏中选择【修改】|【实体编辑】|【并集】命令，将所有半径为 22 的圆形面域和半径为 80 的圆形面域进行并集处理，效果如图 8-12 所示。

(9) 在菜单栏中选择【工具】|【查询】|【面域/质量特性】命令，然后在绘图窗口中选择创建的面域，按 Enter 键，即可得到该面域的质量特性，如图 8-13 所示。

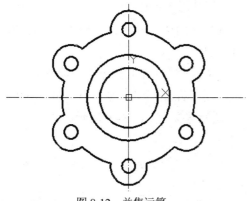

图 8-12　并集运算

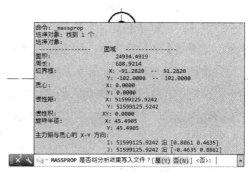

图 8-13　查询面域质量特性

8.2　使用图案填充

重复绘制某些图案以填充图形中的一个区域，从而表达该区域的特征，这种填充操作称为图案填充。图案填充的应用非常广泛，例如，在机械工程图中，可以使用图案填充表达一个剖切的区域，也可以使用不同的图案填充来表达不同的零部件或者材料。

8.2.1　设置图案填充

在菜单栏中选择【绘图】|【图案填充】命令(BHATCH)，或在【功能区】选项板中选择【默认】选项卡，然后在【绘图】面板中单击【图案填充】按钮 ，即可打开【图案填充创建】选项板，在该选项板中，可以对图案填充的相关参数进行设置，如图 8-14 所示。

图 8-14　【图案填充创建】选项板

在命令行的【HATCH 拾取内部点或[选择对象(S)/设置(T)]】提示下，输入 T，然后按下 Enter 键，将打开【图案填充和渐变色】对话框的【图案填充】选项卡，从中可以设置图案填充时的类型、图案、角度和比例等特性，如图 8-15 所示。

1. 类型和图案

在【类型和图案】选项区域中，可以设置图案填充的类型和图案，主要选项的功能如下。

- 【类型】下拉列表框：设置填充的图案类型，包括【预定义】、【用户定义】和【自定义】3 个选项。其中，选择【预定义】选项，可以使用 AutoCAD 提供的图案；选择【用户定义】选项，则需要临时定义图案，该图案由一组平行线或者两组相互垂直的平行线组成；选择【自定义】选项，可以使用事先定义好的图案。

- 【图案】下拉列表框：用于设置填充的图案，当在【类型】下拉列表框中选择【预定义】选项时该选项可用。在该下拉列表框中可以根据图案名选择图案，也可以单击其右边的 按钮，在打开的【填充图案选项板】对话框中进行选择，如图 8-16 所示。

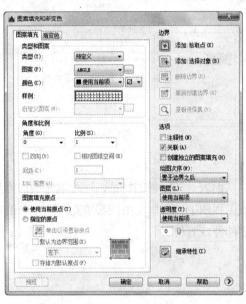

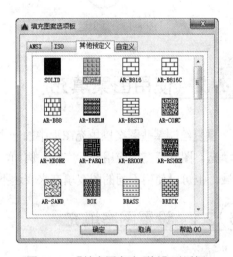

图 8-15 【图案填充和渐变色】对话框   图 8-16 【填充图案选项板】对话框

- 【样例】预览窗口：显示当前选中的图案样例，单击所选的样例图案，即可打开【填充图案选项板】对话框，从中可以选择图案。

- 【自定义图案】下拉列表框：选择自定义图案，只有在【类型】下拉列表框中选择【自定义】选项时该选项才可用。

2. 角度和比例

在【角度和比例】选项区域中，可以设置用户定义类型的图案填充的角度和比例等参数，各主要选项的功能说明如下。

- 【角度】下拉列表框：设置填充图案的旋转角度，每种图案在定义时的旋转角度初始值均为零。

- 【比例】下拉列表框：设置图案填充时的比例值。每种图案在定义时的初始比例为 1，可以根据需要放大或缩小该比例。在【类型】下拉列表框中选择【用户定义】选项时该选项可用。

⦿　【双向】复选框：在【图案填充】选项卡的【类型】下拉列表框中选择【用户定义】选项，选中该复选框，可以使用相互垂直的两组平行线填充图形；否则为一组平行线。

⦿　【相对图纸空间】复选框：设置比例因子是否为相对于图纸空间的比例。

⦿　【间距】文本框：设置填充平行线之间的距离，当在【类型】下拉列表框中选择【用户定义】选项时，该选项才可用。

⦿　【ISO 笔宽】下拉列表框：用于设置笔的宽度，当填充图案使用 ISO 图案时，该选项才可用。

3. 图案填充原点

在【图案填充原点】选项区域中，可以设置图案填充原点的位置，实际绘图时许多图案填充需要对齐填充边界上的某一个点。主要选项的功能说明如下。

⦿　【使用当前原点】单选按钮：可以使用当前 UCS 的原点(0,0)作为图案填充原点。

⦿　【指定的原点】单选按钮：可以通过指定点作为图案填充原点。其中，单击【单击以设置新原点】按钮，可以从绘图窗口中单击某一点作为图案填充原点；选中【默认为边界范围】复选框，可以以填充边界的左下角、右下角、右上角、左上角或圆心作为图案填充原点；选中【存储为默认原点】复选框，可以将指定的点存储为默认的图案填充原点。

4. 边界

在【边界】选项区域中，包括【添加：拾取点】、【添加：选择对象】等按钮，主要选项的功能说明如下。

⦿　【添加：拾取点】按钮：以拾取点的形式来指定填充区域的边界。单击该按钮，切换至绘图窗口，可以在需要填充的区域内任意指定一点，系统会自动计算出包围该点的封闭填充边界，同时亮显该边界。如果拾取点后系统不能形成封闭的填充边界，则会显示错误提示信息。

⦿　【添加：选择对象】按钮：单击该按钮，切换至绘图窗口，可以通过选择对象的方式来定义填充区域的边界。

⦿　【删除边界】按钮：单击该按钮，可以取消系统自动计算或用户指定的边界，如图 8-17 所示为包含边界与删除边界时的效果对比图。

5. 选项及其他功能

在【选项】选项区域中，【注释性】复选框用于将图案定义为可注释性对象；【关联】复选框用于创建图形边界时随之更新的图案和填充；【创建独立的图案填充】复选框用于创建独立的图案填充；【绘图次序】下拉列表框用于指定图案填充的绘图顺序，图案填充可以放在图案填充边界及所有其他对象之后或之前。

此外，单击【继承特性】按钮，可以将现有图案填充或填充对象的特性应用到其他图案填充或填充对象中；单击【预览】按钮，可以使用当前图案填充设置显示当前定义的边界，单击图形或按 Esc 键返回对话框，单击、右击或按 Enter 键应用图案填充。

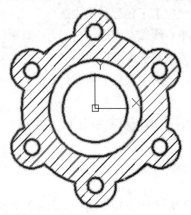 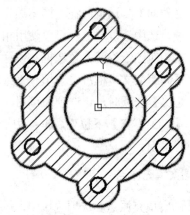

图 8-17　包含边界与删除边界时的效果对比图

【例 8-2】在 AutoCAD 2016 中绘制装配件效果图。

(1) 设置辅助线层、标注层和轮廓层 3 个图层，并将辅助线层设置为当前图层。在【功能区】选项板中选择【常用】选项卡，在【绘图】面板中单击【直线】按钮，经过点(100,100)和点(220,100)绘制一条水平辅助线，如图 8-18 所示。

(2) 将轮廓线层设置为当前层，在【功能区】选项板中选择【常用】选项卡，在【绘图】面板中单击【直线】按钮，经过点(120,100)、(@0,30)、(@50,0)、(@0,49)、(@30,0)、(@0,-49)、(@20,0)和(@0,-30)绘制直线，如图 8-19 所示。

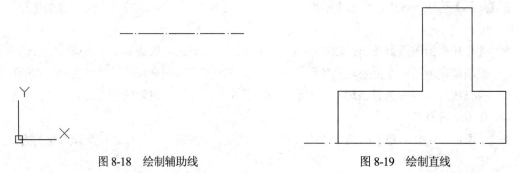

图 8-18　绘制辅助线　　　　　　　　　　　　　　图 8-19　绘制直线

(3) 在【功能区】选项板中选择【常用】选项卡，在【修改】面板中单击【偏移】按钮，将水平辅助线向上偏移 55 个单位，如图 8-20 所示。

(4) 在【功能区】选项板中选择【常用】选项卡，在【修改】面板中单击【偏移】按钮，将偏移后的直线分别向上、向下偏移 5 个单位，如图 8-21 所示。

(5) 选择步骤(4)绘制的直线，然后在【功能区】选项板中选择【常用】选项卡，在【图层】面板的【图层控制】下拉列表中选择【轮廓线层】，更改直线的图层，如图 8-22 所示。

(6) 在【功能区】选项板中选择【常用】选项卡，在【修改】面板中单击【修剪】按钮，对图形进行修剪，如图 8-23 所示。

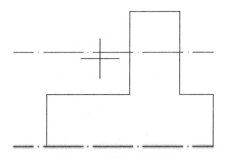

图 8-20 偏移水平辅助线

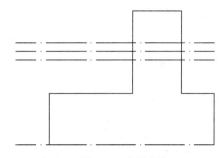

图 8-21 偏移直线

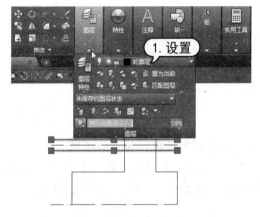

图 8-22 更改直线图层

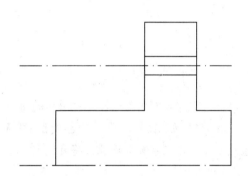

图 8-23 修剪图形

(7) 在【功能区】选项板中选择【常用】选项卡，在【修改】面板中单击【镜像】按钮，对图形进行镜像操作，如图 8-24 所示。

(8) 在【功能区】选项板中选择【常用】选项卡，在【绘图】面板中单击【直线】按钮，在【指定第一点：】提示下输入 from，在【基点：】提示下单击 A 点，在【<偏移>：】提示下输入 10，然后指定点的坐标(@90,0)、(@0,-40)和(@-90,0)绘制直线，效果如图 8-25 所示。

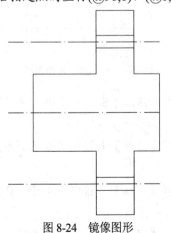

图 8-24 镜像图形

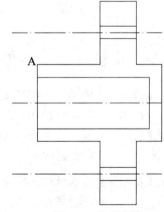

图 8-25 绘制直线

(9) 在【功能区】选项板中选择【常用】选项卡，在【修改】面板中单击【偏移】按钮，将直线 CD，向下偏移 22 个单位，将直线 EF 向上偏移 22 个单位，并对其进行修剪，完成后效果如图 8-26 所示。

(10) 在【功能区】选项板中选择【常用】选项卡，在【修改】面板中单击【圆角】按钮，对图形角 C 进行圆角处理，如图 8-27 所示。

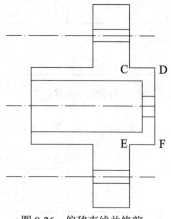

图 8-26　偏移直线并修剪

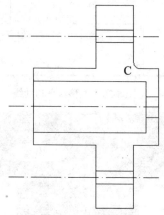

图 8-27　圆角处理

(11) 重复步骤(10)的操作，对图形的角 D、E 和 F 进行圆角处理，如图 8-28 所示。

(12) 在【功能区】选项板中选择【常用】选项卡，在【修改】面板中单击【偏移】按钮，将直线 GH 向右偏移 6 个单位，将直线 IJ 向左分别偏移 2、9 和 17 个单位，如图 8-29 所示。

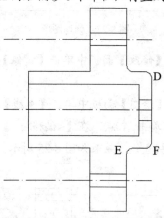

图 8-28　D、H 和 F 角圆角处理

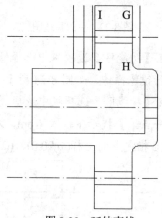

图 8-29　延伸直线

(13) 在【功能区】选项板中选择【常用】选项卡，在【修改】面板中单击【偏移】按钮，将最上面的水平辅助线分别向上和向下偏移 8 和 10 个单位，如图 8-30 所示。

(14) 在【功能区】选项板中选择【常用】选项卡，在【修改】面板中单击【延伸】按钮，将水平直线进行延伸，如图 8-31 所示。

(15) 在【功能区】选项板中选择【常用】选项卡，在【修改】面板中单击【修剪】按钮，对图形进行修剪，如图 8-32 所示。

(16) 在【功能区】选项板中选择【常用】选项卡，在【修改】面板中单击【镜像】按钮，对图形进行镜像操作，如图 8-33 所示。

(17) 在【功能区】选项板中选择【常用】选项卡，在【绘图】面板中单击【图案填充】按钮，打开【图案填充和渐变色】对话框，然后单击【图案】下拉列表框后的 按钮。

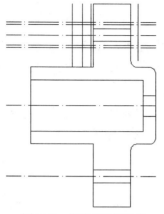

图 8-30 偏移水平辅助线

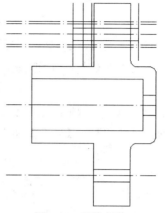

图 8-31 延伸直线

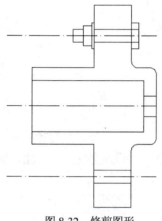

图 8-32 修剪图形

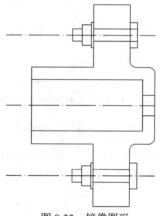

图 8-33 镜像图形

(18) 在打开的【填充图案选项板】对话框中的【ANSI】选项卡中选择 ANSI31 选项，并单击【确定】按钮，如图 8-34 所示。在【图案填充和渐变色】对话框单击【拾取点】按钮，切换到绘图窗口，并在图形中单击需要填充的设置，选择一个填充区域，如图 8-35 所示。

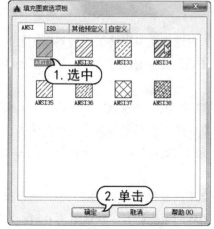

图 8-34 【填充图案选项板】对话框

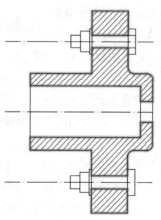

图 8-35 设置填充区域

8.2.2 设置孤岛

在进行图案填充时，通常将一个已定义好的填充区域内的封闭区域称为孤岛。单击【图案填充和渐变色】对话框右下角的 ⊙ 按钮，将显示更多选项，用户可以对孤岛和边界进行设置，如图 8-36 所示。

在【孤岛】选项区域中，选中【孤岛检测】复选框，可以指定在最外层边界内填充对象的方法，其中包括【普通】、【外部】和【忽略】3 种填充方式，效果如图 8-37 所示。

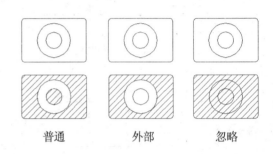

普通　　　　　　外部　　　　　　忽略

图 8-36　展开【图案填充和渐变色】对话框　　　　图 8-37　孤岛的 3 种填充效果

当以普通方式填充时，如果填充边界内有如文字、属性的特殊对象，在选择填充边界时选择了这些特殊对象，填充时，图案填充将在这些对象处自动断开，系统会使用一个比该对象略大的看不见的框框起来，以使这些对象更加清晰，如图 8-38 所示。

图 8-38　包含特殊对象的图案填充

其他选项区域的功能如下：

- 在【边界保留】选项区域中，选中【保留边界】复选框，可以将填充边界以对象的形式保留，并可以从【对象类型】下拉列表框中选择填充边界的保留类型，如【多段线】和【面域】选项等。
- 在【边界集】选项区域中，可以定义填充边界的对象集，AutoCAD 根据这些对象来确定填充边界。默认情况下，系统根据【当前视口】中的所有可见对象确定填充边界。也可以单击【新建】按钮，切换至绘图窗口，然后通过指定对象类定义边界集，此时【边界集】下拉列表框中将显示为【现有集合】选项。
- 在【允许的间隙】选项区域中，通过【公差】文本框设置允许的间隙大小。在该参数范围内，可以将一个几乎封闭的区域看作是一个闭合的填充边界。默认值为 0 时，对象是完全封闭的区域。

- 【继承选项】选项区域，用于确定在使用继承属性创建图案填充时图案填充原点的位置，可以是当前原点或源图案填充的原点。

8.2.3　使用渐变色填充图形

通过【图案填充和渐变色】对话框的【渐变色】选项卡，可以创建单色或双色渐变色，并对图案进行填充，如图 8-39 所示。其中各选项的功能如下。

- 【单色】单选按钮：选中该单选按钮，可以使用从较深着色到较浅色调平滑过渡的单色填充。此时，AutoCAD 将显示【浏览】按钮和【色调】滑块。其中，单击【浏览】按钮，将显示【选择颜色】对话框，可以选择索引颜色、真彩色或配色系统颜色，显示的默认颜色为图形的当前颜色；通过【色调】滑块，可以指定一种颜色的色调或着色。
- 【双色】单选按钮：选中该单选按钮，可以指定两种颜色之间平滑过渡的双色渐变填充，如图 8-40 所示。此时 AutoCAD 在【颜色 1】和【颜色 2】的右边分别显示带【浏览】按钮的颜色样本。

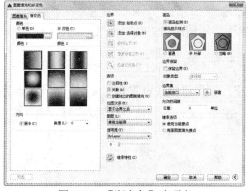

图 8-39　【渐变色】选项卡

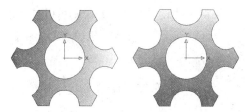

图 8-40　使用渐变色填充图形

- 【角度】下拉列表框：相对当前 UCS 坐标指定渐变填充的角度，与指定给图案填充的角度互不影响。
- 【渐变图案】预览窗口：显示当前设置的渐变色效果，共有 9 种效果。

8.2.4　编辑图案填充

创建图案填充后，如果需要修改填充图案或修改图案区域的边界，可以在菜单栏中选择【修改】|【对象】|【图案填充】命令，或在【功能区】选项板中选择【常用】选项卡，然后在【修改】面板中单击【编辑图案填充】按钮，最后在绘图窗口中单击需要编辑的图案填充，此时将打开【图案填充编辑】对话框。

在为编辑命令选择图案时，系统变量 PICKSTYLE 具有重要作用，其值有 4 种，具体功能说明如下。

- 0：禁止编组或关联图案选择。当用户选择图案时仅选择图案自身，而不会选择与之关联的对象。
- 1：允许编组选择，即图案可以被加入到对象编组中，这是 PICKSTYLE 的默认设置。
- 2：允许关联的图案选择。
- 3：允许编组和关联图案选择。

当用户将 PICKSTYLE 设置为 2 或 3 时，如果用户选择了一个图案，将同时把与之关联的边界对象选进图案中，有时会导致一些意外的后果。例如，如果用户仅是删除填充图案，但结果是将与之相关联的边界也删除了。

⑧.2.5 控制图案填充的可见性

在 AutoCAD 中，用户可以用两种方法控制图案填充的可见性，一种是使用 FILL 命令或 FILLMODE 变量来实现；另一种是利用图层来实现。

1. 使用 FILL 命令和 FILLMODE 变量

在命令行输入 FILL 命令，此时命令行将显示如下提示信息：

> 输入模式[开(ON/)关(OFF)]<开>：

如果将模式设置为【开】，则可以显示图案填充；如果将模式设置为【关】，则不显示图案填充。也可以使用系统变量 FILLMODE 控制图案填充的可见性。在命令行输入 FILLMODE 时，此时命令行将提示如下信息：

> 输入 FILLMODE 的新值 <1>：

其中，当系统变量 FILLMODE 为 0 时，隐藏图案填充；当系统变量 FILLMODE 为 1 时，则显示图案填充。

2. 使用图层控制图案填充的显示

对于能够熟练使用 AutoCAD 的用户，充分利用图层功能，将图案填充单独放在一个图层上。当不需要显示图案填充时，将图案填充所在的层关闭或冻结即可。使用图层控制图案填充的可见性时，不同的控制方式会使图案填充与其边界的关联关系发生变化，其特点如下。

- 当图案填充所在的图层被关闭后，图案与其边界仍保持着关联关系，即修改边界后，填充图案会根据新的边界自动调整位置。
- 当图案填充所在的图层被冻结后，图案与其边界脱离关联关系，即边界修改后，填充图案不会根据新的边界自动调整位置。
- 当图案填充所在的图层被锁定后，图案与其边界脱离关联关系，即边界修改后，填充图案不会根据新的边界自动调整位置。

⑧.3 绘制圆环与宽线

圆环、宽线与二维填充图形都属于填充图形对象。如果要显示填充效果，可以使用 FILL 命令，并将填充模式设置为【开(ON)】。

⑧.3.1 绘制圆环

绘制圆环是创建填充圆环或实体填充圆的一个捷径。在 AutoCAD 中，圆环是由具有一定宽度的多段线封闭形成的。

要创建圆环，可以在快速访问工具栏中选择【显示菜单栏】命令，在弹出的菜单中选择【绘图】|【圆环】命令(DONUT)，或在【功能区】选项板中选择【常用】选项卡，在【绘图】面板中单击【圆环】按钮，指定它的内径和外径，然后通过指定不同的圆心来连续创建直径相同的多个圆环对象，直到按 Enter 键结束命令。如果要创建实体填充圆，应将内径值设定为 0。

【例 8-3】在坐标原点绘制一个内径为 10，外径为 15 的圆环。

(1) 在快速访问工具栏中选择【显示菜单栏】命令，然后在弹出的菜单中选择【绘图】|【圆环】命令。

(2) 在命令行的【指定圆环的内径<5.000>：】提示下输入 10，将圆环的内径设置为 10。

(3) 在命令行的【指定圆环的外径<51.000>：】提示下输入 15，将圆环的外径设置为 15。

(4) 在命令行的【指定圆环的中心点或<退出>：】提示下，输入(0,0)，指定圆环的圆心为坐标系原点，如图 8-41 所示。

(5) 按下 Enter 键，结束圆环的绘制。圆环对象与圆不同，通过拖动其夹点只能改变形状而不能改变大小，如图 8-42 所示。

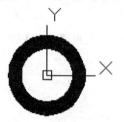

图 8-41　绘制圆环

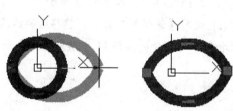

图 8-42　通过拖动夹点改变圆环形状

⑧.3.2 绘制宽线

绘制宽线需要使用 PLINE 命令，其使用方法与【直线】命令相似，绘制的宽线图形类似填充四边形。

【例 8-4】在坐标原点绘制一个线宽为 20，大小为 200×100 的矩形。

(1) 在命令行的【命令】提示下，输入宽线绘制命令 PLINE。

(2) 在命令行的【指定起点：】提示下，输入宽线起点坐标(200,0)。

(3) 在命令行的【指定下一个点或[圆弧(A)/半宽(H)/长度(L)/放弃(U)/宽度(W)]：】提示下，输入 W。

(4) 在命令行的【指定起点宽度<0.0000>：】提示下，指定宽线起点的宽度为 20。

(5) 在命令行的【指定端点宽度<0.0000>：】提示下，指定宽线端点的宽度为 20。

(6) 在命令行的【指定下一个点或[圆弧(A)/半宽(H)/长度(L)/放弃(U)/宽度(W)]：】提示下，依次输入(200,100)、(0,100)、(0,0)和(200,0)。

(7) 按 Enter 键结束宽线的绘制，效果如图 8-43 所示。

(8) 在 AutoCAD 中，如果要调整绘制的宽线，先选择该宽线，然后拉伸其夹点即可，如图 8-44 所示。

图 8-43　绘制宽线图形

图 8-44　调整宽线

计算机 基础与实训教材系列

8.4　上机练习

本章的上机练习将通过实例操作，在 AutoCAD 2016 中绘制如图 8-46 所示的图形，帮助用户巩固所学的知识。

(1) 设置辅助线层、标注层和轮廓层 3 个图层，并将辅助线层设置为当前图层。单击【构造线】按钮，在绘图区中绘制两条正交的辅助线，然后单击【偏移】按钮，将垂直辅助线向左依次偏移 5、15 和 137，如图 8-45 所示。

(2) 使用【偏移】工具，将偏移后的线段 a，向右偏移 15。利用【偏移】工具将水平辅助线向上和向下两侧分别偏移 11、12.5 和 19，如图 8-46 所示。

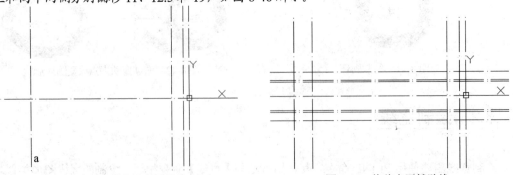

图 8-45　偏移垂直辅助线　　　　　　　　图 8-46　偏移水平辅助线

(3) 使用【偏移】工具，将水平辅助线向上和向下再次分别偏移 35、42.5 和 50，如图 8-47 所示。

(4) 单击【修剪】按钮，选取相应的水平线段为修剪边界，对水平辅助线进行修剪操作，如图 8-48 所示。

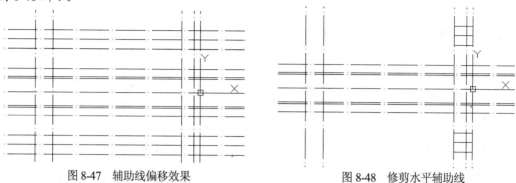

图 8-47 辅助线偏移效果　　　　　　　　图 8-48 修剪水平辅助线

(5) 继续使用【修剪】工具，选取相应的垂直线段为修剪边界，对水平线段进行修剪操作，然后将修剪后的线段转换为轮廓线，如图 8-49 所示。

(6) 单击【多段线】按钮，分别以点 A 和 B 点为起点，参照图 8-50 所示绘制两条多段线。

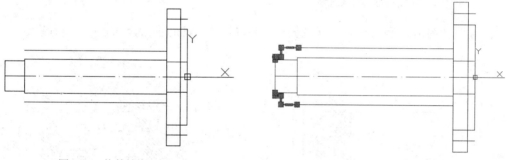

图 8-49 修剪轮廓　　　　　　　　　　图 8-50 绘制多段线

(7) 单击【填充图案】按钮▦，在打开的【图案填充创建】选项板中指定填充图案为 ANS131，并设置填充角度为 0，如图 8-51 所示。

(8) 在主视图上指定填充区域进行图案填充操作，效果如图 8-52 所示。

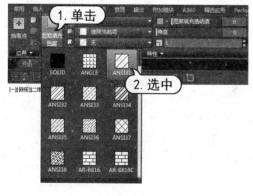

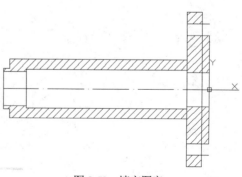

图 8-51 设置图案填充　　　　　　　　图 8-52 填充图案

8.5 习题

1. 使用面域命令, 绘制如图 8-53 和图 8-54 所示的零件(图形尺寸读者可自行确定)。

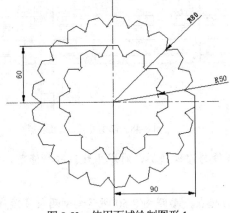

图 8-53 使用面域绘制图形 1

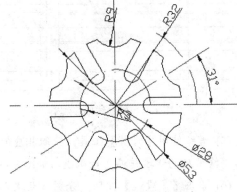

图 8-54 使用面域绘制图形 2

2. 绘制如图 8-55 和图 8-56 所示的图形, 并将其进行填充(图形尺寸读者可自行确定)。

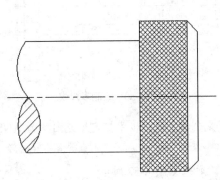

图 8-55 绘制图形并使用填充 1

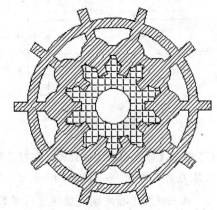

图 8-56 绘制图形并使用填充 2

第9章
使用文字和表格注释图形

学习目标

文字对象是 AutoCAD 图形中非常重要的图形元素，也是机械制图和工程制图中不可缺少的组成部分。在一个完整的图样中，通常使用一些文字注释来标注图样中的一些非图形信息。例如，机械工程图形中的技术要求，装配说明，以及工程制图中的材料说明，施工要求等。另外，在 AutoCAD 2016 中，使用表格功能可以创建不同类型的表格，还可以在其他软件中复制表格，以简化制图操作。

本章重点

- ◉ 设置文字样式
- ◉ 创建与编辑单行文字
- ◉ 创建与编辑多行文字
- ◉ 在文字中使用字段
- ◉ 创建表格样式和表格

⑨.1 设置文字样式

在 AutoCAD 中，所有文字都有与之相关联的文字样式。在创建文字注释和尺寸标注时，AutoCAD 通常使用当前的文字样式。也可以根据具体要求重新设置文字样式或创建新的样式。文字样式包括文字【字体】、【字型】、【高度】、【宽度系数】、【倾斜角】、【反向】、【倒置】以及【垂直】等参数。

在菜单栏中选择【格式】|【文字样式】命令，或在【功能区】选项板中选择【注释】选项卡，然后在【文字】面板中单击【文字样式】下拉列表框 Standard，从中选择【管理文字样式】选项，打开【文字样式】对话框，如图 9-1 所示。通过该对话框可以修改或创建文字样式，并设置文字的当前样式等参数。

9.1.1 设置样式

在【文字样式】对话框中将显示文字样式的名称、创建新的文字样式、为已有的文字样式重命名以及删除文字样式。该对话框中部分选项的功能说明如下。

- ◉ 【样式】列表：列出了当前可以使用的文字样式，默认文字样式为 Standard (标准)。
- ◉ 【置为当前】按钮：单击该按钮，可以将选择的文字样式设置为当前的文字样式。
- ◉ 【新建】按钮：单击该按钮，AutoCAD 将打开【新建文字样式】对话框，如图 9-2 所示。在该对话框的【样式名】文本框中输入新建文字样式名称后，单击【确定】按钮，即可创建新的文字样式，新建文字样式将显示在【样式】列表框中。

图 9-1 【文字样式】对话框

图 9-2 【新建文字样式】对话框

- ◉ 【删除】按钮：单击该按钮，可以删除所选择的文字样式，但无法删除已经被使用的文字样式和默认的 Standard 样式。

9.1.2 设置文字字体

【文字样式】对话框的【字体】选项区域用于设置文字样式使用的字体属性。其中，【字体名】下拉列表框用于选择字体，如图 9-3 所示；【字体样式】下列表框用于选择字体格式，如斜体、粗体和常规字体等，如图 9-4 所示；选中【使用大字体】复选框，【字体样式】下拉列表框将改为【大字体】下拉列表框，用于选择大字体文件。

图 9-3 设置字体

图 9-4 设置字体样式

【大小】选项区域用于设置文字样式使用的字高属性；【高度】文本框用于设置文字的高度。

如果将文字的高度设为 0，在使用 TEXT 命令标注文字时，命令行将显示【指定高度：】提示信息，要求指定文字的高度；如果在【高度】文本框中输入文字高度，AutoCAD 将按此高度标注文字，而不再提示指定高度；选中【注释性】复选框，文字将被定义成可注释性的对象。

9.1.3　设置文字效果

通过【文字样式】对话框中的【效果】选项区域，可以设置文字的显示效果，如图 9-5 所示为各种文字显示效果，各选项的功能说明如下。

图 9-5　文字的各种效果

- 【颠倒】复选框：用于设置是否将文字颠倒书写。
- 【反向】复选框：用于设置是否将文字反向书写。
- 【垂直】复选框：用于设置是否将文字垂直书写，但垂直效果对汉字字体无效。
- 【宽度比例】文本框：用于设置文字字符的高度和宽度之比。当宽度比例为 1 时，将按系统定义的高宽比书写文字；当宽度比例小于 1 时，字符将会变窄；当宽度比例大于 1 时，字符将会变宽。
- 【倾斜角度】文本框：用于设置文字的倾斜角度。角度为 0 时不倾斜，角度为正值时向右倾斜，为负值时向左倾斜。

9.1.4　预览与应用文字样式

在【文字样式】对话框的【预览】选项区域中，可以预览所选择或所设置的文字样式效果。完成文字样式设置后，单击【应用】按钮，即可应用文字样式。单击【关闭】按钮，关闭【文字样式】对话框。

【例 9-1】定义符合国标标准要求的新文字样式 Mytext，字高为 3.5，向右倾角 15°。

(1) 在菜单栏中选择【格式】|【文字样式】命令，打开【文字样式】对话框。

(2) 单击【新建】按钮，打开【新建文字样式】对话框，在【样式名】文本框中输入 Mytext，单击【确定】按钮，返回至【文字样式】对话框，如图 9-6 所示。

(3) 在【字体】选项区域中的【SHX 字体】下拉列表中选择 gbenor.shx 选项，然后在【大字体】下拉列表框中选择 gbcbig.shx 选项，在【高度】文本框中输入 3.5000，如图 9-7 所示。

图 9-6　设置样式名

图 9-7　创建新样式

(4) 单击【应用】按钮，应用该文字样式，然后单击【关闭】按钮，关闭【文字样式】对话框，将文字样式 Mytext 置为当前样式。

⑨.2　创建与编辑单行文字

在 AutoCAD 中，使用【注释】选项卡中的【文字】面板或【文字】工具栏(如图 9-8 所示)可以创建和编辑文字。对于单行文字来说，每一行都是一个文字对象，因此可以用来创建文字内容比较简短的文字对象(如标签)，并且可以进行单独编辑。

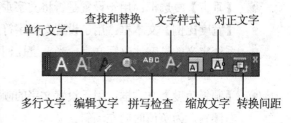

图 9-8　【文字】面板和【文字】工具栏

⑨.2.1　创建单行文字

在菜单栏中选择【绘图】|【文字】|【单行文字】命令(DTEXT)，或在【功能区】选项板中选择【注释】选项卡，然后在【文字】面板中单击【单行文字】按钮Ａ，可以在图形中创建单行文字对象。执行该命令时，AutoCAD 显示如下提示信息。

> 当前文字样式：Standard　当前文字高度：2.5000
> 指定文字的起点或 [对正(J)/样式(S)]:

1. 指定文字的起点

默认情况下，通过指定单行文字行基线的起点位置创建文字。

AutoCAD 为文字行定义了顶线、中线、基线和底线 4 条线，用于确定文字行的位置。其中 4 条线与文字串的关系，如图 9-9 所示。

图 9-9　文字标注参考线定义

如果当前文字样式的高度设置为 0，系统将显示【指定高度：】提示信息，要求指定文字高度，否则不显示该提示信息，而在【文字样式】对话框中设置文字的高度。

系统显示【指定文字的旋转角度<0>：】提示信息，要求指定文字的旋转角度。文字旋转角度是指文字行排列方向与水平线的夹角，默认角度为 0°。输入文字旋转角度，或按 Enter 键使用默认角度，最后输入文字即可。也可以切换至 Windows 的中文输入方式下，输入中文文字。

2. 设置对正方式

在【指定文字的起点或 [对正(J)/样式(S)]：】提示信息下输入 J，即可设置文字的对正方式。此时命令行，显示如下提示信息。

> 输入选项[对齐(A)/调整(F)/中心(C)/中间(M)/右(R)/左上(TL)/中上(TC)/右上(TR)/左中(ML)/正中(MC)/右中(MR)/左下(BL)/中下(BC)/右下(BR)]：

在 AutoCAD 中，系统为文字提供了多种对正方式，显示效果如图 9-10 所示。

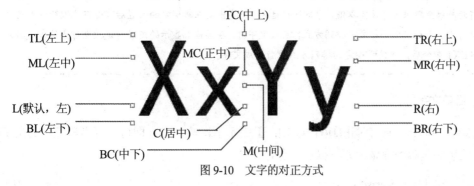

图 9-10　文字的对正方式

以上提示中的各选项含义如下：

- ◉ 对齐(A)：此选项要求用户确定所标注文字行基线的始点与终点位置。
- ◉ 调整(F)：此选项要求用户确定文字行基线的始点、终点位置以及文字的字高。
- ◉ 中心(C)：此选项要求确定一个点，AutoCAD 将会把该点作为所标注文字行基线的中点，

计算机 基础与实训教材系列

即所输入文字的基线将以该点居中对齐。

◉ 中间(M)：此选项要求确定一个点，AutoCAD 将会把该点作为所标注文字行的中间点，即以该点作为文字行在水平、垂直方向上的中点。

◉ 右(R)：此选项要求确定一个点，AutoCAD 将会把该点作为文字行基线的右端点。

在与"对正(J)"选项对应的其他提示中，"左上(TL)"、"中上(TC)"和"右上(TR)"选项分别表示将以所确定点作为文字行顶线的始点、中点和终点；"左中(ML)"、"正中(MC)"以及"右中(MR)"选项分别表示将以所确定点作为文字行中线的始点、中点和终点；"左下(BL)"、"中下(BC)"和"右下(BR)"选项分别表示将以所确定点作为文字行底线的始点、中点和终点。如图 9-11 显示了上述文字对正示例。

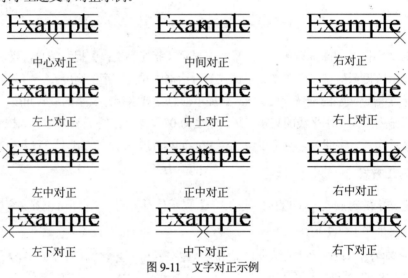

图 9-11 文字对正示例

 提示

在输入文字的过程中，可以随时改变文字的位置。如果在输入文字的过程中需要改变后面输入的文字位置，可先将光标移至新位置并按拾取键，原标注行结束，标志出现在新确定的位置后可以在此继续输入文字。但在标注文字时，不论使用哪种文字排列方式，输入文字时，在屏幕上显示的文字都是按左对齐的方式排列，直到结束 TEXT 命令后，才按照指定的排列方式重新生成文字。

3. 设置当前文字样式

在【指定文字的起点或 [对正(J)/样式(S)]: 】提示下，输入 S，即可设置当前使用的文字样式。选择该选项时，命令行显示如下提示信息。

输入样式名或 [?] <Mytext>:

可以直接输入文字样式的名称，也可以输入【?】，在【AutoCAD 文本窗口】中显示当前图形已有的文字样式。

【例 9-2】创建如图 9-13 所示的单行文字注释，要求字体为宋体，字高为 3.5。

(1) 参考【例 9-1】创建新的文字样式【Mytext】，字体为宋体，字高为 2.0，如图 9-12 所示。

(2) 在【功能区】选项板中选择【注释】选项卡，然后在【文字】面板中单击【单行文字】按钮，执行单行文字创建命令。

(3) 在绘图窗口需要输入文字的位置单击，确定文字的起点。

(4) 在命令行的【指定文字的旋转角度<0>: 】提示下，输入 0，将文字旋转角度设置为 0°。

(5) 在命令行的【输入文字: 】提示下，输入文本"螺母——侧面带孔圆螺母"，然后连续按两次 Enter 键，即可创建单行的注释文字，如图 9-13 所示。

图 9-12 设置文字样式

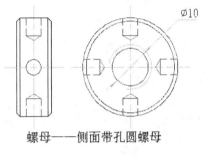

螺母——侧面带孔圆螺母

图 9-13 添加单行文字的效果图

9.2.2 使用文字控制符

在实际设计绘图中，往往需要标注一些特殊的字符。例如，在文字上方或下方添加划线、标注度(°)、±、φ 等符号。而特殊字符不能从键盘上直接输入，AutoCAD 提供了相应的控制符，以实现各种标注的要求。

AutoCAD 的控制符由两个百分号(%%)及在后面紧接一个字符构成，常用的标注控制符如表9-1 所示。

表 9-1 AutoCAD 常用的标注控制符

控 制 符	功 能
%%O	打开或关闭文字上划线
%%U	打开或关闭文字下划线
%%D	标注度(°) 符号
%%P	标注正负公差(±)符号
%%C	标注直径(φ)符号

在 AutoCAD 的控制符中，%%O 和%%U 分别是上划线与下划线的开关。第 1 次出现此符号时，可以打开上划线或下划线，第 2 次出现该符号时，则会关闭上划线或下划线。

在【输入文字: 】提示下，输入控制符时，控制符也将临时显示在屏幕上。当结束文本创建命令时，控制符将从屏幕上消失，转换成相应的特殊符号。

【例 9-3】 新建适当的文字样式并创建如图 9-15 所示的单行文字。

(1) 参考【例 9-1】创建新的文字样式【A1】，字体为宋体，字高为 15，如图 9-14 所示。

(2) 在【功能区】选项板中选择【注释】选项卡，然后在【文字】面板中单击【单行文字】按钮 A。

(3) 在命令行的【指定文字的起点或 [对正(J)/样式(S)]: 】提示下，在绘图窗口中适当的位置单击，确定文字的起点。

(4) 在命令行的【指定文字的旋转角度 <0>: 】提示下，输入 28，指定文字的旋转角度为 28°。

(5) 在命令行的【输入文字: 】提示下，输入【圆心间距误差%%P0.5】，然后按 Enter 键结束单行文字的输入。使用同样的方法，创建其他单行文字，如图 9-15 所示。

图 9-14　创建文字样式

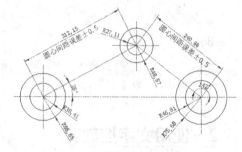

图 9-15　使用控制符创建单行文字

9.2.3　编辑单行文字

编辑单行文字包括编辑文字的内容、对正方式及缩放比例，用户可以在菜单栏中选择【修改】|【对象】|【文字】子菜单中的命令进行设置。各项命令的功能如下。

- ⦿ 【编辑】命令(DDEDIT): 选择该命令，然后在绘图窗口中单击需要编辑的单行文字，进入文字编辑状态，即可重新输入文本内容。

- ⦿ 【比例】命令(SCALETEXT): 选择该命令，然后在绘图窗口中单击需要编辑的单行文字，此时需要输入缩放的基点以及指定新高度、匹配对象(M)或缩放比例(S)。命令行显示提示信息如下。

> 输入缩放的基点选项 [现有(E)/左(L)/中心(C)/中间(M)/右(R)/左上(TL)/中上(TC)/右上(TR)/左中(ML)/正中(MC)/右中(MR)/左下(BL)/中下(BC)/右下(BR)] <现有>:
> 指定新模型高度或 [图纸高度(P)/匹配对象(M)/比例因子(S)] <3.5>:

- ⦿ 【对正】命令(JUSTIFYTEXT): 选择该命令，然后在绘图窗口中单击需要编辑的单行文字，此时可以重新设置文字的对正方式。命令行显示提示信息如下。

> 输入对正选项 [左(L)/对齐(A)/调整(F)/中心(C)/中间(M)/右(R)/左上(TL)/中上(TC)/右上(TR)/左中(ML)/正中(MC)/右中(MR)/左下(BL)/中下(BC)/右下(BR)] <左>:

9.3　创建与编辑多行文字

【多行文字】又称为段落文字，是一种更易于管理的文字对象，由两行以上的文字组成，而且各行文字是作为一个整体处理。在机械制图中，经常使用多行文字功能创建较为复杂的文字说明，如图样的技术要求等。

9.3.1　创建多行文字

在菜单栏中选择【绘图】|【文字】|【多行文字】命令(MTEXT)，或在【功能区】选项板中选择【注释】选项卡，然后在【文字】面板中单击【多行文字】按钮A，最后在绘图窗口中指定一个用于放置多行文字的矩形区域，如图9-16所示。用户可以在该矩形区域中输入需要创建的多行文字内容。

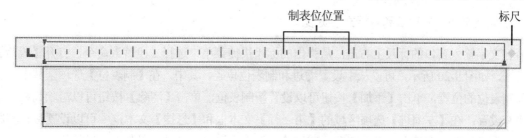

图9-16　创建多行文字的文字输入窗口

1. 使用【文字编辑器】选项卡

指定多行文字区域后，系统会自动打开【文字编辑器】选项卡，使用【文字编辑器】选项卡，可以为文字设置文字样式、文字字体、文字高度、加粗、倾斜或加下划线的效果，如图9-17所示。

图9-17　【文字编辑器】选项卡

【例9-4】在 AutoCAD 2016 打开的图形中创建多行文字。

(1) 在【功能区】选项板中选择【注释】选项卡，然后在【文字】面板中单击【多行文字】按钮A。

(2) 在绘图窗口中拖动并创建一个用于放置多行文字的矩形区域。

(3) 在【文字编辑器】选项卡的【样式】面板的【样式】下拉列表框中设置文字样式，然后在【文字高度】下拉列表框中设置文字高度，如图9-18所示。

(4) 设置完成后，在文字输入窗口中输入需要创建的多行文字内容，然后在【文字编辑器】选项卡的【关闭】面板中单击【关闭文字编辑器】按钮，输入文字后的最终效果如图9-19所示。

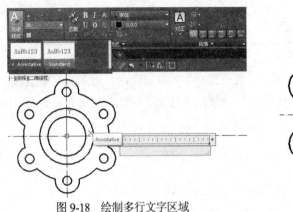

图 9-18　绘制多行文字区域

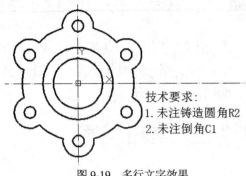

技术要求:
1. 未注铸造圆角R2
2. 未注倒角C1

图 9-19　多行文字效果

堆叠文字是一种垂直对齐的文字或分数,若要创建堆叠文字,分别输入分子和分母,其中使用"/"、"#"或"^"分隔,然后按 Enter 键即可。

2. 设置缩进、制表位和多行文字宽度

在文字输入窗口的标尺上右击,从弹出的标尺快捷菜单中选择【段落】命令,打开【段落】对话框,如图 9-20 所示,可以从中设置缩进和制表位位置。其中,在【制表位】选项区域中可以设置制表位的位置,单击【添加】按钮可以设置新制表位,单击【清除】按钮可以清除列表框中的所有设置;在【左缩进】选项区域的【第一行】文本框和【悬挂】文本框中可以设置首行和段落的左缩进位置;在【右缩进】选项区域的【右】文本框中可以设置段落右缩进的位置。

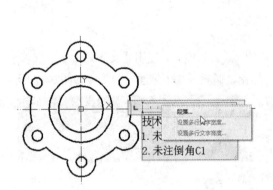

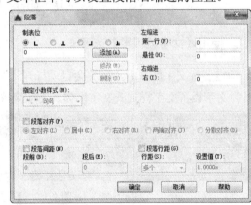

图 9-20　打开【段落】对话框

> **提示**
>
> 在标尺快捷菜单中选择【设置多行文字宽度】命令,将打开【设置多行文字宽度】对话框,可以在【宽度】文本框中设置多行文字的宽度。

3. 使用选项菜单

在文字输入窗口中右击,将弹出一个快捷菜单,通过该菜单可以对多行文本进行更多的设置,如图 9-21 所示。

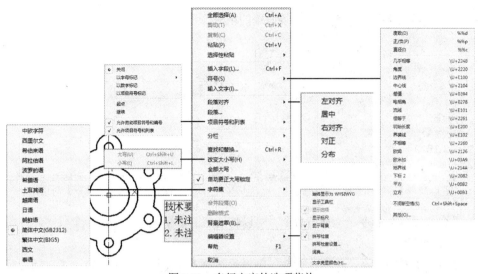

图 9-21　多行文字的选项菜单

在多行文字选项菜单中，主要命令的功能如下。

- ⊙ 【插入字段】命令：选择该命令将打开【字段】对话框，可以设置需要插入的字段，如图 9-22 所示。
- ⊙ 【符号】命令：选择该命令的子命令，可以在绘图中插入一些特殊的字符。例如，度数、正/负和直径等符号。选择【其他】命令，将打开【字符映射表】对话框，可以设置需要插入的其他特殊字符，如图 9-23 所示。

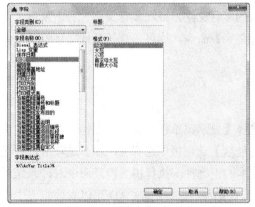

图 9-22　【字段】对话框

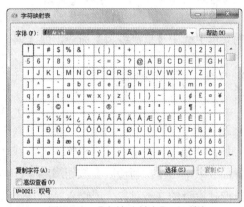

图 9-23　【字符映射表】对话框

- ⊙ 【段落对齐】命令：选择该命令的子命令，可以设置段落的对齐方式，包括左对齐、居中、右对齐、对正和分布五种对齐方式。
- ⊙ 【项目符号和列表】命令：选择该命令，可以使用字母、数字作为段落文字的项目符号。
- ⊙ 【查找和替换】命令：选择该命令将打开【查找和替换】对话框，如图 9-24 所示。可以查找或同时替换指定的字符串，也可以设置查找的条件，如是否全字匹配，是否区分大小写等。
- ⊙ 【背景遮罩】命令：选择该命令将打开【背景遮罩】对话框，可以设置是否使用背景遮罩、边界偏移因子(1~5)以及背景遮罩的填充颜色，如图 9-25 所示。

图 9-24　【查找和替换】对话框　　　　　　图 9-25　【背景遮罩】对话框

- ◉ 【合并段落】命令：选择该命令，可以将选定的多个段落合并为一个段落，并用空格代替每段的回车符。
- ◉ 【自动大写】命令：选择该命令，可以将新输入的文字转换成大写，【自动大写】命令不会影响已有的文字。

⑨.3.2　编辑多行文字

要编辑创建的多行文字，用户可以在快速访问工具栏中选择【显示菜单栏】命令，在弹出的菜单中选择【修改】|【对象】|【文字】|【编辑】命令（DDEDIT），然后单击创建的多行文字，即可打开多行文字编辑窗口，修改并编辑文字。

除此以为，用户还可以在绘图窗口中双击输入的多行文字，或在多行文字上右击鼠标，在弹出的菜单中选中【重复编辑】命令，或【编辑多行文字】命令，均可以打开多行文字编辑窗口。

⑨.3.3　拼写检查

在 AutoCAD 2016 中，在快速访问工具栏中选择【显示菜单栏】命令，在弹出的菜单中选择【工具】|【拼写检查】命令（SPELL），或在【功能区】选项板中选择【注释】选项卡，在【文字】面板中单击【拼写检查】按钮，检查输入文本的正确性。执行拼写检查命令时，系统首先要求选择检查的文本对象，或输入 ALL 表示检查所有文本对象。AutoCAD 可以对块定义中的所有文本对象进行拼写检查。

SPELL 命令可以检查单行文字、多行文字以及属性文字的拼写。当 AutoCAD 怀疑单词出错时，将打开【拼写检查】对话框，如图 9-26 所示。

如果要更正某个字，可以从【建议】列表中选择一个替换字或直接输入一个字，然后单击【修改】或【全部修改】按钮。要保留某个字不改变，可以单击【忽略】或【全部忽略】按钮。要保留某个字不变并将其添加到自定义词典中，可以单击【添加】按钮。用户可以通过将某些非单词名称（如人名、产品名称等）添加到用户词典中，来减少拼写错误提示。

在【拼写检查】对话框中单击【词典】按钮，打开【词典】对话框，可以更改用于拼写检查的词典，如图 9-27 所示。

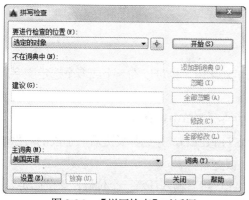

图 9-26 【拼写检查】对话框

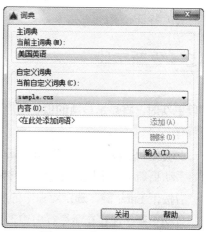

图 9-27 【词典】对话框

⑨.4 在文字中使用字段

字段是包含说明的文字，这些说明用于显示在图形生命周期中修改的数据。

⑨.4.1 插入字段

字段可以插入到任意种类的文字（公差除外）中，其中包括表单元、属性和属性定义中的文字。要在文字中插入字段，用户可以双击文字，显示文字编辑器，将光标放置在要显示字段的位置，然后右击鼠标，在弹出的快捷菜单中选择【插入字段】命令，打开【字段】对话框，如图 9-22 所示，从中选择合适的字段。

在【字段】对话框中，【字段类型】下拉列表用于控制所显示文字的外观，例如，日期字段的格式中包含用来显示星期和时间的选项，而命名对象字段的格式中包含大小写选项，如图 9-28 所示。

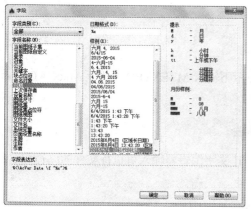

图 9-28 日期和命名对象字段格式

字段文字所使用的文字样式与其插入到的文字对象所使用的样式相同。默认情况下，字段用不打印的灰色背景显示。

⑨.4.2　更新字段

字段更新时，将显示最新的值。用户可以单独更新字段，也可以在一个或多个选定文字对象中更新所有字段。

- 手动更新字段：双击文字并右击，在弹出的快捷菜单中选择【更新字段】命令。
- 手动更新多个字段：在命令行中输入 UPDSTEFIELD，并选择要更新的字段的对象，然后按下 Enter 键，选定对象中的所有字段都被更新。
- 自动更新字段：在命令行中输入 FIELDEVAL，然后输入任意一个位码，该位码是表 9-2 中任意值的和。例如，要在打开、保存或打印文件时更新字段，可以输入 7。

表 9-2　位码说明

值	功　能
0	不更新
1	打开时更新
2	保存时更新
4	打印时更新
8	使用 ETRANSMIT 时更新
16	重生成时更新

⑨.5　使用替换文字编辑器

默认文字编辑器为在位文字编辑器，用户可以使用任何以 ASCII 格式保存文件的文字编辑器，例如 Microsoft 记事本。

⑨.5.1　指定替换文字编辑器

要指定替换文字编辑器，用户可以在命令行提示下输入 MTEXTED 命令，AutoCAD 将提示如下信息：

> 输入 MTEXTED 的新值，或输入 . 表示无<"内部">:

用户可以为要用来创建或编辑多行文字的 ASCII 文字编辑器输入可执行文件的路径和名称，也可以输入 INTERNAL，以恢复文字编辑器。

9.5.2 在替换文字编辑器中设置多行文字格式

如果使用替换文字编辑器，则可以通过输入格式代码来应用格式。可为文字加下划线、删除行和创建堆叠文字，可以修改颜色、字体和文字高度，还可以修改文字字符间距或增加字符本身宽度。要应用格式，可以使用表 9-3 中列出的格式代码。

表 9-3 格式代码说明

格 式 代 码	功 能
\0...\o	打开和关闭上划线
\L...\1	打开和关闭下划线
\~	插入不间断空格
\\	插入反斜杠
\{...\}	插入左大括号和右大括号
\Cvalue;	修改为指定的颜色
\File name;	修改为指定的字体文件
\Hvalue;	修改为以图形单位表示的指定文字高度
\Hvaluex;	将文字高度修改为当前样式文字高度的数倍
\S...^...;	堆叠\、#或^符号后的文字
\Tvalue;	调整字符之间的间距。有效值范围为字符原始间距的 0.75 倍到字符间原始间距的 4 倍
\Qangle;	修改倾斜角度
\Wvalue;	修改宽度因子生成宽字
\A	设置对齐方式值，有效值为：0、1、2（低端对正、居中对正和顶端对正）
\P	结束段落

9.6 创建表格样式和表格

在 AutoCAD 中，使用创建表格命令来创建表格，还可以从 Microsoft Excel 中直接复制表格，并将其作为 AutoCAD 表格对象粘贴到图形中，也可以从外部直接导入表格对象。此外，还可以输出来自 AutoCAD 的表格数据，以供在 Microsoft Excel 或其他应用程序中使用。

9.6.1 新建表格样式

表格样式控制一个表格的外观，用于保证标准的字体、颜色、文本、高度和行距。可以使用默认的表格样式，也可以根据需要自定义表格样式。

在菜单栏中选择【格式】|【表格样式】命令(TABLESTYLE)，或在【功能区】选项板中选择【注释】选项卡，然后在【表格】面板中单击右下角的 ⬛ 按钮，打开【表格样式】对话框，如图 9-29 所示。单击【新建】按钮，可以使用打开的【创建新的表格样式】对话框创建新表格样式，如图 9-30 所示。

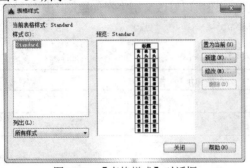
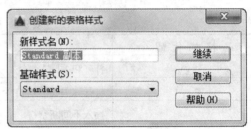

图 9-29 【表格样式】对话框　　　　图 9-30 【创建新的表格样式】对话框

在【新样式名】文本框中输入新的表格样式名，从【基础样式】下拉列表中选择默认的表格样式、标准的或者任何已经创建的样式，新样式将在该样式的基础上进行修改。单击【继续】按钮，将打开【新建表格样式】对话框，可以在其中指定表格的行格式、表格方向、边框特性和文本样式等内容，如图 9-31 所示。

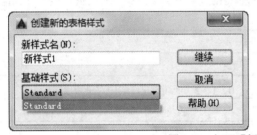

图 9-31 打开【新建表格样式】对话框

⑨.6.2 设置表格的数据、标题和表头样式

在【新建表格样式】对话框中，可以在【单元样式】选项区域的下拉列表框中选择【数据】、【标题】和【表头】选项，分别设置表格的数据、标题和表头对应的样式。其中，【数据】选项如图 9-31 所示，【标题】选项如图 9-32 所示，【表头】选项如图 9-33 所示。

【新建表格样式】对话框中 3 种选项的内容基本相似，可以分别指定单元基本特性、文字特性和边界特性。

- ● 【常规】选项卡：设置表格的填充颜色、对齐方向、格式、类型及页边距等特性。
- ● 【文字】选项卡：设置表格单元中的文字样式、高度、颜色和角度等特性。

图 9-32　【标题】选项

图 9-33　【表头】选项

● 　【边框】选项卡：单击【边框设置】按钮，可以设置表格的边框是否存在。当表格具有边框时，还可以为其设置表格的线宽、线型、颜色和间距等特性。

【例 9-5】在 AutoCAD 2016 中创建表格样式 MyTable，具体要求如下。

● 　表格中的文字字体为【仿宋】，文字高度为 10。

● 　表格中数据的对齐方式为正中，其他选项都保持默认设置。

(1) 在【功能区】选项板中选择【注释】选项卡，然后在【表格】面板中单击右下角的 按钮，打开【表格样式】对话框，如图 9-34 所示。

(2) 单击【新建】按钮，打开【创建新的表格样式】对话框，并在【新样式名】文本框中输入表格样式名为 MyTable，如图 9-35 所示。

计算机 基础与实训教材系列

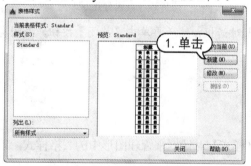

图 9-34　【表格样式】对话框

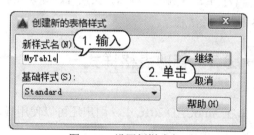

图 9-35　设置新样式名

(3) 单击【继续】按钮，打开【新建表格样式】对话框，然后在【单元样式】选项区域的下拉列表框中选择【数据】选项，如图 9-36 所示。

(4) 在【单元样式】选项区域中选择【文字】选项卡，单击【文字样式】下拉列表框右边的 按钮，打开【文字样式】对话框，在【字体】选项区域的【字体名】下拉列表框中选择【仿宋】选项，然后依次单击【应用】和【关闭】按钮，如图 9-37 所示。

(5) 返回【单元样式】对话框，在【文字高度】文本框中输入 10，如图 9-38 所示。

(6) 在【单元样式】选项区域中选择【常规】选项卡，从【特性】选项区域的【对齐】下拉列表框中选择【正中】选项，如图 9-39 所示。

图 9-36 【新建表格样式】对话框

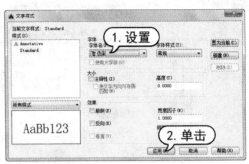

图 9-37 【文字样式】对话框

图 9-38 设置文字高度

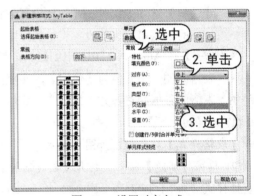

图 9-39 设置对齐方式

(7) 单击【确定】按钮，关闭【新建表格样式】对话框，然后再单击【关闭】按钮，关闭【表格样式】对话框。

⑨.6.3 管理表格样式

在 AutoCAD 2016 中，用户还可以使用【表格样式】对话框来管理图形中的表格样式，该对话框中各选项的说明如下：

- 在【表格样式】对话框的【当前表格样式：】文字的右边，显示当前使用的表格样式(默认为 Standard)；
- 在【样式】列表中显示当前图形所包含的表格样式；
- 在【预览】窗口中显示选中表格的样式；
- 在【列出】下拉列表中，可以选择【样式】列表是显示图形中的所有样式，还是正在使用的样式，如图 9-40 所示。

此外，在【表格样式】对话框中，还可以单击【置为当前】按钮，将选中的表格样式设置为当前；单击【修改】按钮，在打开的【修改表格样式】对话框中可以修改选中的表格样式，如图 9-41 所示；单击【删除】按钮，可以删除选中的表格样式。

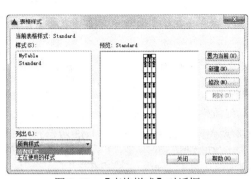

图 9-40 【表格样式】对话框

图 9-41 【修改表格样式】对话框

⑨.6.4 创建表格

在菜单栏中选择【绘图】|【表格】命令，或在【功能区】选项板中选择【注释】选项卡，然后在【表格】面板中单击【表格】按钮，如图 9-42 所示。即可打开【插入表格】对话框，如图 9-43 所示。

图 9-42 【表格】面板

图 9-43 【插入表格】对话框

【插入表格】对话框中各主要选项的功能说明如下。

- ◉ 在【表格样式】选项区域中，可以从【表格样式】下拉列表框中选择表格样式，或单击其右边的 按钮，打开【表格样式】对话框，创建新的表格样式。
- ◉ 在【插入选项】选项区域中，选中【从空表格开始】单选按钮，可以创建一个空的表格；选中【自数据链接】单选按钮，可以从外部导入数据来创建表格；选中【自图形中的对象数据(数据提取)】单选按钮，可以从可输出的数据至表格或外部文件的图形中提取数据来创建表格。
- ◉ 在【插入方式】选项区域中，选中【指定插入点】单选按钮，可以在绘图窗口中的其中一点插入固定大小的表格；选中【指定窗口】单选按钮，可以在绘图窗口中通过拖动表格边框创建任意大小的表格。
- ◉ 在【列和行设置】选项区域中，可以通过改变【列】、【列宽】、【数据行】和【行高】文本框中的数值来调整表格的大小。

【例 9-6】在 AutoCAD 2016 中创建表格。

(1) 在【功能区】选项板中选择【注释】选项卡，然后在【表格】面板中单击【表格】按钮，打开【插入表格】对话框。

(2) 在【表格样式】选项区域中单击【表格样式名称】下拉列表框右边的按钮，打开【表格样式】对话框，并在【样式】列表中选择样式 Standard，如图 9-44 所示。

(3) 单击【修改】按钮，打开【修改表格样式】对话框，在【单元样式】选项区域的下拉列表框中选择【数据】选项，设置文字高度为 20，对齐方式为【正中】，如图 9-45 所示。

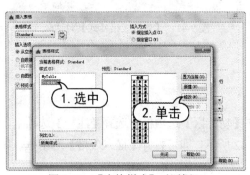

图 9-44　【表格样式】对话框

图 9-45　修改表格样式

(4) 在【单元样式】选项区域的下拉列表框中选择【表头】选项，设置文字高度为 20，对齐方式为正中，如图 9-46 所示；在【单元样式】选项区域的下拉列表中选择【标题】选项，设置字体为黑体，文字高度为 30，如图 9-47 所示。

图 9-46　设置表头样式

图 9-47　设置标题样式

(5) 依次单击【确定】和【关闭】按钮，关闭【修改表格样式】和【表格样式】对话框，返回【插入表格】对话框。

(6) 在【插入方式】选项区域中选中【指定插入点】单选按钮；在【列和行设置】选项区域中分别设置【列数】和【数据行数】文本框中的数值为 2 和 3，如图 9-48 所示。

(7) 单击【确定】按钮，移动鼠标在绘图窗口中单击，将绘制出一个表格，此时表格的最上面一行文字处于编辑状态，如图 9-49 所示。

(8) 在表格中输入标题文字："经济技术指标(单位: m^2)"，如图 9-50 所示。

(9) 双击其他表格单元，使用同样的方法，输入如图 9-51 所示的相应内容。

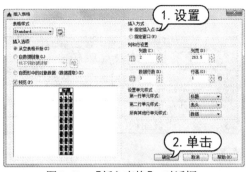

图 9-48　【插入表格】对话框

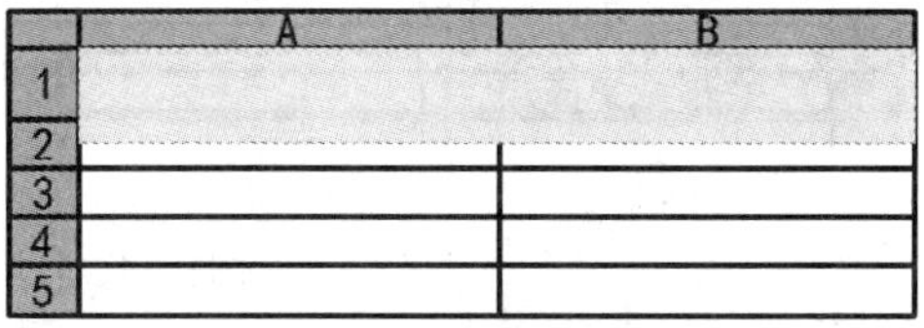

图 9-49　编辑状态的表格

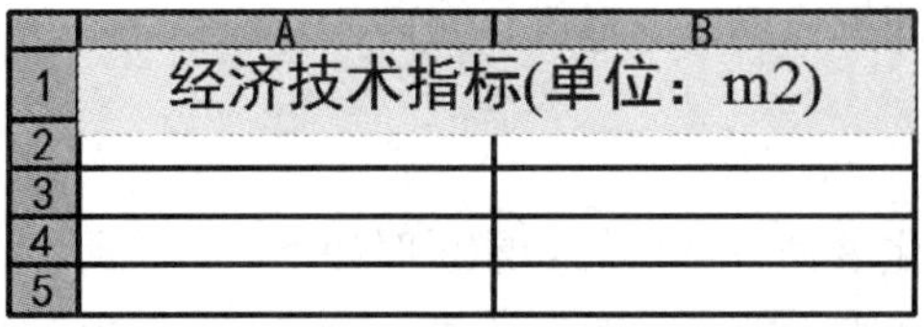

图 9-50　输入表头

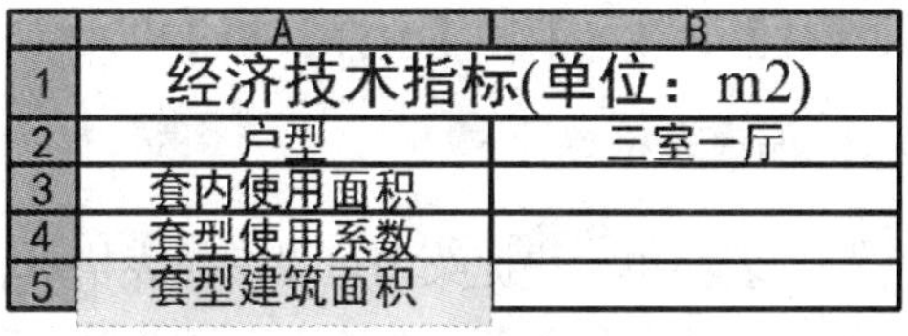

图 9-51　在表格中输入文字

9.6.5　编辑表格和表格单元

在 AutoCAD 中，可以使用表格的右键快捷菜单编辑表格。当选中整个表格时，右键快捷菜单显示如图 9-52 所示的内容；当选中表格单元时，其右键快捷菜单显示如图 9-53 所示的内容。

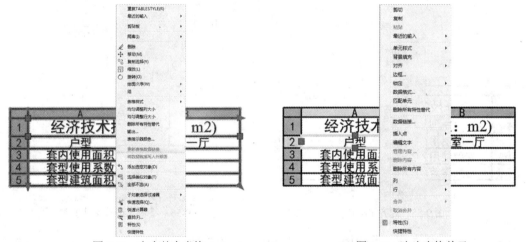

图 9-52　右击整个表格

图 9-53　右击表格单元

1. 编辑表格

在表格的快捷菜单中可以对表格进行剪切、复制、删除、移动、缩放和旋转等简单操作，还可以均匀调整表格的行、列大小，删除所有特性等。当选择【输出】命令时，将打开【输出数据】对话框，以.csv 格式输出表格中的数据。

当选中表格后，在表格的四周、标题行上将显示许多夹点，可以通过拖动这些夹点来编辑表格，如图 9-54 所示。

图 9-54 使用表格的夹点编辑表格

另外，在 AutoCAD 中，选中表格中的单元格后，将自动打开【表格单元】选项卡，使用其中的【行】、【列】、【合并】和【单元样式】等面板可以对表格进行编辑。

2. 编辑表格单元

使用表格单元快捷菜单可以编辑表格单元，其主要命令选项的功能说明如下。

- 【对齐】命令：在该命令子菜单中可以选择表格单元的对齐方式，如左上、左中以及左下等，如图 9-55 所示。
- 【边框】命令：选择该命令打开【单元边框特性】对话框，从中可以设置单元格边框的线宽、颜色等特性，如图 9-56 所示。

图 9-55 对齐子菜单　　　　图 9-56 【单元边框特性】对话框

- 【匹配单元】命令：使用当前选中的表格单元格式(源对象)匹配其他表格单元(目标对象)，此时鼠标指针变为刷子形状，单击目标对象即可进行匹配，如图 9-57 所示。
- 【插入点】命令：选择该命令的子命令，可以从中选择插入到表格中的块、字段和公式。例如，选择【块】命令，打开【在表格单元中插入块】对话框，可以从中设置插入的块在表格单元中的对齐方式、比例和旋转角度等特性，如图 9-58 所示。
- 【合并】命令：当选中多个连续的表格单元后，使用该子菜单中的命令，可以全部、按列或按行合并表格单元。

	A	B
1	经济技术指标(单位：m2)	
2	户型	三室一厅
3	套内使用面积	
4	套型使用系数	
5	套型建筑面积	

图 9-57　匹配表格单元格式

图 9-58　【在表格单元中插入块】对话框

9.7 使用注释

注释是说明其他类型的说明性符号或对象，通常用于向图形中添加信息。在 AutoCAD 中，用于创建注释的对象类型包括文字、表格、图案填充、标注、公差、多重引线、块和属性等。用于注释图形的对象有一个特性称为注释性。如果这些对象的注释性特性处于启用状态，则称其为注释性对象。

9.7.1 设置注释比例

注释比例控制注释对象相对于图形中的模型几何图形的大小。它是与模型空间、布局视口和模型视图一起保存的设置。将注释性对象添加到图形中时，它们将支持当前的注释比例，根据该比例设置进行缩放，并自动以正确的大小显示在模型空间中。

将注释性对象添加到模型中前，要设置注释比例。注释比例(或从模型空间打印时的打印比例)应与布局中的视口(在该视口中将显示注释性对象)比例相同。例如，如果注释性对象在比例为 1：2 的视口中显示，则将注释比例设置为 1：2。

使用模型选项卡时，或选定某个视口后，当前注释比例将显示在应用程序状态栏或图像状态栏上。在绘图窗口的状态栏中单击【当前视图的注释比例】按钮 ，在弹出的菜单中选择合适的比例就可以重新设置注释比例。

9.7.2 创建注释性对象

在 AutoCAD 中，用户可以使用两种方法来创建注释性对象。一种是通过设置对象的样式对话框来设置，另一种是通过对象的特性选项板来设置。

例如，要将文字对象定义为注释性的对象，可以在输入文字之前，在快速访问工具栏中选择【显示菜单栏】命令，在弹出的菜单中选择【格式】|【文字样式】命令，打开【文字样式】对话

框，在【大小】选项区域中选择【注释性】复选框即可，如图 9-59 所示；如果要将已存在的文字对象定义为注释性对象，可以右击文字，在弹出的快捷菜单中选择【特性】命令，打开【特性】选项板，在【文字】选项区域的【注释性】下拉列表中选择【是】选项，如图 9-60 所示。此后，选择被定义的注释性对象时，就会显示注释性标志。

图 9-59　【文字样式】对话框

图 9-60　【特性】选项板

9.7.3　添加和删除注释性对象的比例

默认情况下，在绘制的图形中创建的可注释性对象只有一个注释比例，该比例是在创建对象时使用的实际比例。在 AutoCAD 2016 中，允许用户给注释性对象添加或删除注释比例，以适应对象的修改。

1. 添加注释性对象的比例

要添加注释性对象的比例，可以在快速访问工具栏中选择【显示菜单栏】命令，在弹出的菜单中选择【修改】|【注释性对象比例】【添加/删除比例】命令，或在【功能区】选项板中选择【注释】选项卡，在【注释缩放】面板中单击【添加/删除比例】按钮，然后选择需要添加比例的注释性对象，按下 Enter 键，打开【注释对象比例】对话框，在【对象比例列表】中显示了该注释对象的所有注释比例，如图 9-61 所示。单击【添加】按钮，打开【将比例添加到对象】对话框，在【比例列表】中选择需要添加的比例，如图 9-62 所示。

图 9-61　【注释对象比例】对话框

图 9-62　【将比例添加到对象】选项板

如果要添加当前的注释比例，可以在绘图窗口的状态栏中，单击【注释比例】按钮，在弹出的菜单中选择需要添加的比例，然后在快速访问工具栏中选择【显示菜单栏】命令，在弹出的菜单中选择【修改】|【注释性对象比例】|【添加当前比例】命令，或在【功能区】选项板中选择【注释】选项卡，在【注释缩放】面板中单击【添加当前比例】按钮，并选择需要添加比例的注释性对象，按下 Enter 键即可。

有多个比例的注释对象就有多种比例表示方法。在选择包含多种比例的注释对象时，当前比例表示方法亮显，其他比例表示方法呈暗淡显示。

2. 删除注释性对象的比例

如果用户需要删除注释性对象的比例，可以在快速访问工具栏中选择【显示菜单栏】命令，在弹出的菜单中选择【修改】|【注释性对象比例】|【添加/删除比例】命令，或在【功能区】选项板中选择【注释】选项卡，在【注释缩放】面板中单击【添加/删除比例】按钮，然后在打开的对话框中选择需要删除比例的注释性对象，按 Enter 键，打开【注释对象比例】对话框，在【对象比例列表】中选择需要删除的注释比例，单击【删除】按钮即可。

9.8　上机练习

本章的上机练习，将在 AutoCAD 2016 中绘制一个表格。通过对本实例的练习，用户可以熟练地创建表格、设置表格样式等操作。

(1) 在【功能区】选项板中选择【注释】选项卡，然后在【表格】面板中单击右下角的按钮，打开【表格样式】对话框。单击【新建】按钮，在打开的【创建新的表格样式】对话框中创建新表格样式 Table1，如图 9-63 所示。

(2) 单击【继续】按钮，打开【新建表格样式: Table1】对话框，在【单元样式】选项区域的下拉列表框中选择【数据】选项，将【对齐】方式设置为【正中】，如图 9-64 所示。将【线宽】设置为 0.3 mm，然后设置字体为【楷体_GB2312】，高度为 5mm。

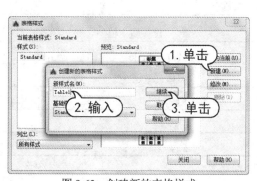

图 9-63　创建新的表格样式

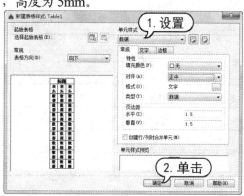

图 9-64　设置对齐方式

(3) 单击【确定】按钮，返回【表格样式】对话框，在【样式】列表框中选中创建的新样式 Table1，单击【置为当前】按钮。单击【关闭】按钮，关闭【表格样式】对话框。

(4) 在【功能区】选项板中选择【注释】选项卡，然后在【表格】面板中单击【表格】按钮，打开【插入表格】对话框。

(5) 在【插入方式】选项区域中选中【指定插入点】单选按钮；在【列和行设置】选项区域中分别设置【列数】和【数据行数】文本框中的数值为 7 和 4；在【设置单元样式】选项区域中设置所有的单元样式为【数据】，如图 9-65 所示。

(6) 单击【确定】按钮，在绘图窗口中插入一个 6 行 7 列的表格。选中表格第 1 列的第 2、3、4、5 行单元格。在【功能区】选项板中选择【表格单元】选项卡，然后在【合并】面板中单击【合并单元】按钮，从弹出的菜单中选择【合并全部】命令，将选中的表格单元合并为一个表格单元。

(7) 使用同样的方法，合并其他单元格，然后在需要调整大小的单元格中单击控制点进行拉伸操作，设置单元格的行高或列宽。调整完成后，双击相应单元格，并依次输入各单元格的内容，如图 9-66 所示。

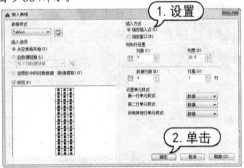

图 9-65　【插入表格】对话框

样品名称	型号规格	检验项目	单位	规定值	检验结果
备注					

图 9-66　表格效果

9.9　习题

1. 创建文字样式【注释文字】，要求其字体为仿宋，倾角为 15°，宽度比例为 1.2。
2. 定义文字样式，其要求如表 9-4 所示。其他使用系统的默认设置。

表 9-4　文字样式要求

设 置 内 容	设 置 值
样式名	MyTextStyle
字体	黑体
字格式	粗体
宽度比例	0.8
字高	5

第10章

使用尺寸标注和公差标注

学习目标

在图形设计中，尺寸标注是绘图设计工作中的一项重要内容，因为绘制图形的根本目的是反映对象的形状，而图形中各个对象的真实大小和相互位置只有经过尺寸标注后才能确定。AutoCAD 包含了一套完整的尺寸标注命令和实用程序，可以轻松地完成图纸中要求的尺寸标注。例如，使用 AutoCAD 2016 中的【直径】、【半径】、【角度】、【线性】以及【圆心标记】等标注命令，可以对直径、半径、角度、直线及圆心位置等进行标注。

本章重点

- ◉ 尺寸标注的规则与组成
- ◉ 创建与设置标注样式
- ◉ 长度型尺寸标注
- ◉ 半径、直径和圆心标注
- ◉ 角度标注与其他类型标注
- ◉ 标注形位公差

10.1 尺寸标注的规则与组成

在对图形进行标注前，首先应了解尺寸标注的规则、组成、类型以及标注的步骤等常识。

10.1.1 尺寸标注的规则

在 AutoCAD 中，对绘制的图形进行尺寸标注时应遵循以下规则。

- ◉ 物体的真实大小应以图样上所标注的尺寸数值为依据，与图形的大小及绘图的准确度无关。

⊙ 图样中的尺寸以 mm 为单位时，无须标注计量单位的代号或名称。如果使用其他单位，则必须注明相应计量单位的代号或名称，如°、m 及 cm 等。

⊙ 图样中所标注的尺寸为该图样所表示的物体的最后完工尺寸，否则应另加说明。

⑩.1.2 尺寸标注的组成

在机械制图或其他工程绘图中，一个完整的尺寸标注应由标注文字、尺寸线、尺寸界线、尺寸线的端点符号及起点等组成，如图 10-1 所示。

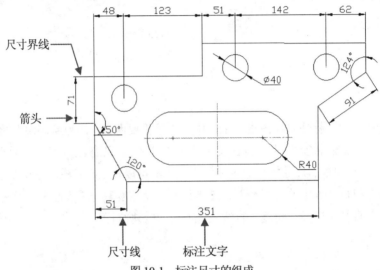

图 10-1 标注尺寸的组成

⊙ 标注文字：表示图形的实际测量值。标注文字可以只反映基本尺寸，也可以带尺寸公差。标注文字应按标准字体书写，同一张图纸上的字高须一致。在图形中遇到图线时须将图线断开。如果图线断开影响图形表达，则需要调整尺寸标注的位置。

⊙ 尺寸线：表示标注的范围。AutoCAD 通常将尺寸线放置在测量区域中。如果空间不足，则将尺寸线或文字移到测量区域的外部，这取决于标注样式的放置规则。尺寸线是一条带有双箭头的线段，一般分为两段，可以分别控制其显示。对于角度标注，尺寸线是一段圆弧。尺寸线应使用细实线绘制。

⊙ 尺寸线的端点符号（即箭头）：该箭头显示在尺寸线的末端，用于指出测量的开始和结束位置。AutoCAD 默认使用闭合的填充箭头符号。此外，AutoCAD 还提供了多种箭头符号，以满足不同的行业需要，如建筑标记、小斜线箭头、点和斜杠等。

⊙ 起点：尺寸标注的起点是尺寸标注对象标注的定义点，系统测量的数据均以起点为计算点。起点通常是尺寸界线的引出点。

⊙ 尺寸界线：该界线是从标注起点引出的标明标注范围的直线，可以从图形的轮廓线、轴线及对称中心线引出。同时，轮廓线、轴线及对称中心线也可以作为尺寸界线。尺寸界线使用细实线绘制。

⑩.1.3　尺寸标注的类型

AutoCAD 提供了 10 余种标注工具，以标注图形对象，分别位于【标注】菜单或【标注】面板或【标注】工具栏中。使用它们可以进行角度、直径、半径、线性、对齐、连续、圆心及基线等标注，如图 10-2 所示。

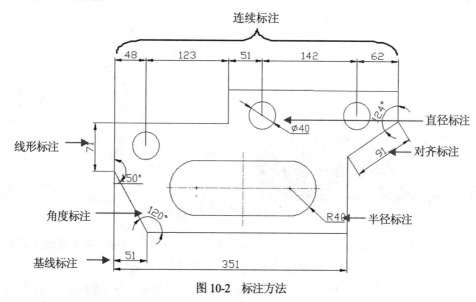

图 10-2　标注方法

⑩.1.4　创建尺寸标注的步骤

在 AutoCAD 中对图形进行尺寸标注的基本步骤如下。

(1) 在菜单栏中选择【格式】|【图层】命令，可以在打开的【图层特性管理器】对话框中创建一个独立的图层，用于尺寸标注。

(2) 在菜单栏中选择【格式】|【文字样式】命令，可以在打开的【文字样式】对话框中创建一种文字样式，用于尺寸标注。

(3) 在菜单栏中选择【格式】|【标注样式】命令，可以在打开的【标注样式管理器】对话框中设置标注样式。

(4) 使用对象捕捉和标注等功能，对图形中的元素进行标注。

⑩.2　创建与设置标注样式

在 AutoCAD 2016 中，使用标注样式可以控制标注的格式和外观，建立强制执行的绘图标准，并有利于对标注格式及用途进行修改。本节将重点介绍使用【标注样式管理器】对话框创建标注样式的方法。

⑩.2.1 新建标注样式

若要创建标注样式，用户可以在菜单栏中选择【格式】|【标注样式】命令，或在【功能区】选项板中选择【注释】选项卡，然后在【标注】面板中单击【标注样式】按钮，打开【标注样式管理器】对话框，如图 10-3 所示。单击【新建】按钮，在打开的【创建新标注样式】对话框中即可创建新标注样式，如图 10-4 所示。

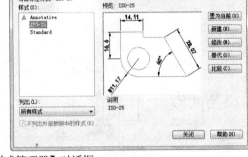

图 10-3 打开【标注样式管理器】对话框

新建标注样式时，可以在【新样式名】文本框中输入新样式的名称。在【基础样式】下拉列表框中选择一种基础样式，新样式将在该基础样式的基础上进行修改。

设置了新样式的名称、基础样式和适用范围后，单击该对话框中的【继续】按钮，将打开【新建标注样式】对话框，可以设置标注中的线、符号和箭头以及文字等内容，如图 10-5 所示。

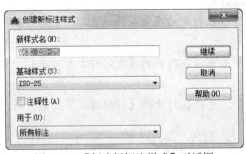

图 10-4 【创建新标注样式】对话框 　　　　图 10-5 【新建标注样式】对话框

⑩.2.2 设置线

在【新建标注样式】对话框中，使用【线】选项卡可以设置尺寸线和尺寸界线的格式和位置，如图 10-5 所示。

1. 尺寸线

在【尺寸线】选项区域中，可以设置尺寸线的颜色、线宽、超出标记以及基线间距等属性，其主要选项的具体功能说明如下。

- 【颜色】下拉列表框：用于设置尺寸线的颜色，默认情况下，尺寸线的颜色随块。也可以使用变量 DIMCLRD 设置。

- 【线型】下拉列表框：用于设置尺寸线的线型，该选项没有对应的变量。

- 【线宽】下拉列表框：用于设置尺寸线的线宽，默认情况下，尺寸线的线宽随块，也可以使用变量 DIMLWD 设置。

- 【超出标记】文本框：当尺寸线的箭头使用倾斜、建筑标记、小点、积分或无标记等样式时，使用该文本框可以设置尺寸线超出尺寸界线的长度，如图 10-6 所示。

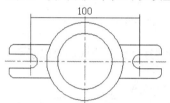
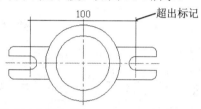

图 10-6　超出标记为 0 与不为 0 时的效果对比

- 【基线间距】文本框：当进行基线尺寸标注时可以设置各尺寸线之间的距离，如图 10-7 所示。

- 【隐藏】选项：通过选中【尺寸线 1】或【尺寸线 2】复选框，可以隐藏第 1 段或第 2 段尺寸线及其相应的箭头，如图 10-8 所示。

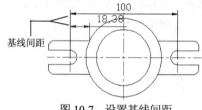
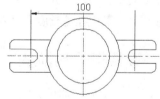

图 10-7　设置基线间距　　　　　　　图 10-8　隐藏尺寸线效果

2. 尺寸界线

在【尺寸界线】选项区域中，可以设置尺寸界线的颜色、线宽、超出尺寸线的长度和起点偏移量以及隐藏控制等属性，其主要选项的具体功能说明如下。

- 【颜色】下拉列表框：用于设置尺寸界线的颜色，也可以使用变量 DIMCLRE 设置。

- 【线宽】下拉列表框：用于设置尺寸界线的线宽，也可以使用变量 DIMLWE 设置。

- 【尺寸界线 1 的线型】和【尺寸界线 2 的线型】下拉列表框：用于设置尺寸界线线型。

- 【超出尺寸线】文本框：用于设置尺寸界线超出尺寸线的距离，也可以使用变量 DIMEXE 设置，如图 10-9 所示。

计算机 基础与实训教材系列

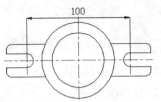 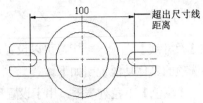

图 10-9　超出尺寸线距离为 0 与不为 0 时的效果对比

- ● 【起点偏移量】文本框：用于设置尺寸界线的起点与标注定义点的距离，如图 10-10 所示。

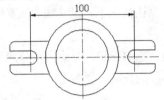 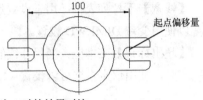

图 10-10　起点偏移量为 0 与不为 0 时的效果对比

- ● 【隐藏】选项：如果选中【尺寸界线 1】或【尺寸界线 2】复选框，可以隐藏尺寸界线，否则不隐藏，如图 10-11 所示。

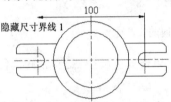 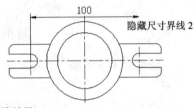

图 10-11　隐藏尺寸界线效果

- ● 【固定长度的尺寸界线】复选框：选中该复选框，可以使用具有特定长度的尺寸界线标注图形，其中在【长度】文本框中可以输入尺寸界线的数值。

10.2.3　设置符号和箭头

在【新建标注样式】对话框中，使用【符号和箭头】选项卡可以设置箭头、圆心标记、弧长符号和半径标注折弯的格式与位置，如图 10-12 所示。

1. 箭头

在【箭头】选项区域中可以设置尺寸线和引线箭头的类型及尺寸大小等。通常情况下，尺寸线的两个箭头应一致。

为了适用于不同类型的图形标注需要，AutoCAD 提供了 20 多种箭头样式。可以从对应的下拉列表框中选择箭头，并在【箭头大小】文本框中设置其大小。也可以使用自定义箭头，此时可以在下拉列表框中选择【用户箭头】选项，打开【选择自定义箭头块】对话框，如图 10-13 所示。在【从图形块中选择】下拉列表框中选择当前图形中已有的块名，然后单击【确定】按钮，AutoCAD 将以该块作为尺寸线的箭头样式，此时块的插入基点与尺寸线的端点重合。

图 10-12 【符号和箭头】选项卡

图 10-13 【选择自定义箭头块】对话框

2. 圆心标记

在【圆心标记】选项区域中可以设置圆或圆弧的圆心标记类型，如【标记】、【直线】和【无】。其中，选中【标记】单选按钮，可对圆或圆弧绘制圆心标记；选中【直线】单选按钮，可对圆或圆弧绘制中心线；选中【无】单选按钮，则没有任何标记，如图 10-14 所示。当选中【标记】或【直线】单选按钮时，可以在【大小】文本框中设置圆心标记的大小。

标记效果　　　　　　　　　　　　　　　　　直线效果

图 10-14 圆心标记类型

3. 弧长符号

在【弧长符号】选项区域中可以设置弧长符号显示的位置，包括【标注文字的前缀】、【标注文字的上方】和【无】3 种方式，如图 10-15 所示。

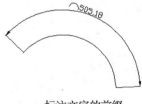 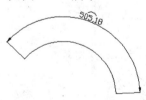 

标注文字的前缀　　　　　标注文字的上方　　　　　　　　无

图 10-15 设置弧长符号的位置

4. 半径折弯标注

在【半径折弯标注】选项区域的【折弯角度】文本框中，可以设置标注圆弧半径时标注线的折弯角度的大小。

5. 折断标注

在【折断标注】选项区域的【折断大小】文本框中，可以设置标注折断时标注线的长度大小。

6. 线性折弯标注

在【线性折弯标注】选项区域的【折弯高度因子】文本框中，可以设置折弯标注打断时折弯线的高度大小。

⑩.2.4 设置文字样式

在【新建标注样式】对话框中，可以使用【文字】选项卡设置标注文字的外观、高度、位置和对齐方式，如图 10-16 所示。

1. 文字外观

在【文字外观】选项区域中，可以设置文字的样式、颜色、高度和分数高度比例，以及控制是否绘制文字边框等。各选项的功能说明如下。

- ◉ 【文字样式】下拉列表框：用于选择标注的文字样式。也可以单击其右边的░按钮，打开【文字样式】对话框，从中选择文字样式或新建文字样式。
- ◉ 【文字颜色】下拉列表框：用于设置标注文字的颜色，也可以使用变量 DIMCLRT 设置。
- ◉ 【填充颜色】下拉列表框：用于设置标注文字的背景色。
- ◉ 【文字高度】文本框：用于设置标注文字的高度，也可以使用变量 DIMTXT 设置。
- ◉ 【分数高度比例】文本框：用于设置标注文字中的分数相对于其他标注文字的比例，AutoCAD 将该比例值与标注文字高度的乘积作为分数的高度。
- ◉ 【绘制文字边框】复选框：用于设置是否为标注文字加边框，如图 10-17 所示。

图 10-16 【文字】选项卡

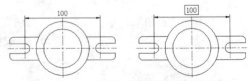

图 10-17 文字无边框与有边框效果对比

2. 文字位置

在【文字位置】选项区域中可以设置文字的垂直、水平位置以及从尺寸线的偏移量，各选项的功能说明如下。

- ◉ 【垂直】下拉列表框：用于设置标注文字相对于尺寸线在垂直方向的位置，如【居中】、【上方】、【外部】和 JIS。其中，选择【居中】选项可以将标注文字置于尺寸线中间；选择【上方】选项，将标注文字置于尺寸线的上方；选择【外部】选项可以将标注文字置于远离第 1 定义点的尺寸线一侧；选择 JIS 选项则按 JIS 规则放置标注文字，如图 10-18 所示。

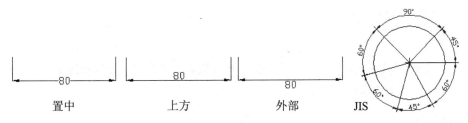

图 10-18　文字垂直位置的 4 种形式

- ◉ 【水平】下拉列表框：用于设置标注文字相对于尺寸线和尺寸界线在水平方向的位置，如【置中】、【第一条尺寸界线】、【第二条尺寸界线】、【第一条尺寸界线上方】以及【第二条尺寸界线上方】，如图 10-19 所示。

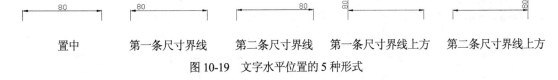

图 10-19　文字水平位置的 5 种形式

- ◉ 【从尺寸线偏移】文本框：设置标注文字与尺寸线之间的距离。如果标注文字位于尺寸线的中间，则表示断开处尺寸线端点与尺寸文字的间距。如果标注文字带有边框，则可以控制文字边框与其中文字的距离。
- ◉ 【观察方向】下拉列表框：用于控制标注文字的观察方向。

3. 文字对齐

在【文字对齐】选项区域中，可以设置标注文字是保持水平还是与尺寸线平行。其中 3 个选项的功能说明如下。

- ◉ 【水平】单选按钮：选中该按钮，可以使标注文字水平放置。
- ◉ 【与尺寸线对齐】单选按钮：选中该按钮，可以使标注文字方向与尺寸线方向一致。
- ◉ 【ISO 标准】单选按钮：选中该按钮，可以使标注文字按 ISO 标准放置，当标注文字在尺寸界线之内时，其方向与尺寸线方向一致，而在尺寸界线之外时将水平放置。

如图 10-20 所示显示了上述 3 种文字的对齐方式。

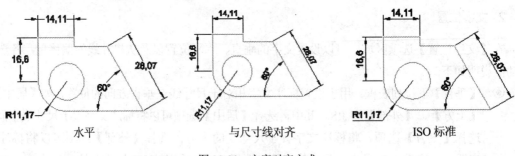

| 水平 | 与尺寸线对齐 | ISO 标准 |

图 10-20 文字对齐方式

⑩.2.5 设置调整样式

在【新建标注样式】对话框中，用户可以使用【调整】选项卡，设置标注文字、尺寸线以及尺寸箭头的位置，如图 10-21 所示。

1. 调整选项

在【调整选项】选项区域中，当尺寸界线之间没有足够的空间同时放置标注文字和箭头时，应从尺寸界线之间移出对象，如图 10-22 所示。

图 10-21 【调整】选项卡

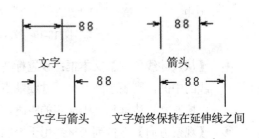

图 10-22 标注文字和箭头在尺寸界线间的放置

其中各选项的功能说明如下。

- ◉ 【文字或箭头(最佳效果)】单选按钮：选中该单选按钮，可按照最佳效果自动移出文本或箭头。
- ◉ 【箭头】单选按钮：选中该按钮，用于首先将箭头移出。
- ◉ 【文字】单选按钮：选中该按钮，用于首先将文字移出。
- ◉ 【文字和箭头】单选按钮：选中该按钮，用于将文字和箭头都移出。
- ◉ 【文字始终保持在尺寸界线之间】单选按钮：选中该按钮，将文本始终保持在尺寸界线之内。
- ◉ 【若不能放在尺寸界线内，则消除箭头】复选框：选中该复选框，则箭头不被显示。

2. 文字位置

在【文字位置】选项区域中，用户可以设置当文字不在默认位置时的位置。其中各选项的功能说明如下。

- ⊙ 【尺寸线旁边】单选按钮：选中该按钮，可以将文本放在尺寸线旁边。
- ⊙ 【尺寸线上方，带引线】单选按钮：选中该按钮，可以将文本放在尺寸的上方，并带上引线。
- ⊙ 【尺寸线上方，不带引线】单选按钮：选中该按钮，可以将文本放在尺寸的上方，但不带引线。

如图 10-23 所示显示了上述设置当文字不在默认位置时的效果。

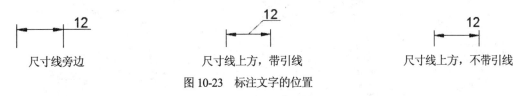

图 10-23　标注文字的位置

3. 标注特征比例

在【标注特征比例】选项区域中，用户可以设置标注尺寸的特征比例，以便通过设置全局比例来增加或减少各标注的大小。各选项的功能说明如下。

- ⊙ 【注释性】复选框：选择该复选框，可以将标注定义为可注释性对象。
- ⊙ 【将标注缩放到布局】单选按钮：选中该按钮，可以根据当前模型空间视口与图纸空间之间的缩放关系设置比例。
- ⊙ 【使用全局比例】单选按钮：选中该按钮，可以对全部尺寸标注设置缩放比例，该比例不会改变尺寸的测量值。

4. 优化

在【优化】选项区域中，可以对标注文字和尺寸线进行细微调整，该选项区域包括以下 2 个复选框，各选项的功能说明如下。

- ⊙ 【手动放置文字】复选框：选中该复选框，则忽略标注文字的水平设置，在标注时可将标注文字放置在指定的位置。
- ⊙ 【在尺寸界线之间绘制尺寸线】复选框：选中该复选框，当尺寸箭头放置在尺寸界线之外时，也可以在尺寸界线之内绘制尺寸线。

10.2.6　设置主单位

在【新建标注样式】对话框中，用户可以使用【主单位】选项卡，设置主单位的格式与精度等属性，如图 10-24 所示。

1. 线性标注

在【线性标注】选项区域中，可以设置线性标注的单位格式与精度，主要选项的功能说明如下。

- ⦿ 【单位格式】下拉列表框：用于设置除角度标注之外的其他各标注类型的尺寸单位，包括【科学】、【小数】、【工程】、【建筑】以及【分数】等选项。
- ⦿ 【精度】下拉列表框：用于设置除角度标注之外的其他标注的尺寸精度，如图 10-25 所示即是将精度设置为 0.000 时的标注效果。

图 10-24 【主单位】选项卡

图 10-25 设置精度为 0.000

- ⦿ 【分数格式】下拉列表框：当单位格式是分数时，可以设置分数的格式。
- ⦿ 【小数分隔符】下拉列表框：用于设置小数的分隔符，包括【逗点】、【句点】和【空格】3 种方式。
- ⦿ 【舍入】文本框：用于设置除角度标注外的尺寸测量值的舍入值。
- ⦿ 【前缀】和【后缀】文本框：用于设置标注文字的前缀和后缀，用户在相应的文本框中输入字符即可。
- ⦿ 【测量单位比例】选项区域：使用【比例因子】文本框可以设置测量尺寸的缩放比例，AutoCAD 的实际标注值的方法是测量值与该比例的积。选中【仅应用到布局标注】复选框，可以设置该比例关系仅适用于布局。
- ⦿ 【消零】选项区域：可以设置是否显示尺寸标注中的【前导】和【后续】的零。

2. 角度标注

在【角度标注】选项区域中，可以使用【单位格式】下拉列表框设置标注角度时的单位；使用【精度】下拉列表框设置标注角度的尺寸精度；使用【消零】选项区域设置是否消除角度尺寸的前导和后续的零。

⑩.2.7 设置单位换算

在【新建标注样式】对话框中，用户可以使用【换算单位】选项卡设置换算单位的格式，如

图 10-26 所示。

在 AutoCAD 2016 中，通过换算标注单位，可以转换使用不同测量单位制的标注，通常是显示英制标注的等效公制标注，或公制标注的等效英制标注。在标注文字中，换算标注单位将显示在主单位旁边的方括号[ ]中，如图 10-27 所示。

图 10-26 【换算单位】选项卡

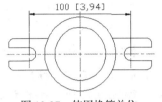

图 10-27 使用换算单位

选中【显示换算单位】复选框后，对话框中的其他选项才可用，可以在【换算单位】选项区域中设置换算单位的【单位格式】、【精度】、【换算单位倍数】、【舍入精度】、【前缀】及【后缀】等，使用方法与设置主单位的方法相同。

10.2.8 设置公差

在【新建标注样式】对话框中，用户可以使用【公差】选项卡设置是否标注公差，以及以何种方式进行标注，如图 10-28 所示。

在【公差格式】选项区域中，可以设置公差的标注格式，部分选项的功能说明如下。

⊙ 【方式】下拉列表框：用于确定以哪种方式标注公差，如图 10-29 所示。

图 10-28 【公差】选项卡

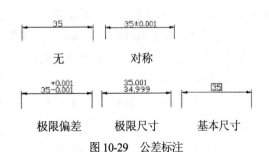

图 10-29 公差标注

⊙ 【上偏差】、【下偏差】文本框：用于设置尺寸的上偏差和下偏差。

- ◉ 【高度比例】文本框：用于确定公差文字的高度比例因子。确定后，AutoCAD 将该比例因子与尺寸文字高度之积作为公差文字的高度。
- ◉ 【垂直位置】下拉列表框：控制公差文字相对于尺寸文字的位置，包括【上】、【中】和【下】3 种方式。
- ◉ 【换算单位公差】选项：当标注换算单位时，可以设置换算单位的精度和是否消零。

【例 10-1】根据下列要求，创建机械制图标注样式 MyType。

- ◉ 基线标注尺寸线间距为 7 毫米。
- ◉ 尺寸界限的起点偏移量为 1 毫米，超出尺寸线的距离为 2 毫米。
- ◉ 箭头使用【实心闭合】形状，大小为 2.0。
- ◉ 标注文字的高度为 3 毫米，位于尺寸线的中间，文字从尺寸线偏移距离为 0.5 毫米。
- ◉ 标注单位的精度为 0.0。

(1) 在【功能区】选项板中选择【注释】选项卡，然后在【标注】面板中单击【标注样式】按钮，打开【标注样式管理器】对话框，如图 10-30 所示。

(2) 单击【新建】按钮，打开【创建新标注样式】对话框。在【新样式名】文本框中输入新建样式的名称 MyType，然后单击【继续】按钮，如图 10-31 所示。

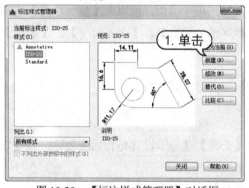

图 10-30 【标注样式管理器】对话框

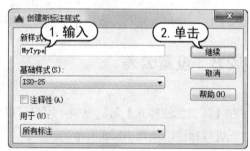

图 10-31 【创建新标注样式】对话框

(3) 打开【新建标注样式：MyType】对话框，在【线】选项卡的【尺寸线】选项区域中，设置【基线间距】为 7 毫米；在【尺寸界线】选项区域中，设置【超出尺寸线】为 2 毫米，设置【起点偏移量】为 1 毫米，如图 10-32 所示。

(4) 选择【符号和箭头】选项卡，在【箭头】选项区域的【第一个】和【第二个】下拉列表框中均选择【实心闭合】选项，并设置【箭头大小】为 2，如图 10-33 所示。

(5) 选择【文字】选项卡，在【文字外观】选项区域中设置【文字高度】为 3 毫米；在【文字位置】选项区域中的【水平】下拉列表框中选择【居中】选项，设置【从尺寸线偏移】为 0.5 毫米，如图 10-34 所示。

(6) 选择【主单位】选项卡，在【线性标注】选项区域中设置标注的【精度】为 0.0，如图 10-35 所示。

(7) 设置完毕，单击【确定】按钮，关闭【新建标注样式：MyType】对话框。单击【关闭】按钮，关闭【标注样式管理器】对话框。

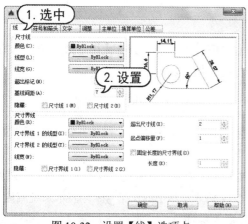

图 10-32 设置【线】选项卡

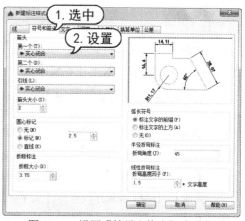

图 10-33 设置【符号和箭头】选项卡

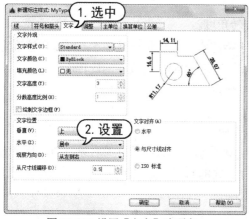

图 10-34 设置【文字】选项卡

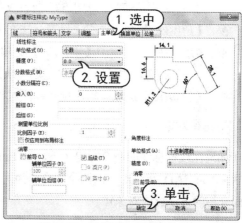

图 10-35 设置【主单位】选项卡

10.3 标注长度型尺寸

长度型尺寸标注用于标注图形中两点间的距离，可以是端点、交点、圆弧弦线端点或能够识别的任意两个点。在 AutoCAD 中，长度型尺寸标注包括多种类型，如线性标注、对齐标注、弧长标注、基线标注和连续标注等。

10.3.1 线性标注

在菜单栏中选择【标注】|【线性】命令(DIMLINEAR)，或在【功能区】选项板中选择【注释】选项卡，然后在【标注】面板中单击【线型】按钮，即可创建用于标注用户坐标系 XY 平面中的两个点之间的距离测量值，并通过指定点或选择一个对象来实现，此时，命令行提示如下信息。

指定第一个尺寸界线原点或 <选择对象>：

1. 指定起点

默认情况下，在命令行提示下直接指定第一条尺寸界线的原点，并在【指定第二条尺寸界线原点：】提示下指定第二条尺寸界线原点后，命令行提示如下。

指定尺寸线位置或[多行文字(M)/文字(T)/角度(A)/水平(H)/垂直(V)/旋转(R)]:

默认情况下，指定了尺寸线的位置后，系统将按照自动测量出的两个尺寸界线起始点间的相应距离标注尺寸。此外，其他各选项的功能说明如下。

- ◉ 【多行文字(M)】选项：选择该选项，将进入多行文字编辑模式，可以使用【多行文字编辑器】对话框输入并设置标注文字。其中，文字输入窗口中的尖括号(<>)表示系统测量值。
- ◉ 【文字(T)】选项：可以以单行文字的形式输入标注文字，此时将显示【输入标注文字<1>：】提示信息，要求输入标注文字。
- ◉ 【角度(A)】选项：用于设置标注文字的旋转角度。
- ◉ 【水平(H)】选项和【垂直(V)】选项：用于标注水平尺寸和垂直尺寸。可以直接确定尺寸线的位置，也可以选择其他选项来指定标注文字内容或标注文字的旋转角度。
- ◉ 【旋转(R)】选项：用于旋转标注对象的尺寸线。

2. 选择对象

如果在线性标注的命令行提示下，按 Enter 键，则要求选择标注尺寸的对象。当选择了对象以后，AutoCAD 将该对象的两个端点作为两条尺寸界线的起点，并显示如下提示信息(可以使用前面介绍的方法标注对象)。

指定尺寸线位置或[多行文字(M)/文字(T)/角度(A)/水平(H)/垂直(V)/旋转(R)]:

10.3.2 对齐标注

在菜单栏中选择【标注】|【对齐】命令(DIMALIGNED)，或在【功能区】选项板中选择【注释】选项卡，然后在【标注】面板中单击【对齐】按钮，即可将对象进行对齐标注，命令行提示如下信息。

指定第一个尺寸界线原点或 <选择对象>:

对齐标注是线性标注尺寸的一种特殊形式。在对直线段进行标注时，如果该直线的倾斜角度未知，那么使用线性标注方法将无法得到准确的测量结果，此时就可以使用对齐标注。

【例 10-2】在 AutoCAD 2016 中标注图形尺寸。

(1) 在【功能区】选项板中选择【注释】选项卡，然后在【标注】面板中单击【线性】按钮，如图 10-36 所示。

(2) 在状态栏上单击【对象捕捉】按钮，打开对象捕捉模式。在图形中捕捉点 A，指定第一条尺寸界线的原点，在图形中捕捉点 B，指定第二条尺寸界线的原点。

(3) 在命令提示下，行输入 H，创建水平标注，然后拖动光标，在绘图窗口的适当处单击，确定尺寸线的位置，效果如图 10-37 所示。

图 10-36　【标注】面板

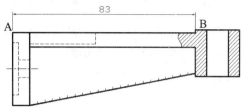

图 10-37　使用线性尺寸标注进行水平标注

(4) 重复上述步骤，捕捉点 A 和点 C，在命令提示行输入 V，创建垂直标注，然后拖动鼠标，在绘图窗口的适当处单击，确定尺寸线的位置，效果如图 10-38 所示。

(5) 使用同样的方法，标注其他水平和垂直标注，效果如图 10-39 所示。

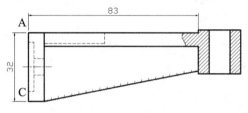

图 10-38　使用线性尺寸标注进行垂直标注

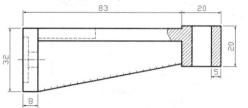

图 10-39　标注其他水平和垂直标注

(6) 在【功能区】选项板中选择【注释】选项卡，然后在【标注】面板中单击【已对齐】按钮，如图 10-40 所示。

(7) 捕捉点 D 和点 E，然后拖动鼠标，在绘图窗口的适当处单击，确定尺寸线的位置，效果如图 10-41 所示。

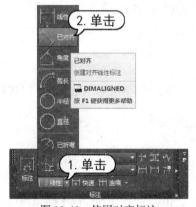

图 10-40　使用对齐标注

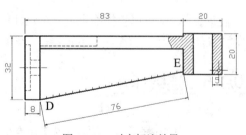

图 10-41　对齐标注效果

10.3.3　弧长标注

在菜单栏中选择【标注】|【弧长】命令(DIMARC)，或在【功能区】选项板中选择【注释】选项卡，然后在【标注】面板中单击【弧长】按钮，即可标注圆弧线段或多段线圆弧线段部分的

弧长。当选择需要的标注对象后，命令行提示如下信息。

> 指定弧长标注位置或 [多行文字(M)/文字(T)/角度(A)/部分(P)/引线(I)]:

当指定了尺寸线的位置后，系统将按照实际测量值标注圆弧的长度。也可以通过使用【多行文字(M)】、【文字(T)】或【角度(A)】选项，确定尺寸文字或尺寸文字的旋转角度。另外，如果选择【部分(P)】选项，可以标注选定圆弧某一部分的弧长，如图 10-42 所示。

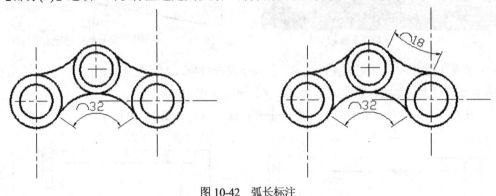

图 10-42　弧长标注

10.3.4　基线标注

在菜单栏中选择【标注】|【基线】命令(DIMBASELINE)，或在【功能区】选项板中选择【注释】选项卡，然后在【标注】面板中单击【基线】按钮，即可创建一系列由相同的标注原点测量出的标注。

与连续标注一样，在进行基线标注之前，必须先创建(或选择)一个线性、坐标或角度标注作为基准标注，然后执行 DIMBASELINE 命令，此时命令行提示如下。

> 指定第二条尺寸界线原点或 [放弃(U)/选择(S)] <选择>:

在该提示下，可以直接确定下一个尺寸的第二条尺寸界线的起始点。AutoCAD 将按照基线标注方式标注出尺寸，直至按下 Enter 键，结束命令。

10.3.5　连续标注

在菜单栏中选择【标注】|【连续】命令(DIMCONTINUE)，或在【功能区】选项板中选择【注释】选项卡，然后在【标注】面板中单击【连续】按钮，即可创建一系列端对端放置的标注，每个连续标注都将从前一个标注的第二个尺寸界线处开始。

在进行连续标注之前，必须先创建(或选择)一个线性、坐标或角度标注作为基准标注，以确定连续标注所需要的前一尺寸标注的尺寸界线，然后执行 DIMCONTINUE 命令，此时命令行提示如下。

指定第二条尺寸界线原点或 [放弃(U)/选择(S)] <选择>:

在该提示下，当确定了下一个尺寸的第二条尺寸界线原点后，AutoCAD 按连续标注方式标注尺寸，即将上一个或所选标注的第二条尺寸界线作为新尺寸标注的第一条尺寸界线标注尺寸。当标注完成后，按下 Enter 键，即可结束该命令。

【例 10-3】在 AutoCAD 2016 中标注零件图形尺寸。

(1) 在【功能区】选项板中选择【注释】选项卡，然后在【标注】面板中单击【线性】按钮，创建点 A 与点 B 之间的水平线性标注和 B 点与 C 点之间的垂直线性标注，效果如图 10-43 所示。

(2) 继续创建点 C 和点 D 之间的水平标注，在【功能区】选项板中选择【注释】选项卡，然后在【标注】面板中单击【连续】按钮。

(3) 系统将以最后一次创建的尺寸标注 CD 的点 D 作为基点。依次在图形中单击点 E、F 和 G，指定连续标注尺寸界限的原点，最后按下 Enter 键，此时标注效果如图 10-44 所示。

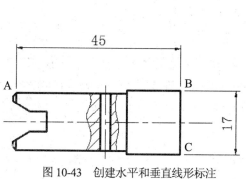

图 10-43　创建水平和垂直线形标注

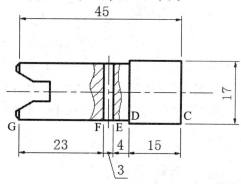

图 10-44　创建连续标注

(4) 在【功能区】选项板中选择【注释】选项卡，然后在【标注】面板中单击【线性】按钮，创建点 G 与点 H 之间的垂直线性标注，如图 10-45 所示。

(5) 在【功能区】选项板中选择【注释】选项卡，然后在【标注】面板中单击【基线】按钮，系统将以最后一次创建的尺寸标注 GH 的原点 G 作为基点。

(6) 在图形中单击点 A，指定基线标注尺寸界限的原点，按下 Enter 键结束标注，效果如图 10-46 所示。

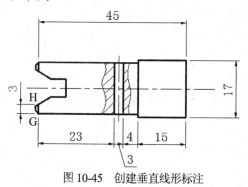

图 10-45　创建垂直线形标注

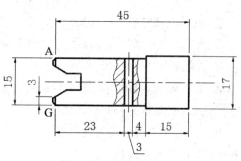

图 10-46　创建基线标注

⑩.4　半径、直径和圆心标注

在 AutoCAD 中，可以使用【标注】菜单中的【半径】、【直径】和【圆心】命令，标注圆或圆弧的半径尺寸、直径尺寸及圆心位置。

⑩.4.1　半径标注

在菜单栏中选择【标注】|【半径】命令(DIMRADIUS)，或在【功能区】选项板中选择【注释】选项卡，然后在【标注】面板中单击【半径】按钮，即可标注圆和圆弧的半径。执行该命令，并选择需要标注半径的圆弧或圆，此时命令行提示如下信息。

指定尺寸线位置或 [多行文字(M)/文字(T)/角度(A)]:

当指定尺寸线的位置后，系统将按照实际测量值标注圆或圆弧的半径。

另外，用户也可以通过使用【多行文字(M)】、【文字(T)】或【角度(A)】选项，确定尺寸文字或尺寸文字的旋转角度。其中，当通过【多行文字(M)】和【文字(T)】选项重新确定尺寸文字时，只有在输入的尺寸文字加前缀 R，才能使标出的半径尺寸前有半径符号 R，否则系统将不会显示该符号。

⑩.4.2　折弯标注

在菜单栏中选择【标注】|【折弯】命令(DIMJOGGED)，即可折弯标注圆和圆弧的半径。该标注方法与半径标注的方法基本相同，但需要指定一个位置代替圆或圆弧的圆心。

【例 10-4】标注两个同心圆的半径。

(1) 在【功能区】选项板中选择【注释】选项卡，然后在【标注】面板中单击【半径标注】按钮。

(2) 在命令行的【选择圆弧或圆】提示下，单击圆，将显示半径标注。

(3) 在命令行的【指定尺寸线位置或 [多行文字(M)/文字(T)/角度(A)]:】提示信息下，单击圆外适当位置，确定尺寸线位置，标注效果如图 10-47 所示。

(4) 在菜单栏中选择【标注】|【折弯】命令。

(5) 在命令行的【选择圆弧或圆】提示下，单击圆。

(6) 在命令行的【指定图示中心位置:】提示下，单击圆外适当位置，确定用于替代中心位置的点，此时将显示半径的标注文字。

(7) 在命令行的【指定尺寸线位置或 [多行文字(M)/文字(T)/角度(A)]:　】提示下，单击圆外适当位置，确定尺寸线位置。

(8) 在命令行的【指定折弯位置:】提示下，指定折弯位置，效果如图 10-48 所示。

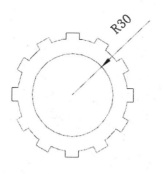

图 10-47　创建半径标注

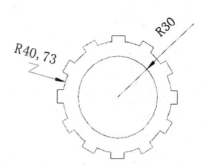

图 10-48　创建折弯标注

10.4.3　直径标注

在菜单栏中选择【标注】|【直径】命令(DIMDIAMETER)，或在【功能区】选项板中选择【注释】选项卡，然后在【标注】面板中单击【直径标注】按钮，即可标注圆和圆弧的直径。

直径标注的方法与半径标注的方法相同。当选择需要标注直径的圆或圆弧后，直接确定尺寸线的位置，系统将按照实际测量值标注出圆或圆弧的直径。当通过使用【多行文字(M)】和【文字(T)】选项重新确定尺寸文字时，需要在尺寸文字前加前缀%%C，才能使标出的直径尺寸有直径符号 Φ，否则系统将不显示该符号。

10.4.4　圆心标记

在菜单栏中选择【标注】|【圆心标记】命令(DIMCENTER)，即可标注圆和圆弧的圆心。此时只需要选择待标注其圆心的圆弧或圆即可。

圆心标记的形式可以由系统变量 DIMCEN 设置。当该变量的值大于 0 时，可作圆心标记，且该值是圆心标记线长度的一半；当变量的值小于 0 时，画出中心线，且该值是圆心处小十字线长度的一半。

【例 10-5】在 AutoCAD 2016 中对图形进行直径标注并添加圆心标记。

(1) 在【功能区】选项板中选择【注释】选项卡，然后在【标注】面板中单击【直径】按钮。

(2) 在命令行的【选择圆弧或圆：】提示下，选中图形中上部的圆弧。

(3) 在命令行的【指定尺寸线位置或[多行文字(M)/文字(T)/角度(A)]：】提示下，单击圆弧外部的适当位置，标注出圆弧的直径，如图 10-49 所示。

(4) 使用同样的方法，标注图形中小圆的直径。

(5) 选择【标注】|【圆心标记】命令，在命令行的【选择圆弧或圆：】提示下，选中图形中所有直径 16 的圆，标记圆心，如图 10-50 所示。

计算机 基础与实训教材系列

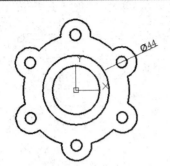

图 10-49　标注直径

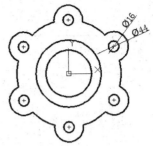

图 10-50　标注圆心标记

10.5　角度标注与其他类型标注

在 AutoCAD 2016 中，除了前面介绍的几种常用尺寸标注外，还可以使用角度标注及其他类型的标注功能，对图形中的角度和坐标等元素进行标注。

10.5.1　角度标注

在菜单栏中选择【标注】|【角度】命令(DIMANGULAR)，或在【功能区】选项板中选择【注释】选项卡，然后在【标注】面板中单击【角度】按钮，即可测量圆和圆弧的角度、两条直线间的角度，或者 3 点间的角度，如图 10-51 所示。

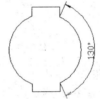

图 10-51　角度标注方式

执行 DIMANGULAR 命令，此时命令行提示如下信息。

> 选择圆弧、圆、直线或 <指定顶点>:

在该命令提示下，选择需要标注的对象，其功能说明如下。

- 标注圆弧角度：当选中圆弧时，命令行显示【指定标注弧线位置或 [多行文字(M)/文字(T)/角度(A)]：】提示信息。此时，如果直接确定标注弧线的位置，AutoCAD 将按照实际测量值标注出角度。也可以使用【多行文字(M)】、【文字(T)】及【角度(A)】选项，设置尺寸文字和旋转角度。

- 标注圆角度：当选中圆时，命令行显示【指定角的第二个端点：】提示信息，要求确定另一点作为角的第二个端点。该点可以在圆上，也可以不在圆上，然后再确定标注弧线的位置。此时，标注的角度将以圆心为角度的顶点，以所选择的两个点为尺寸界线。

- 标注两条不平行直线之间的夹角：首先需要选中这两条直线，然后确定标注弧线的位置，AutoCAD 将自动标注出这两条直线的夹角。
- 根据 3 个点标注角度：首先需要确定角的顶点，然后分别指定角的两个端点，最后指定标注弧线的位置。

10.5.2　折弯线性标注

在菜单栏中选择【标注】|【折弯线性】命令(DIMJOGLINE)，或在【功能区】选项板中选择【注释】选项卡，然后在【标注】面板中单击【标注、折弯标注】按钮，即可在线性或对齐标注上添加或删除折弯线。此时只需要选择线性标注或对齐标注即可。

【例 10-6】在 AutoCAD 2016 中对图形添加角度标注，并且为标注添加折弯线。

(1) 在【功能区】选项板中选择【注释】选项卡，然后在【标注】面板中单击【角度】按钮。

(2) 在命令行的【选择圆弧、圆、直线或<指定顶点>:　】提示下，选中直线 AB，如图 10-52 所示。

(3) 在命令行的【选择第二条直线:　】提示下，选中直线 CD。在命令行的【指定标注弧线位置或[多行文字(M)/文字(T)/角度(A)]:　】提示下，在直线 AB、CD 之间或者之外单击，确定标注弧线的位置，即可标注两直线之间的夹角，如图 10-53 所示。

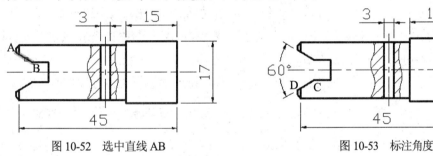

图 10-52　选中直线 AB　　　　　　　　图 10-53　标注角度

(4) 在【功能区】选项板中选择【注释】选项卡，然后在【标注】面板中单击【标注、折弯标注】按钮。在命令行的【选择要添加折弯的标注或 [删除(R)]:　】提示下，选择标注 45。

(5) 在命令行的【指定折弯位置(或按 ENTER 键):　】提示下，在绘图窗口适当的位置单击，进行折弯标注，如图 10-54 所示。

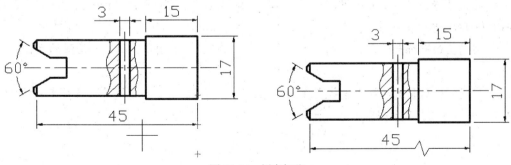

图 10-54　折弯标注

10.5.3 坐标标注

在菜单栏中选择【标注】|【坐标】命令，或在【功能区】选项板中选择【注释】选项卡，然后在【标注】面板中单击【坐标】按钮，都可以标注相对于用户坐标原点的坐标，此时命令行提示如下信息。

指定点坐标：

在该命令提示下确定需要标注坐标尺寸的点，然后系统将显示【指定引线端点或 [X 基准(X)/Y 基准(Y)/多行文字(M)/文字(T)/角度(A)]：】提示信息。默认情况下，指定引线的端点位置后，系统将在该点标注出指定点坐标。

在命令提示中，【X 基准(X)】、【Y 基准(Y)】选项分别用于标注指定点的 X、Y 坐标；【多行文字(M)】选项用于当前文本输入窗口输入标注的内容；【文字(T)】选项用于直接要求输入标注的内容；【角度(A)】选项则用于确定标注内容的旋转角度。

10.5.4 快速标注

计算机 基础与实训教材系列

在菜单栏中选择【标注】|【快速标注】命令，或在【功能区】选项板中选择【注释】选项卡，然后在【标注】面板中单击【快速】按钮，都可以快速创建成组的基线、连续、阶梯和坐标标注，还可以快速标注多个圆、圆弧，以及编辑现有标注的布局。

执行【快速标注】命令，并选择需要标注尺寸的各图形对象后，命令行提示如下信息。

指定尺寸线位置或[连续(C)/并列(S)/基线(B)/坐标(O)/半径(R)/直径(D)/基准点(P)/编辑(E)/设置(T)] <连续>：

由此可见，使用该命令可以进行【连续(C)】、【并列(S)】、【基线(B)】、【坐标(O)】、【半径(R)】及【直径(D)】等一系列标注。

【例 10-7】使用【快速标注】命令，标注图形中的圆和圆弧的半径或直径。

(1) 在【功能区】选项板中选择【注释】选项卡，在【标注】面板中单击【快速】按钮 。

(2) 在命令行的【选择要标注的几何图形：】提示下，选中要标注半径的圆和圆弧，按下 Enter 键。

(3) 在命令行的【指定尺寸线位置或[连续(C)/并列(S)/基线(B)/坐标(O)/半径(R)/直径(D)/基准点(P)/编辑(E)/设置(T)] <连续>：】提示下输入 R，按下 Enter 键。

(4) 移动鼠标光标至适当的位置，然后单击，即可快速标注出所选择圆和圆弧的半径，如图 10-55 所示。

(5) 在【功能区】选项板中选择【注释】选项卡，在【标注】面板中单击【快速】按钮 ，标记其他圆的直径，效果如图 10-56 所示。

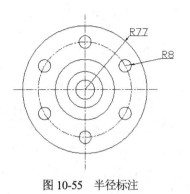

图 10-55　半径标注

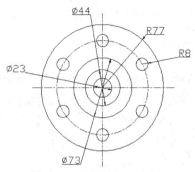

图 10-56　标注半径和直径

⑩.5.5　多重引线标注

在菜单栏中选择【标注】|【多重引线】命令(MLEADER)，或在【功能区】选项板中选择【注释】选项卡，然后在【引线】面板(如图 10-57 所示)中单击【多重引线】按钮 ，都可以创建引线和注释，以及设置引线和注释的样式。

图 10-57　【引线】面板

1. 创建多重引线标注

执行【多重引线】命令，命令行将提示【指定引线箭头的位置或 [引线钩线优先(L)/内容优先(C)/选项(O)] <选项>：】信息，在图形中单击确定引线箭头的位置，然后在打开的文字输入窗口输入注释内容即可。图 10-58 所示为左图的倒角位置添加倒角的文字注释。

在【多重引线】面板中单击【添加引线】按钮 ，用户可以为图形添加多个引线和注释。图10-59 所示为在图 10-58 所示的右图中再添加一个倒角引线注释。

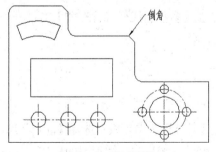

图 10-58　多重引线

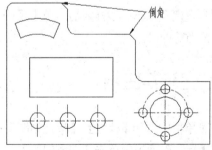

图 10-59　添加引线注释

在【引线】面板中单击【对齐】按钮 ，可以将多个引线注释进行对齐排列；单击【合并】

按钮，可以将相同引线注释进行合并显示。

2. 管理多重引线样式

在【多重引线】面板中单击【多重引线样式管理器】按钮，打开【多重引线样式管理器】
对话框，如图 10-60 所示。该对话框和【标注样式管理器】对话框功能类似，可以设置多重引线
的格式。单击【新建】按钮，可以打开【创建新多重引线样式】对话框，如图 10-61 所示。

图 10-60 【多重引线样式管理器】对话框

图 10-61 【创建新多重引线样式】对话框

设置新样式的名称和基础样式后，单击【继续】按钮，打开【修改多重引线样式】对话框，
从中可以创建多重引线的格式、结构和内容。如图 10-62 所示，分别为【修改多重引线样式】对
话框的【引线格式】选项卡和【内容】选项卡。

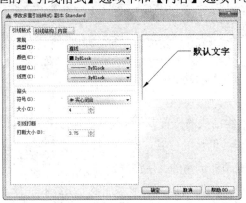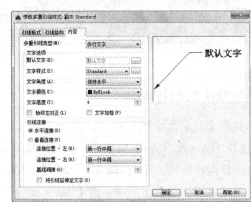

图 10-62 【修改多重引线样式】对话框

用户自定义多重引线样式后，单击【确定】按钮。在【多重引线样式管理器】对话框中将新
样式置为当前即可。

⑩.5.6 标注间距

在菜单栏中选择【标注】|【标注间距】命令，或在【功能区】选项板中选择【注释】选项卡，
然后在【标注】面板中单击【调整间距】按钮，即可修改已经标注的图形中的标注线的位置间
距大小。执行【标注间距】命令，命令行将提示信息【选择基准标注：】，在图形中选择第一个
标注线；然后命令行提示信息【选择要产生间距的标注：】，此时再选择第二个标注线；最后命

令行提示信息【输入值或 [自动(A)] <自动>：】，输入标注线的间距数值，按 Enter 键完成标注间距。该命令可以连续设置多个标注线之间的间距。图 10-63 所示为左图的 1、2、3 处的标注线设置标注间距后的效果对比。

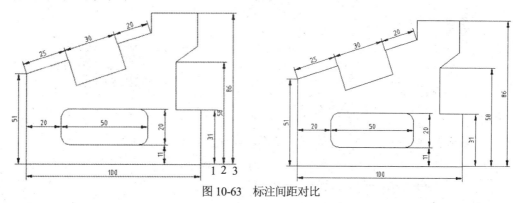

图 10-63　标注间距对比

10.5.7　标注打断

在菜单栏中选择【标注】|【标注打断】命令，或在【功能区】选项板中选择【注释】选项卡，然后在【标注】面板中单击【打断】按钮，即可在标注线和图形之间产生一个隔断。

执行【标注打断】命令，命令行将提示信息【选择标注或 [多个(M)]：】，在图形中选择需要打断的标注线；然后命令行提示信息【选择要打断标注的对象或 [自动(A)/恢复(R)/手动(M)] <自动>：】，此时选择该标注对应的线段，按 Enter 键完成标注打断。图 10-64 所示为左图的 1、2 处的标注线设置标注打断后的效果对比。

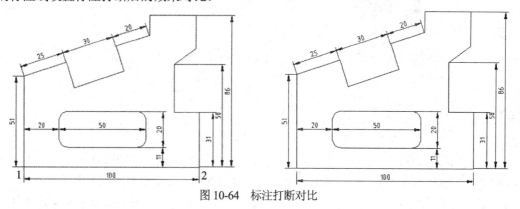

图 10-64　标注打断对比

10.6　标注形位公差

在菜单栏中选择【标注】|【公差】命令，或在【功能区】选项板中选择【注释】选项卡，然后在【标注】面板中单击【公差】按钮，打开【形位公差】对话框，即可在其中设置公差的符号、值及基准等参数，如图 10-65 所示。各选项的功能说明如下。

⊙ 【符号】选项：单击该列的■框，打开【符号】对话框，可以为第 1 个或第 2 个公差选择几何特征符号，如图 10-66 所示。

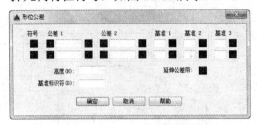

图 10-65　【形位公差】对话框

图 10-66　公差特征符号

⊙ 【公差 1】和【公差 2】选项区域：单击该列前面的■框，将插入一个直径符号。在中间的文本框中，可以输入公差值。单击该列后面的■框，打开【附加符号】对话框，可以为公差选择包容条件符号，如图 10-67 所示。

⊙ 【基准 1】、【基准 2】和【基准 3】选项区域：用于设置公差基准和相应的包容条件。

⊙ 【高度】文本框：用于设置投影公差带的值。投影公差带控制固定垂直部分延伸区的高度变化，并以位置公差控制公差精度。

⊙ 【延伸公差带】选项：单击该■框，可以在延伸公差带值的后面插入延伸公差带符号，如图 10-68 所示。

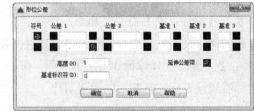

图 10-68　设置延伸公差带

图 10-67　附加符号

⊙ 【基准标识符】文本框：用于创建由参照字母组成的基准标识符号。

⑩.7　上机练习

本章的上机练习使用快速标注的方法，标注如图 10-69 所示图形中的圆 A、圆 B、圆 C 和圆弧 m 的半径，创建一个多重引线样式，并使用【多重引线标注】命令在 D 处标注引线注释。

(1) 在【功能区】选项板中选择【注释】选项卡，然后在【标注】面板中单击【快速标注】按钮 。在命令行的【选择要标注的几何图形：】提示下，选中需要标注的圆 A、圆 B、圆 C 和圆弧 m，按 Enter 键。

(2) 在命令行的【指定尺寸线位置或[连续(C)/并列(S)/基线(B)/坐标(O)/半径(R)/直径(D)/基准点(P)/编辑(E)/设置(T)]<连续>：】提示下，输入 R，按 Enter 键。

(3) 移动光标至适当位置单击，即可快速标注所选择的圆和圆弧的半径，如图 10-70 所示。

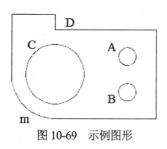

图 10-69 示例图形

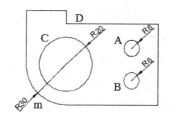

图 10-70 标注半径

(4) 在【功能区】选项板中选择【注释】选项卡，然后在【引线】面板中单击【多重引线样式管理器】按钮 ，打开【多重引线样式管理器】对话框。单击【新建】按钮，在打开的【创建新多重引线样式】对话框中输入新样式名称A1，保持默认的基础样式，如图 10-71 所示。

(5) 单击【继续】按钮，打开【修改多重引线样式：A1】对话框，选择【引线结构】选项卡，然后分别选中【第一段角度】和【第二段角度】复选框，并设置其角度都为45°，如图 10-72 所示。

图 10-71 设置新样式名

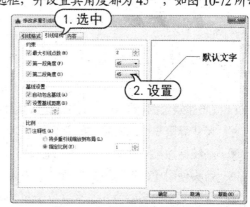

图 10-72 【引线结构】选项卡

(6) 选择【内容】选项卡，在【多重引线类型】下拉列表框中选择【多行文字】选项。单击【默认文字】文本框右边的按钮，如图 10-73 所示。在打开的文字编辑窗口中设置默认文字为【W1垫片剖面图】，然后单击【确定】按钮。

(7) 此时，返回【多重引线样式管理器】对话框，在【样式】列表中选中 A1 选项，单击【置为当前】按钮，然后单击【关闭】按钮，如图 10-74 所示。

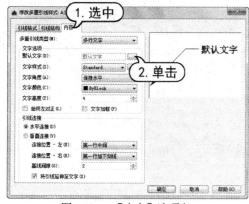

图 10-73 【内容】选项卡

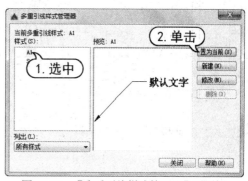

图 10-74 【多重引线样式管理器】对话框

(8) 打开【注释】选项卡，在【引线】面板中单击【多重引线】按钮，在【指定引线箭头的位置或 [引线钩线优先(L)/内容优先(C)/选项(O)] <选项>: 】提示信息下，单击图中的 D 处位置。

(9) 在【指定引线钩线的位置: 】提示下，单击 D 处右侧的任意位置，然后在【覆盖默认文字 [是(Y)/否(N)] <否>: 】提示信息下，选择【否】选项，如图 10-75 所示。结束多重引线标注，效果如图 10-76 所示。

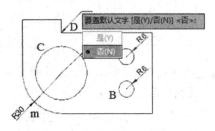

图 10-75　设置不覆盖默认文字

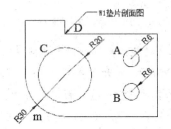

图 10-76　添加多重引线标注

10.8　习题

1. 按照建筑绘图标准设置标注样式，具体要求如下。

- 尺寸界限与标注对象的间距为 1 毫米，超出尺寸线的距离为 3 毫米。
- 基线标注尺寸线间距为 10.5 毫米。
- 箭头使用【建筑标记】形状，大小为 3。
- 标注文字的高度为 6 毫米并位于尺寸线的中间，文字从尺寸线偏移距离为 1 毫米，对齐方式使用 ISO 标准。
- 长度标注单位的精度为 0.0，角度标注单位使用十进制，精度为 0.0。

2. 绘制如图 10-77 所示的图形，并对其进行尺寸标注。

3. 绘制如图 10-78 所示的图形，并对其进行尺寸标注。

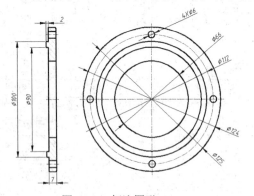

图 10-77　标注图形 1

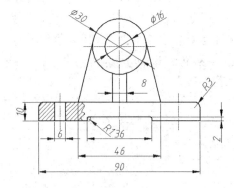

图 10-78　标注图形 2

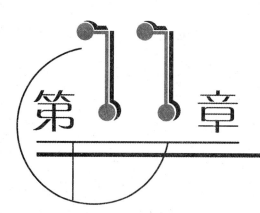

第11章

绘制三维图形

学习目标

在工程设计和绘图过程中，三维图形的应用越来越广泛。AutoCAD 提供了 3 种方式创建三维图形，即线架模型方式、曲面模型方式和实体模型方式。线架模型方式为一种轮廓模型，由三维的直线和曲线组成，没有面和体的特征。曲面模型则用面描述三维对象，不仅定义了三维对象的边界，而且还定义了表面，即具有面的特征。实体模型是不仅具有线和面的特征，而且还具有体的特征，各实体对象间可以进行各种布尔运算操作，从而创建复杂的三维实体图形。

本章重点

- ◉ 三维绘图术语和坐标系
- ◉ 设置绘图视点
- ◉ 绘制三维点和线
- ◉ 绘制三维网格和三维实体
- ◉ 通过二维对象创建三维对象
- ◉ 从三维模型创建截面和二维图形

11.1 三维绘图术语和坐标系

在 AutoCAD 中，若要创建和观察三维图形，就必须使用三维坐标系和三维坐标。因此，了解并掌握三维坐标系，树立正确的空间观念，是学习三维图形绘制的基础。

11.1.1 三维绘图的基本术语

三维实体模型需要在三维实体坐标系下描述，在三维坐标系下，可以使用直角坐标或极坐标方法定义点。此外，在绘制三维图形时，还可以使用柱坐标和球坐标定义点。在创建三维实体模型前，用户应了解下面的一些基本术语。

- XY 平面：XY 平面是 X 轴垂直于 Y 轴组成的一个平面，此时 Z 轴的坐标是 0。
- Z 轴：Z 轴是一个三维坐标系的第 3 轴，而且总是垂直于 XY 平面。
- 高度：高度主要是 Z 轴上的坐标值。
- 厚度：主要是 Z 轴的长度。
- 相机位置：在观察三维模型时，相机的位置相当于视点。
- 目标点：当用户眼睛通过照相机观看某物体时，用户将聚焦在一个清晰点上，该点即是目标点。
- 视线：即假想的线，将视点和目标点连接起来的线。
- 和 XY 平面的夹角：即视线与其在 XY 平面的投影线之间的夹角。
- XY 平面角度：即视线在 XY 平面的投影线与 X 轴之间的夹角。

⑪.1.2 建立用户坐标系

前面的章节已经详细介绍了平面坐标系的使用方法，其所有变换和使用方法同样适用于三维坐标系。例如，在三维坐标系下，可以使用直角坐标或极坐标方法来定义点。此外，在绘制三维图形时，还可以使用柱坐标和球坐标来定义点。

1. 柱坐标

柱坐标使用 XY 平面的角和沿 Z 轴的距离表示，如图 11-1 所示，其格式描述如下：
- XY 平面距离<XY 平面角度，Z 坐标(绝对坐标)。
- @XY 平面距离<XY 平面角度，Z 坐标(相对坐标)。

2. 球坐标

球坐标系具有 3 个参数：点到原点的距离、在 XY 平面上的角度和 XY 平面的夹角，如图 11-2 所示，其格式描述如下：
- XYZ 距离<XY 平面角度<和 XY 平面的夹角(绝对坐标)。
- @XYZ 距离<XY 平面角度<和 XY 平面的夹角(相对坐标)。

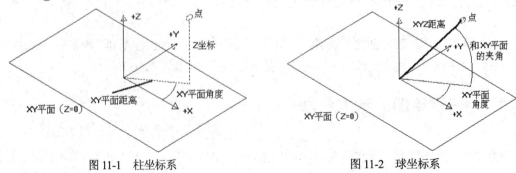

图 11-1　柱坐标系　　　　　　　　　图 11-2　球坐标系

11.2 设置视点

视点是指观察图形的方向。例如，绘制三维球体时，如果使用平面坐标系，即 Z 轴垂直于屏幕，此时仅能看到该球体在 XY 平面上的投影；如果调整视点至东南等轴测视图，将看到的是三维球体，如图 11-3 所示。在 AutoCAD 2016 中，可以使用视点预设，视点命令等多种方法设置视点，下面将分别进行介绍。

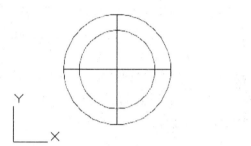

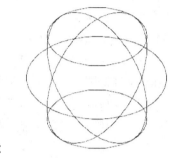

图 11-3 在平面坐标系和三维视图中的球体

11.2.1 使用【视点预设】对话框设置视点

在菜单栏中选择【视图】|【三维视图】|【视点预设】命令(DDVPOINT)，如图 11-4 所示，打开【视点预设】对话框，如图 11-5 所示，为当前视口设置视点。

图 11-4 选择【视点预设】命令

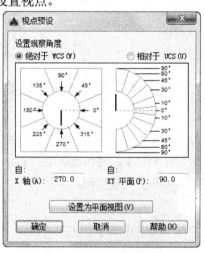

图 11-5 【视点预设】对话框

默认情况下，观察角度是绝对于 WCS 坐标系的。选中【相对于 UCS】单选按钮，则可以设置相对于 UCS 坐标系的观察角度。

计算机 基础与实训教材系列

无论是相对于哪种坐标系，用户都可以直接单击对话框中的坐标图获取观察角度，或在【X轴】、【XY 平面】文本框中输入角度值。其中，对话框中的左图用于设置原点和视点之间的连线，在 XY 平面的投影与 X 轴正向的夹角；右面的半圆形图用于设置该连线与投影线之间的夹角。

此外，若单击【设置为平面视图】按钮，则可以将坐标系设置为平面视图。

11.2.2 使用罗盘确定视点

在菜单栏中选择【视图】|【三维视图】|【视点】命令(VPOINT)，即可为当前视口设置视点。该视点均是相对于 WCS 坐标系的，可以通过屏幕上显示的罗盘定义视点，如图 11-6(a)所示。

在如图 11-6(a)所示的坐标球和三轴架中，三轴架的 3 个轴分别代表 X、Y 和 Z 轴的正方向。当光标在坐标球范围内移动时，三维坐标系通过绕 Z 轴旋转可以调整 X、Y 轴的方向。坐标球中心及两个同心圆可以定义视点和目标点连线与 X、Y 以及 Z 平面的角度。例如，在如图 11-3 所示绘制的球体中，使用罗盘定义视点后的效果如图 11-6(b)所示。

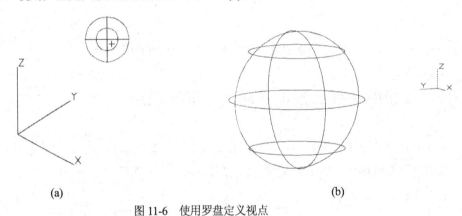

(a)   (b)

图 11-6 使用罗盘定义视点

11.2.3 使用【三维视图】菜单设置视点

在菜单栏中选择【视图】|【三维视图】子菜单中的【俯视】、【仰视】、【左视】、【右视】、【前视】、【后视】、【西南等轴测】、【东南等轴测】、【东北等轴测】和【西北等轴测】命令，可以从多个方向观察图形。

11.3 绘制三维点和线

在 AutoCAD 2016 中，用户可以使用点、直线、样条曲线、三维多段线及三维网格等命令绘制简单的三维图形。

⑪.3.1 绘制三维点

在【功能区】选项板中选择【常用】选项卡，然后在【绘图】面板中单击【单点】按钮，或在菜单栏中选择【绘图】|【点】|【单点】命令，即可在命令行中直接输入三维坐标来绘制三维点。

三维图形对象上的一些特殊点，如交点、中点等不能通过输入坐标的方法实现，用户可以使用三维坐标下的目标捕捉法来拾取点。

二维图形方式下的所有目标捕捉方式，在三维图形环境中都可以继续使用。不同之处在于，在三维环境下只能捕捉三维对象的顶面和底面(即平行与 XY 平面的面)的一些特殊点，而不能捕捉柱体等实体侧面的特殊点(即在柱状体侧面竖线上无法捕捉目标点)，因为柱体侧面上的竖线只是帮助模拟曲线显示的。在三维对象的平面视图中也不能捕捉目标点，因为在顶面上的任意一点都对应着底面上的一点，此时系统无法辨别所选的点在图形的哪个面上。

⑪.3.2 绘制三维直线和多段线

在二维平面绘图中，两点决定一条直线。同样，在三维空间中，也是通过指定两个点来绘制三维直线。

例如，若要在视图方向 VIEWDIR 为(3,-2,1)的视图中，绘制过点(0,0,0)和点(1,1,1)的三维直线，可以在【功能区】选项板中选择【常用】选项卡，然后在【绘图】面板中单击【直线】按钮，最后输入这两个点坐标即可，如图 11-7 所示。

在二维坐标系下，使用【功能区】选项板中的【常用】选项卡，并在【绘图】面板中单击【多段线】按钮，可以绘制多段线，此时可以设置各段线条的宽度和厚度，但其必须是共面。在三维坐标系下，多段线的绘制过程和二维多段线基本相同，但使用的命令不同，并且在三维多段线中只有直线段，没有圆弧段。用户在【功能区】选项板中选择【常用】选项卡，然后在【绘图】面板中单击【三维多段线】按钮，或在菜单栏中选择【绘图】|【三维多段线】命令(3DPOLY)，此时命令行提示依次输入不同的三维空间点，以得到一个三维多段线。例如，经过点(40,0,0)、(0,0,0)、(0,60,0)和(0,60,30)绘制三维多段线，如图 11-8 所示。

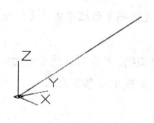

图 11-7 绘制三维直线

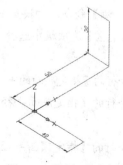

图 11-8 绘制三维多段线

11.3.3 绘制三维样条曲线和弹簧

在三维坐标系下，通过使用【功能区】选项板中的【常用】选项卡，然后在【绘图】面板中单击【样条曲线】按钮 ，或在菜单栏中选择【绘图】|【样条曲线】|【拟合点】或【控制点】命令，即可绘制三维样条曲线，此时定义样条曲线的点不是共面点，而是三维空间点。例如，经过点(0,0,0)、(10,10,10)、(0,0,20)、(-10,-10,30)、(0,0,40)、(10,10,50)和(0,0,60)绘制的三维样条曲线如图 11-9 所示。

同样，在【功能区】选项板中选择【常用】选项卡，然后在【绘图】面板中单击【螺旋】按钮 ，或在菜单栏中选择【绘图】|【螺旋】命令，即可绘制三维螺旋线，如图 11-10 所示。当分别指定了螺旋线底面的中心点、底面半径(或直径)和顶面半径(或直径)后，命令行显示如下提示信息。

> 指定螺旋高度或 [轴端点(A)/圈数(T)/圈高(H)/扭曲(W)] <2.0000>：

在该命令提示下，可以直接输入螺旋线的高度绘制螺旋线。也可以选择【轴端点(A)】选项，通过指定轴的端点，绘制出以底面中心点到该轴端点的距离为高度的螺旋线；选择【圈数(T)】选项，可以指定螺旋线的螺旋圈数，默认情况下，螺旋圈数为 3，当指定了螺旋圈数后，仍将显示上述提示信息，此时可以设置其他参数；选择【圈高(H)】选项，可以指定螺旋线各圈之间的间距；选择【扭曲(W)】选项，可以指定螺旋线的扭曲方式是【顺时针(CW)】还是【逆时针(CCW)】。

图 11-9 绘制样条曲线

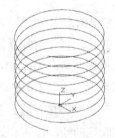

图 11-10 绘制螺旋线

【例 11-1】绘制如图 11-10 所示的螺旋线，其中，底面中心为(0,0,0)，底面半径为 100，顶面半径为 100，高度为 200，顺时针旋转 8 圈。

(1) 在快速访问工具栏中选择【显示菜单栏】命令，在弹出的菜单中选择【视图】|【三维视图】|【东南等轴测】命令，切换至三维东南等轴测视图。

(2) 在【功能区】选项板中选择【常用】选项卡，然后在【绘图】面板中单击【螺旋】按钮 ，绘制螺旋线。

(3) 在命令行的【指定底面的中心点: 】提示信息下输入(0,0,0)，指定螺旋线底面的中心点坐标。

(4) 在命令行的【指定底面半径或 [直径(D)] <1.0000>: 】提示信息下输入 100，指定螺旋线底面的半径。

(5) 在命令行的【指定顶面半径或 [直径(D)] <100.0000>: 】提示信息下输入 100，指定螺旋线顶面的半径。

(6) 在命令行的【指定螺旋高度或 [轴端点(A)/圈数(T)/圈高(H)/扭曲(W)] <1.0000>: 】提示信息下输入 T, 以设置螺旋线的圈数。

(7) 在命令行的【输入圈数 <3.0000>: 】提示信息下输入 8, 指定螺旋线的圈数为 8。

(8) 在命令行的【指定螺旋高度或 [轴端点(A)/圈数(T)/圈高(H)/扭曲(W)] <1.0000>: 】提示信息下输入 W, 以设置螺旋线的扭曲方向。

(9) 在命令行的【输入螺旋的扭曲方向 [顺时针(CW)/逆时针(CCW)] <CCW>: 】提示信息下输入 CW, 指定螺旋线的扭曲方向为顺时针。

(10) 在命令行的【指定螺旋高度或 [轴端点(A)/圈数(T)/圈高(H)/扭曲(W)] <1.0000>: 】提示信息下输入 200, 指定螺旋线的高度。此时绘制的螺旋线, 如图 11-10 所示。

11.4 绘制三维网格

在快速访问工具栏中选择【显示菜单栏】命令, 在弹出的菜单选择【绘图】|【建模】|【网格】命令, 可以绘制三维网格。

11.4.1 绘制三维面和多边三维面

在菜单栏中选择【绘图】|【建模】|【网格】|【三维面】命令(3DFACE), 即可绘制三维面。三维面是三维空间的表面, 既没有厚度, 也没有质量属性。由【三维面】命令创建的每个面的各顶点可以有不同的 Z 坐标, 但构成各个面的顶点最多不能超过 4 个。如果构成面的 4 个顶点共面, 消隐命令认为该面是不透明的, 可以消隐。反之, 消隐命令对其无效。

【例 11-2】在 AutoCAD 2016 中绘制如图 11-12 所示的图形。

(1) 在菜单栏中选择【视图】|【三维视图】|【东南等轴测】命令, 切换三维东南等轴测视图。

(2) 在菜单栏中选择【绘图】|【建模】|【网格】|【三维面】命令(3DFACE), 执行绘制三维面命令。

(3) 在命令行提示下, 依次输入三维面上的点坐标 A(60,40,0)、B(80,60,40)、C(80,100,40)、D(60,120,0)、E(140,120,0)、F(120,100,40)、G(120,60,40)、H(140,40,0)、A(60,40,0)及 B(80,60,40), 最后按 Enter 键结束命令, 效果如图 11-11 所示。

(4) 在菜单栏中选择【视图】|【消隐】命令, 效果如图 11-12 所示。

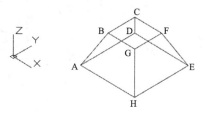

图 11-11 输入三维面上的点坐标

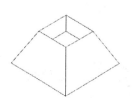

图 11-12 消隐图形

使用【三维面】命令只能生成 3 条或 4 条边的三维面，如果需要生成多边曲面，则必须使用 PFACE 命令。在该命令提示信息下，可以输入多个点。例如，若要在如图 11-13 所示的带有厚度的正六边形中添加一个面，可以在命令行提示下，输入 PFACE，并依次单击点 1～6，然后在命令行提示下，依次输入顶点编号 1～6，消隐后的效果如图 11-14 所示。

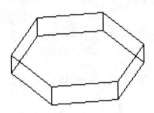

图 11-13　原始图形

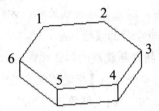

图 11-14　添加三维多重面并消隐后的效果

(11).4.2　绘制三维面的边的可见性

在命令行中输入【边】命令(EDGE)，可以修改三维面的边的可见性。执行该命令时，命令行显示如下提示信息。

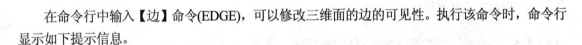

指定要切换可见性的三维表面的边或 [显示(D)]:

默认情况下，选择三维表面的边后，按 Enter 键将隐藏该边。若选择【显示】选项，选择三维面的不可见边，可以使其表面的边重新显示，此时命令行显示如下提示信息。

输入用于隐藏边显示的选择方法 [选择(S)/全部选择(A)] <全部选择>:

其中，选择【全部选择】选项，则可以将已选中图形的所有三维面的隐藏边显示出来；选择【选择】选项，则可以选择部分可见的三维面的隐藏边并显示。

例如，在如图 11-11 所示中，若要隐藏 AD、DE、DC 边，可以在命令行提示中输入【边】命令(EDGE)，然后依次单击 AD、DE 和 DC 边，最后按 Enter 键，效果如图 11-15 所示。

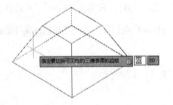

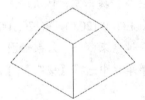

图 11-15　隐藏边

(11).4.3　绘制三维网格

在命令行提示中输入【三维网格】命令(3DMESH)，可以根据指定的 M 行 N 列个顶点和每一顶点的位置生成三维空间多边形网格。M 和 N 的最小值为 2，表示定义多边形网格至少需要 4 个点，其最大值为 256。

例如，若要绘制如图 11-16 所示的 4×4 网格，可在命令行提示中输入【三维网格】命令 (3DMESH)，并设置 M 方向的网格数量为 4，N 方向的网格数量为 4，然后依次指定 16 个顶点的位置，如图 11-16 所示。

选择【修改】|【对象】|【多段线】命令，可以编辑绘制的三维网格。其中，若选择该命令的【平滑曲面】选项，则可以将该三维网格转化为平滑曲面，效果如图 11-17 所示。

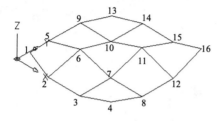

图 11-16　绘制网格

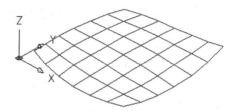

图 11-17　对三维网格进行平滑处理后的效果

11.4.4　绘制旋转网格

在菜单栏中选择【绘图】|【建模】|【网格】|【旋转网格】命令(REVSURF)，可以将曲线绕旋转轴旋转一定的角度，形成旋转网格。

例如，当系统变量 SURFTAB1=40、SURFTAB2=30 时，将如图 11-18 所示的样条曲线绕直线旋转 360° 后，显示如图 11-19 所示的效果。其中，旋转方向的分段数由系统变量 SURFTAB1 确定，旋转轴方向的分段数由系统变量 SURFTAB2 确定。

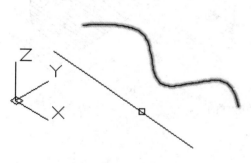

图 11-18　样条曲线

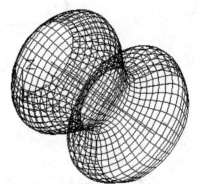

图 11-19　旋转网格效果

11.4.5　绘制平移网格

在菜单栏中选择【绘图】|【建模】|【网格】|【平移网格】命令(TABSURF)，可以将路径曲线沿方向矢量进行平移后构成平移曲面，如图 11-20 所示。此时可以在命令行的【选择用作轮廓曲

线的对象：】提示信息下选择曲线对象，在【选择用作方向矢量的对象：】提示信息下选择方向矢量。当确定拾取点后，系统将向方向矢量对象上远离拾取点的端点方向创建平移曲面。平移曲面的分段数由系统变量 SURFTAB1 确定。

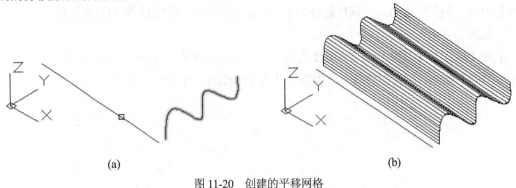

图 11-20 创建的平移网格

11.4.6 绘制直纹网格

在菜单栏中选择【绘图】|【建模】|【网格】|【直纹网格】命令(RULESURF)，可以在两条曲线之间使用直线连接从而形成直纹网格。此时可在命令行的【选择第一条定义曲线：】提示信息下选择第一条曲线，在命令行的【选择第二条定义曲线：】提示信息下选择第二条曲线。

例如，对如图 11-21(a)所示中的样条曲线和直线使用【直纹网格】命令，将显示如图 11-21(b)所示的效果。

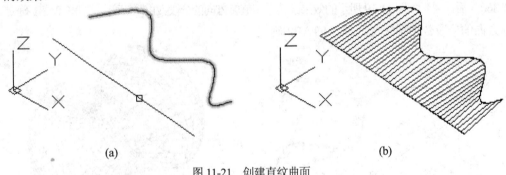

图 11-21 创建直纹曲面

11.4.7 绘制边界网格

在菜单栏中选择【绘图】|【建模】|【网格】|【边界网格】命令(EDGESURF)，可以使用 4 条首尾连接的边创建三维多边形网格。此时可在命令行的【选择用作曲面边界的对象 1：】提示信息下选择第一条曲线，在命令行的【选择用作曲面边界的对象 2：】提示信息下选择第二条曲线，在命令行的【选择用作曲面边界的对象 3：】提示信息下选择第三条曲线，在命令行的【选择用作曲面边界的对象 4：】提示信息下选择第四条曲线。

例如，可以通过对如图 11-22(a)中的边界曲线使用【边界网格】命令，将显示如图 11-22(b)
所示的效果。

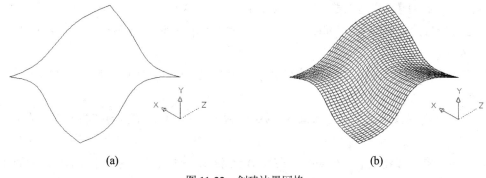

(a)　　　　　　　　　　　　　　　　　(b)

图 11-22　创建边界网格

11.5　绘制三维实体

在 AutoCAD 2016 中，最基本的实体对象包括多段体、长方体、楔体、圆锥体、球体、圆柱
体、圆环体及棱锥面，绘制这些实体对象，可以在菜单栏中选择【绘图】|【建模】子命令来创建。
另外，将工作空间切换为【三维建模】，在【常用】选项卡的【建模】面板中，选择相应的命令
按钮进行绘图。

11.5.1　绘制多段体

在菜单栏中选择【绘图】|【建模】|【多段体】命令(POLYSOLID)，即可创建三维多段体。绘
制多段体时，命令行显示如下提示信息。

> 指定起点或 [对象(O)/高度(H)/宽度(W)/对正(J)] <对象>:

选择【高度】选项，可以设置多段体的高度；选择【宽度】选项，可以设置多段体的宽度；
选择【对正】选项，可以设置多段体的对正方式，如左对正、居中和右对正，系统默认为居中对
正。当设置了高度、宽度和对正方式后，可以通过指定点绘制多段体，也可以选择【对象】选项
将图形转换为多段体。

【例 11-3】在 AutoCAD 2016 中绘制如图 11-23 所示的 U 型多段体。

(1) 在菜单栏中选择【视图】|【三维视图】|【东南等轴测】命令，切换至三维东南等轴测视图。

(2) 在【功能区】选项板中选择【常用】选项卡，然后在【建模】面板中单击【多段体】按钮
，执行绘制三维多段体命令。

(3) 在命令行的【指定起点或 [对象(O)/高度(H)/宽度(W)/对正(J)] <对象>: 】提示信息下，输
入 H，在【指定高度 <10.0000>: 】 提示信息下输入 80，指定三维多段体的高度为 80。

(4) 在命令行的【指定起点或 [对象(O)/高度(H)/宽度(W)/对正(J)] <对象>: 】提示信息下，输入 W，并在【指定宽度 <2.0000>: 】提示信息下输入 8，指定三维多段体的宽度为 8。

(5) 在命令行的【指定起点或 [对象(O)/高度(H)/宽度(W)/对正(J)] <对象>: 】提示信息下，输入 J，并在【输入对正方式 [左对正(L)/居中(C)/右对正(R)] <居中>: 】提示信息下输入 C，设置对正方式为居中。

(6) 在命令行的【指定起点或 [对象(O)/高度(H)/宽度(W)/对正(J)] <对象>: 】提示信息下指定起点坐标为(0,0)。

(7) 在命令行的【指定下一个点或 [圆弧(A)/放弃(U)]: 】提示信息下指定下一点的坐标为(100,0)。

(8) 在命令行的【指定下一个点或 [圆弧(A)/放弃(U)]: 】提示信息下输入 A，绘制圆弧。

(9) 在命令行的【指定圆弧的端点或 [闭合(C)/方向(D)/直线(L)/第二个点(S)/放弃(U)]: 】提示信息下，输入圆弧端点为(@0,50)。

(10) 在命令行的【指定下一个点或[圆弧(A)/闭合(C)/放弃(U)]: 指定圆弧的端点或[闭合(C)/方向(D)/直线(L)/第二个点(S)/放弃(U)]: 】提示信息下输入 1，绘制直线。

(11) 在命令行的【指定下一个点或 [圆弧(A)/ 闭合(C)/放弃(U)]: 】提示信息下输入坐标(@-100,0)。

(12) 按 Enter 键，结束多段体绘制命令，效果如图 11-23 所示

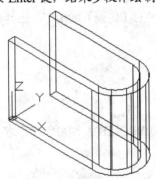 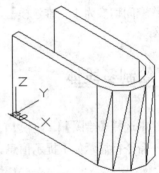

图 11-23 U 型多段体及其消隐后的效果

11.5.2 绘制长方体与楔体

在菜单栏中选择【绘图】|【建模】|【长方体】命令(BOX)，即可绘制长方体，此时命令行显示如下提示信息。

指定第一个角点或 [中心(C)]:

在创建长方体时，其底面应与当前坐标系的 XY 平面平行，方法主要有：指定长方体角点和中心两种。

默认情况下，可以根据长方体的某个角点位置创建长方体。当在绘图窗口中指定了一角点后，命令行将显示如下提示。

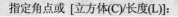

指定其他角点或 [立方体(C)/长度(L)]:

如果在该命令提示下直接指定另一角点，可以根据另一角点位置创建长方体。当在绘图窗口中指定角点后，如果该角点与第一个角点的 Z 坐标不一样，系统将以这两个角点作为长方体的对角点创建长方体。如果第二个角点与第一个角点位于同一高度，系统则需要用户在【指定高度：】提示下指定长方体的高度。

在命令行提示下，选择【立方体(C)】选项，可以创建立方体。创建时需要在【指定长度：】提示下指定立方体的边长；选择【长度(L)】选项，可以根据长、宽及高创建长方体，此时，用户需要在命令提示行下，依次指定长方体的长度、宽度和高度值。

在创建长方体时，如果在命令的【指定第一个角点或 [中心(C)]：】提示下，选择【中心(C)】选项，则可以根据长方体中心点的位置创建长方体。在命令行的【指定中心：】提示信息下指定中心点的位置后，将显示如下提示信息，用户可以参照【指定角点】的方法创建长方体。

指定角点或 [立方体(C)/长度(L)]:

 提示

创建长方体的各边应分别与当前 UCS 的 X 轴、Y 轴和 Z 轴平行。在根据长度、宽度和高度创建长方体时，长、宽、高的方向分别与当前 UCS 的 X 轴、Y 轴和 Z 轴方向平行。在系统提示中输入长度、宽度及高度时，输入的值可以是正值或者是负值，正值表示沿相应坐标轴的正方向创建长方体，反之沿坐标轴的负方向创建长方体。

【例 11-4】在 AutoCAD 2016 中绘制一个 200×100×150 的长方体，如图 11-24 所示。

(1) 在菜单栏中选择【视图】|【三维视图】|【东南等轴测】命令，切换至三维东南等轴测视图。

(2) 在【功能区】选项板中选择【常用】选项卡，然后在【建模】面板中单击【长方体】按钮□，执行长方体绘制命令。

(3) 在命令行的【指定第一个角点或 [中心(C)]：】提示信息下输入(0,0,0)，通过指定角点绘制长方体。

(4) 在命令行的【指定其他角点或 [立方体(C)/长度(L)]：】提示信息下输入 L，根据长、宽、高绘制长方体。

(5) 在命令行的【指定长度：】提示信息下输入 200，指定长方体的长度。

(6) 在命令行的【指定宽度：】提示信息下输入 100，指定长方体的宽度。

(7) 在命令行的【指定高度：】提示信息下输入 150，指定长方体的高度，此时绘制的长方体效果如图 11-24 所示。

在菜单栏中选择【绘图】|【建模】|【楔体】命令(WEDGE)，即可绘制楔体。

创建【长方体】和【楔体】的命令不同，但创建方法相同，因为楔体是长方体沿对角线切成两半后的结果。因此可以使用与绘制长方体同样的方法绘制楔体。

计算机基础与实训教材系列

例如，可以使用与【例11-24】中绘制长方体完全相同的方法，绘制楔体，如图11-25所示。

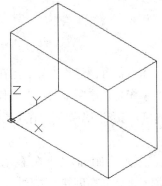

图11-24 绘制的长方体

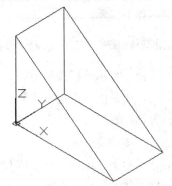

图11-25 绘制楔体

11.5.3 绘制圆柱体与圆锥体

在【功能区】选项板中选择【常用】选项卡，然后在【建模】面板中单击【圆柱体】按钮，或在菜单栏中选择【绘图】|【建模】|【圆柱体】命令(CYLINDER)，即可绘制圆柱体或椭圆柱体，如图11-26所示。

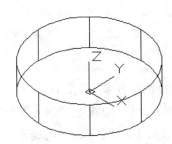

图11-26 绘制圆柱体或椭圆柱体

绘制圆柱体或椭圆柱体时，命令行将显示如下提示信息。

指定底面的中心点或 [三点(3P)/两点(2P)/相切、相切、半径(T)/椭圆(E)]

默认情况下，可以通过指定圆柱体底面的中心点位置绘制圆柱体。在命令行的【指定底面半径或 [直径(D)]：】提示下指定圆柱体基面的半径或直径后，命令行显示如下提示信息。

指定高度或 [两点(2P)/轴端点(A)]:

可以直接指定圆柱体的高度，根据高度创建圆柱体；也可以选择【轴端点(A)】选项，根据圆柱体另一底面的中心点位置创建圆柱体。此时，两中心点位置的连线方向为圆柱体的轴线方向。

当执行CYLINDER命令时，如果在命令行提示下，选择【椭圆(E)】选项，可以绘制椭圆柱体。此时，用户首先需要在命令行的【指定第一个轴的端点或 [中心(C)]：】提示下指定基面上的椭圆形状(其操作方法与绘制椭圆相似)，然后在命令行的【指定高度或 [两点(2P)/轴端点(A)]：】提示下指定圆柱体的高度或另一个圆心位置即可。

在【功能区】选项板中选择【常用】选项卡，然后在【建模】面板中单击【圆锥体】按钮，或在菜单栏中选择【绘图】|【建模】|【圆锥体】命令(CONE)，即可绘制圆锥体或椭圆形锥体，如图 11-27 所示。

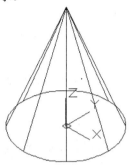
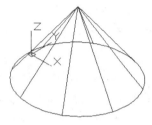

图 11-27 绘制圆锥体或椭圆形锥体

绘制圆锥体或椭圆形锥体时，命令行显示如下提示信息。

指定底面的中心点或 [三点(3P)/两点(2P)/相切、相切、半径(T)/椭圆(E)] ：

在该提示信息下，如果直接指定点即可绘制圆锥体。此时，需要在命令行的【指定底面半径或 [直径(D)]：】提示信息下指定圆锥体底面的半径或直径，以及在命令行的【指定高度或 [两点(2P)/轴端点(A)/顶面半径(T)]：】提示下，指定圆锥体的高度或圆锥体的锥顶点位置。如果选择【椭圆(E)】选项，则可以绘制椭圆锥体。此时，需要先确定椭圆的形状(与绘制椭圆的方法相同)，然后在命令行的【指定高度或 [两点(2P)/轴端点(A)/顶面半径(T)]：】提示信息下，指定圆锥体的高度或顶点位置即可。

⑪.5.4 绘制球体与圆环体

在【功能区】选项板中选择【常用】选项卡，然后在【建模】面板中单击【球体】按钮，或在菜单栏中选择【绘图】|【建模】|【球体】命令(SPHERE)，即可绘制球体。此时，只需要在命令行的【指定中心点或 [三点(3P)/两点(2P)/相切、相切、半径(T)]：】提示信息下指定球体的球心位置，在命令行的【指定半径或 [直径(D)]：】提示信息下指定球体的半径或直径即可。绘制球体时可以通过改变 ISOLINES 变量来确定每个面上的线框密度，如图 11-28 所示。

图 11-28 球体实体示例图

计算机 基础与实训教材系列

在【功能区】选项板中选择【常用】选项卡，然后在【建模】面板中单击【圆环体】按钮◎，或在菜单栏中选择【绘图】|【建模】|【圆环体】命令(TORUS)，即可绘制圆环体。此时，需要指定圆环的中心位置、圆环的半径或直径，以及圆管的半径或直径。

【例 11-5】在 AutoCAD 2016 中绘制一个圆环半径为 150，圆管半径为 50 的圆环体，如图 11-29 所示。

(1) 在菜单栏中选择【视图】|【三维视图】|【东南等轴测】命令，切换至三维东南等轴测视图。

(2) 在【功能区】选项板中选择【常用】选项卡，然后在【建模】面板中单击【圆环体】按钮◎，执行圆环体绘制命令。

(3) 在命令行的【指定中心点或 [三点(3P)/两点(2P)/切点、切点、半径(T)]: 】提示信息下，指定圆环的中心位置(0,0,0)。

(4) 在命令行的【指定半径或 [直径(D)]: 】提示信息下，输入 150，指定圆环的半径。

(5) 在命令行的【指定圆管半径或 [两点(2P)/直径(D)]: 】提示信息下，输入 50，指定圆管的半径。此时，绘制的圆环体效果如图 11-29 所示。

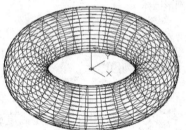
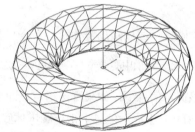

图 11-29 绘制圆环体以及消隐后的效果

11.5.5 绘制棱锥面

在【功能区】选项板中选择【常用】选项卡，然后在【建模】面板中单击【棱锥体】按钮◢，或在菜单栏中选择【绘图】|【建模】|【棱锥体】命令(PYRAMID)，即可绘制棱锥面，如图 11-30 所示。

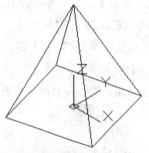
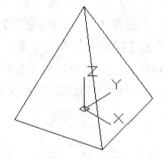

图 11-30 棱锥面

绘制棱锥面时，命令行显示如下提示信息。

指定底面的中心点或 [边(E)/侧面(S)]:

在该提示信息下，如果直接指定点即可绘制棱锥面。此时，需要在命令行的【指定底面半径或 [内接(I)]：】提示信息下指定棱锥面底面的半径，以及在命令行的【指定高度或 [两点(2P)/轴端点(A)/顶面半径(T)]：】提示下指定棱锥面的高度或棱锥面的锥顶点位置。如果选择【顶面半径(T)】选项，可以绘制有顶面的棱锥面，在命令行【指定顶面半径：】提示下输入顶面的半径，然后在【指定高度或[两点(2P)/轴端点(A)]：】提示下指定棱锥面的高度或棱锥面的锥顶点位置即可。

11.6　通过二维对象创建三维对象

在 AutoCAD 中，除了可以通过实体绘制命令绘制三维实体外，还可以使用拉伸、旋转、扫掠以及放样等方法，通过二维对象创建三维实体或曲面。用户可以在菜单栏中选择【绘图】|【建模】命令的子命令，或在【功能区】选项板中选择【常用】选项卡，然后在【建模】面板中单击相应的工具按钮即可。

11.6.1　将二维对象拉伸成三维对象

在【功能区】选项板中选择【常用】选项卡，然后在【建模】面板中单击【拉伸】按钮，或在菜单栏中选择【绘图】|【建模】|【拉伸】命令(EXTRUDE)，即可通过拉伸二维对象来创建三维实体或曲面。拉伸对象被称为断面，在创建实体时，断面可以是任何二维封闭多段线、圆、椭圆、封闭样条曲线和面域。其中，多段线对象的顶点数不能超过 500 个且不小于 3 个。若创建三维曲面，则断面是不封闭的二维对象。

默认情况下，可以沿 Z 轴方向拉伸对象，此时需要指定拉伸的高度和倾斜角度。

其中，拉伸高度值可以为正或为负，表示拉伸的方向。拉伸角度也可以为正或为负，其绝对值不大于 90°，默认值为 0°，表示生成的实体的侧面垂直于 XY 平面，没有锥度。如果为正，将产生内锥度，生成的侧面向内；如果为负，将产生外锥度，生成的侧面向外，如图 11-31 所示。

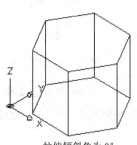
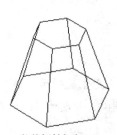
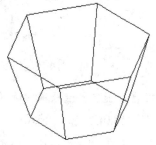

拉伸倾斜角为 0°　　　　拉伸倾斜角为 15°　　　　拉伸倾斜角为 -10°

图 11-31　拉伸锥角效果

通过指定一个拉伸路径，也可以将对象拉伸为三维实体，拉伸路径可以是开放的，也可以是封闭的。

计算机 基础与实训教材系列

【例11-6】在 AutoCAD 2016 中绘制如图 11-32 所示的 S 型轨道。

(1) 在菜单栏中选择【视图】|【三维视图】|【东南等轴测】命令，切换至三维东南等轴测视图。

(2) 在【功能区】选项板中选择【可视化】选项卡，然后在【坐标】面板中单击 X 按钮，将当前坐标系绕 X 轴旋转 90°。

(3) 在【功能区】选项板中选择【常用】选项卡，然后在【绘图】面板中单击【多段线】按钮，依次指定多段线的起点和经过点，即(0,0)、(18,0)、(18,5)、(23,5)、(23,9)、(20,9)、(20,13)、(14,13)、(14,9)、(6,9)、(6,13)和(0,13)，绘制闭合多段线，效果如图 11-32 所示。

(4) 在【功能区】选项板中选择【常用】选项卡，然后在【修改】面板中单击【圆角】按钮，设置圆角半径为 2，然后对绘制的多段线修圆角，效果如图 11-33 所示。

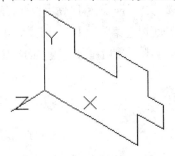

图 11-32　绘制闭合多段线

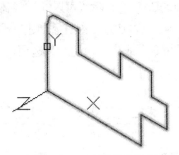

图 11-33　对多段线修圆角

(5) 在【功能区】选项板中选择【常用】选项卡，然后在【修改】面板中单击【倒角】按钮，设置倒角距离为 1，然后对绘制的多段线修倒角，效果如图 11-34 所示。

(6) 在【功能区】选项板中选择【可视化】选项卡，然后在【坐标】面板中单击【世界】按钮，恢复到世界坐标系，如图 11-35 所示。

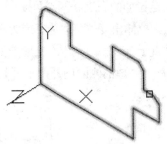

图 11-34　对多段线修倒角

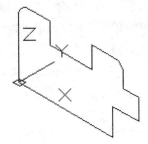

图 11-35　恢复世界坐标系

(7) 在【功能区】选项板中选择【常用】选项卡，然后在【绘图】面板中单击【多段线】按钮，以点(18,0)为起点，点(68,0)为圆心，角度为 180° 和以(18,0)为起点，点(68,0)为圆心，角度为-180°，绘制两个半圆弧，效果如图 11-36 所示。

(8) 在【功能区】选项板中选择【常用】选项卡，然后在【建模】面板中单击【拉伸】按钮，将绘制的多段线沿圆弧路径拉伸。

(9) 在菜单栏中选择【视图】|【消隐】命令，消隐图形，效果如图 11-37 所示。

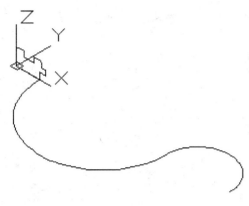

图 11-36　绘制圆弧

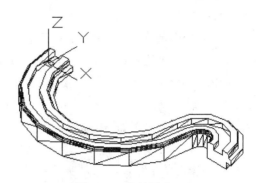

图 11-37　拉伸图形

11.6.2　将二维对象旋转成三维对象

在【功能区】选项板中选择【常用】选项卡，然后在【建模】面板中单击【旋转】按钮，或在菜单栏中选择【绘图】|【建模】|【旋转】命令(REVOLVE)，即可通过绕轴旋转二维对象创建三维实体或曲面。在创建实体时，用于旋转的二维对象可以是封闭多段线、多边形、圆、椭圆、封闭样条曲线、圆环及封闭区域。三维对象包含在块中的对象，有交叉或自干涉的多段线不能被旋转，而且每次只能旋转一个对象。若创建三维曲面，则用于旋转的二维对象是不封闭的。

【例 11-7】 在 AutoCAD 2016 中通过旋转的方法，绘制如图 11-41 所示的实体模型。

(1) 在【功能区】选项板中选择【常用】选项卡，然后在【绘图】面板中综合运用多种绘图命令，绘制如图 11-38 所示的图形，其中尺寸可由用户自行确定。

(2) 在菜单栏中选择【视图】|【三维视图】|【视点】命令，并在命令行【指定视点或 [旋转(R)] <显示坐标球和三轴架>:】提示下输入(1,1,1)，指定视点，如图 11-39 所示。

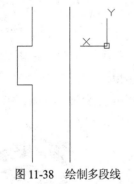

图 11-38　绘制多段线

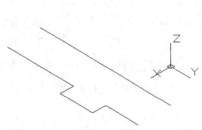

图 11-39　调整视点

(3) 在【功能区】选项板中选择【常用】选项卡，然后在【建模】面板中单击【旋转】按钮，执行 REVOLVE 命令。

(4) 在命令行的【选择对象:】提示下，选择多段线作为旋转二维对象，并按 Enter 键。

(5) 在命令行的【指定轴起点或根据以下选项之一定义轴 [对象(O)/X/Y/Z]】提示下输入 O，绕指定的对象旋转。

(6) 在命令行的【选择对象：】提示下，选择直线作为旋转轴对象。

(7) 在命令行的【指定旋转角度<360>：】提示下输入 360，指定旋转角度，如图 11-40 所示。

(8) 在菜单栏中选择【视图】|【消隐】命令，消隐图形，效果如图 11-41 所示。

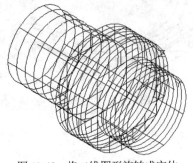
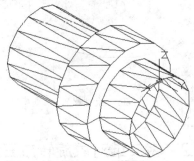

图 11-40　将二维图形旋转成实体　　　　　　　　图 11-41　图形消隐效果

11.6.3　将二维对象扫掠成三维对象

在【功能区】选项板中选择【常用】选项卡，然后在【建模】面板中单击【扫掠】按钮，或在菜单栏中选择【绘图】|【建模】|【扫掠】命令(SWEEP)，即可通过沿路径扫掠二维对象创建三维实体和曲面。如果扫掠的对象不是封闭的图形，那么使用【扫掠】命令后得到的将是网格面，否则得到的是三维实体。

使用【扫掠】命令绘制三维对象时，当用户指定封闭图形作为扫掠对象后，命令行显示如下提示信息。

> 选择扫掠路径或 [对齐(A)/基点(B)/比例(S)/扭曲(T)]：

在该命令提示下，可以直接指定扫掠路径创建三维对象，也可以设置扫掠时的对齐方式、基点、比例和扭曲参数。其中，【对齐】选项用于设置扫掠前是否对齐垂直于路径的扫掠对象；【基点】选项用于设置扫掠的基点；【比例】选项用于设置扫掠的比例因子，当指定了该参数后，扫掠效果与单击扫掠路径的位置有关；【扭曲】选项用于设置扭曲角度或允许非平面扫掠路径倾斜。如图 11-42 所示为对圆形进行螺旋路径扫掠成实体的效果。

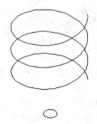
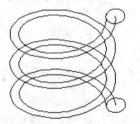

图 11-42　通过扫掠绘制实体

11.6.4 将二维对象放样成三维对象

在【功能区】选项板中选择【常用】选项卡，然后在【建模】面板中单击【放样】按钮，或在菜单栏中选择【绘图】|【建模】|【放样】命令(LOFT)，即可在多个横截面之间的空间中创建三维实体或曲面。如果需要放样的对象不是封闭的图形，那么使用【放样】命令后得到的将是网格面，否则得到的是三维实体。如图 11-43 所示即是三维空间中 3 个圆放样后得到的实体。

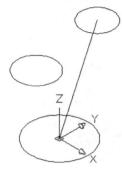 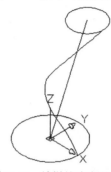 

图 11-43 放样并消隐图形

在放样时，当依次指定放样截面后(至少两个)，命令行显示如下提示信息。

输入选项 [导向(G)/路径(P)/仅横截面(C)/设置(S)] <仅横截面>：

在该命令提示下，需要选择放样方式。其中，【导向】选项用于使用导向曲线控制放样，每条导向曲线必须与每一个截面相交，并且起始于第 1 个截面，结束于最后一个截面；【路径】选项用于使用一条简单的路径控制放样，该路径必须与全部或部分截面相交；【仅横截面】选项用于只使用截面进行放样，选择【设置】选项可打开【放样设置】对话框，可以设置放样横截面上的曲面控制选项，如图 11-44 所示。

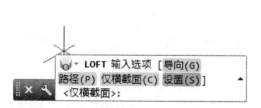

图 11-44 打开【放样设置】对话框

【例 11-8】在(0,0,0)、(0,0,20)、(0,0,50) 、(0,0,70)以及(0,0,90)5 点处绘制半径分别为 30、10、

50、20 和 10 的圆，然后以绘制的圆为截面进行放样创建放样实体，效果如图 11-45 所示。

(1) 在菜单栏中选择【视图】|【三维视图】|【东南等轴测】命令，切换至三维东南等轴测视图。

(2) 在【功能区】选项板中选择【常用】选项卡，然后在【建模】面板中单击【圆心，半径】按钮，分别在点(0,0,0)、(0,0,20)、(0,0,50)、(0,0,70)及(0,0,90)5 点处绘制半径分别为 30、10、50、20 和 10 的圆，如图 11-45 所示。

(3) 在【功能区】选项板中选择【常用】选项卡，然后在【建模】面板中单击【放样】按钮，执行放样命令。

(4) 在命令行的【按放样次序选择横截面：】提示下，从下向上，依次单击绘制的圆作为放样截面，如图 11-46 所示。

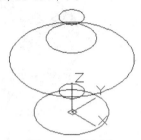

图 11-45　绘制圆

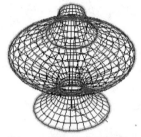

图 11-46　绘制放样截面

(5) 在命令行的【输入选项 [导向(G)/路径(P)/仅横截面(C)] <路径>：】提示下，输入 C，仅通过横截面进行放样，如图 11-47 所示。

(6) 在菜单栏中选择【视图】|【消隐】命令，消隐图形，效果如图 11-48 所示。

图 11-47　仅通过横截面放样

图 11-48　图形消隐效果

⑪.6.5　根据标高和厚度绘制三维图形

用户在绘制二维对象时，可以为对象设置标高和延伸厚度。如果设置了标高和延伸厚度，就可以使用二维绘图的方法绘制三维图形对象。

绘制二维图形时，绘图面应是当前 UCS 的 XY 面或与其平行的平面。标高是用于确定这个面的位置，它用绘图面与当前 UCS 的 XY 面的距离表示。厚度则是所绘二维图形沿当前 UCS 的 Z 轴方向延伸的距离。

在 AutoCAD 中，规定当前 UCS 的 XY 面的标高为 0，沿 Z 轴正方向的标高为正，沿负方向为负。沿 Z 轴正方向延伸时的厚度为正，反之则为负。

实现标高、厚度设置的命令是 ELEV。执行该命令，AutoCAD 提示如下信息。

> 指定新的默认标高 <0.0000>：　(输入新标高)
> 指定新的默认厚度 <0.0000>：　(输入新厚度)

设置标高、厚度后，用户就可以在标高方向上创建各截面形状和大小相同的三维对象。

【例 11-9】在 AutoCAD 2016 中，根据标高和厚度，绘制如图 11-58 所示的图形。

(1) 在【功能区】选项板中选择【常用】选项卡，然后在【绘图】面板中单击【矩形】按钮，绘制一个长度为 300，宽度为 200，厚度为 50 的矩形。

(2) 在菜单栏中选择【视图】|【三维视图】|【东南等轴测】命令，此时将看到绘制的是一个有厚度的矩形，如图 11-49 所示。

(3) 在【功能区】选项板中选择【可视化】选项卡，然后在【坐标】面板中单击【原点】按钮，再单击矩形的角点 A 处，将坐标原点移到该点上，如图 11-50 所示。

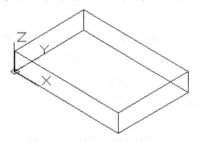

图 11-49　绘制有厚度的矩形

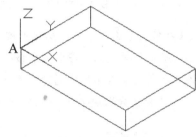

图 11-50　移动 UCS

(4) 在菜单栏中选择【视图】|【三维视图】|【平面视图】|【当前 UCS】命令，将视图设置为平面视图，如图 11-51 所示。

(5) 在命令行输入 ELEV 命令，在【指定新的默认标高 <0.0000>：】提示信息下，设置新的标高为 0，在【指定新的默认厚度 <0.0000>：】提示信息下，设置新的厚度为 100。

(6) 在【功能区】选项板中选择【常用】选项卡，然后在【绘图】面板中单击【正多边形】按钮，绘制一个内接于半径为 15 的圆的正六边形，如图 11-52 所示。

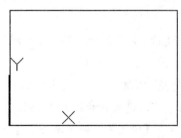

图 11-51　将视图设置为平面视图

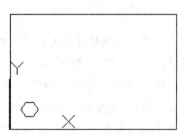

图 11-52　绘制正六边形

(7) 在【功能区】选项板中选择【常用】选项卡，然后在【修改】面板中单击【阵列】按钮，打开【阵列】对话框，选择阵列类型为【矩形阵列】，并设置阵列的行数为 2，列数为 2，行偏移为 125，列偏移为 230，然后单击【确定】按钮，阵列效果如图 11-53 所示。

(8) 在菜单栏中选择【视图】|【三维视图】|【东南等轴测】命令，绘图窗口将显示如图 11-54 所示的三维视图效果。

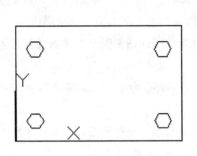

图 11-53　阵列复制后的效果

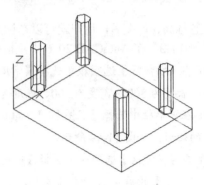

图 11-54　调整视点

(9) 在【功能区】选项板中选择【可视化】选项卡，然后在【坐标】面板中单击【原点】按钮，再单击矩形的角点 B，将坐标系移动至该点上，如图 11-55 所示。

(10) 在【功能区】选项板中选择【可视化】选项卡，然后在【坐标】面板中分别单击 Z 按钮和 Y 按钮，将坐标系分别绕 Z 轴和 Y 轴旋转 90°，如图 11-56 所示。

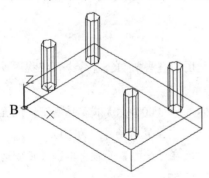

图 11-55　调整坐标系

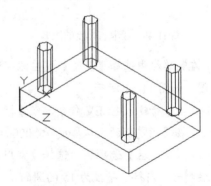

图 11-56　旋转坐标轴

(11) 在菜单栏中选择【视图】|【三维视图】|【平面视图】|【当前 UCS】命令，将视图设置为平面视图，效果如图 11-57 所示。

(12) 在命令行输入 ELEV 命令，在【指定新的默认标高 <0.0000>:】提示信息下，设置新的标高为 0，在【指定新的默认厚度 <0.0000>:】提示信息下，设置新的厚度为 255。

(13) 在【功能区】选项板中选择【常用】选项卡，然后在【绘图】面板中单击【直线】按钮，通过端点捕捉点 C 和点 D 绘制一条直线。

(14) 在菜单栏中选择【视图】|【三维视图】|【东南等轴测】命令，得到如图 11-58 所示的三维视图效果。

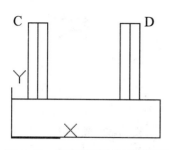

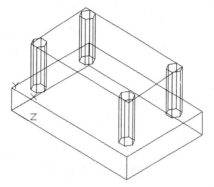

图 11-57 将视图设置为平面视图   图 11-58 三维效果图

11.7 上机练习

通过本章的学习，用户已经掌握绘制多段体、长方体、圆柱体、拉伸实体以及放样实体的操作方法。本节将通过按照路径拉伸二维对象的方法，绘制如图 11-64 所示的三维圆管实例，以巩固本章所学的内容。

(1) 在菜单栏中选择【视图】|【三维视图】|【东南等轴测】命令，切换至三维视图模式。

(2) 在【功能区】选项板中选择【常用】选项卡，然后在【绘图】面板中单击【三维多段线】按钮，并依次指定多段线的起点和经过点，即(100,0,0)、(@0,0,50)、(@-50,0,0)、(@0,50,0)和(@50,0,0)，绘制一条三维多段线，如图 11-59 所示。

(3) 在【功能区】选项板中选择【常用】选项卡，然后在【绘图】面板中单击【两点】按钮，以点 A 和点 B 为端点，在 XY 平面上绘制一个圆，如图 11-60 所示。

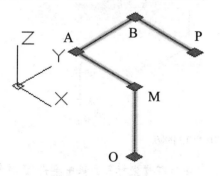

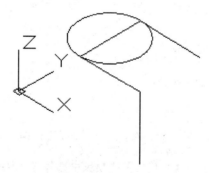

图 11-59 绘制多段线   图 11-60 绘制圆

(4) 在【功能区】选项板中选择【可视化】选项卡，然后在【坐标】面板中单击 X 按钮，将当前坐标系统 X 轴旋转 90°，得到如图 11-61 所示的效果。

(5) 在【功能区】选项板中选择【常用】选项卡，然后在【绘图】面板中单击【相切，相切，半径】按钮，绘制一个与线段 AM 和 OM 相切，半径为 20 的圆，如图 11-62 所示。

计算机基础与实训教材系列

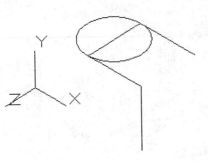

图 11-61　旋转坐标

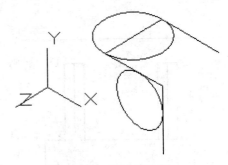

图 11-62　绘制相切圆

(6) 在【功能区】选项板中选择【常用】选项卡，然后在【修改】面板中单击【修剪】按钮，对图形进行修剪，并恢复世界坐标系，效果如图 11-63 所示。

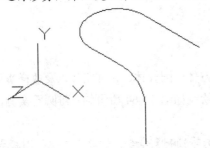

图 11-63　修剪图形并恢复世界坐标系

(7) 在【功能区】选项板中选择【常用】选项卡，然后在【绘图】面板中单击【圆心，半径】按钮，以点(100,0,0)为圆心，绘制半径分别为 12 和 10 的圆，如图 11-64 所示。

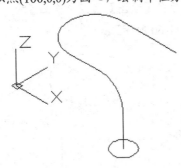

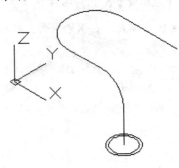

图 11-64　绘制半径为 10 和 12 的圆

(8) 在【功能区】选项板中选择【可视化】选项卡，然后在【坐标】面板中单击 Y 按钮，将坐标系绕 Y 轴旋转 90°，如图 11-65 所示。

(9) 在【功能区】选项板中选择【常用】选项卡，然后在【绘图】面板中单击【圆心，半径】按钮，以点 P 为圆心，绘制半径分别为 12 和 10 的圆，如图 11-66 所示。

(10) 在【功能区】选项板中选择【常用】选项卡，然后在【绘图】面板中单击【面域】按钮，选择所绘制的 4 个圆，将其转换为面域，如图 11-67 所示。

(11) 在【功能区】选项板中选择【常用】选项卡，然后在【实体编辑】面板中单击【差集】按钮，使用半径为 12 的面域减去半径为 10 的面域，将得到两个圆环形面域。

(12) 在【功能区】选项板中选择【常用】选项卡，然后在【修改】面板中单击【复制】按钮，分别在如图 11-68 所示的位置复制环形面域。

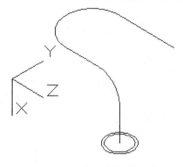

图 11-65　绕 Y 轴旋转坐标

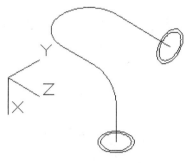

图 11-66　绘制圆

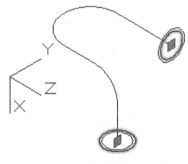

图 11-67　将圆转换为面域

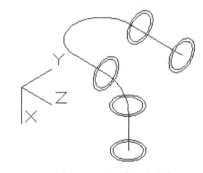

图 11-68　复制环形面域

(13) 在命令行输入 ISOLINES 命令，设置 ISOLINES 变量为 32。

(14) 在【功能区】选项板中选择【常用】选项卡，然后在【建模】面板中单击【拉伸】按钮，将创建的圆环形面域分别以多段线为路径进行拉伸，效果如图 11-69 所示。

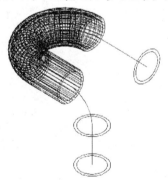

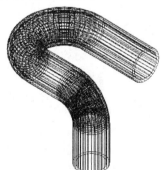

图 11-69　拉伸图形后得到的三维图形

(15) 在菜单栏中选择【视图】|【消隐】命令，消隐图形。

11.8 习题

1. 绘制一个底面中心为(0,0)，底面半径为 10，顶面半径为 10，高度为 20，顺时针旋转 10 圈的弹簧，如图 11-70 所示。

2. 绘制如图 11-71 所示的轮廓图，然后使用 EXTRUDE 命令创建与其对应的拉伸实体，拉伸高度为 50。

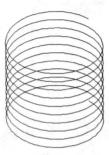

图 11-70 绘制弹簧图

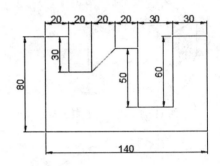

图 11-71 拉伸实体

第12章

编辑与标注三维对象

学习目标

在 AutoCAD 2016 中，通过使用三维操作命令和实体编辑命令，用户即可对三维对象进行移动、复制、镜像、旋转、对齐、阵列以及对实体进行布尔运算，编辑面、边和体等操作。在对三维图形进行操作时，为了使对象更加清晰，可以消除图形中的隐藏线来观察其效果。本章将通过具体实例介绍三维对象的尺寸标注方法。

本章重点

- ◉ 编辑三维实体
- ◉ 编辑三维对象
- ◉ 标注三维对象的尺寸

12.1 编辑三维对象

在二维图形编辑中的许多命令，如移动、复制以及删除等，同样适用于三维对象。另外，用户可以在菜单栏中选择【修改】|【三维操作】菜单中的子命令，对三维空间中的对象进行三维阵列、三维镜像、三维旋转以及对齐位置等操作，如图 12-1 所示。

12.1.1 三维移动

在【功能区】选项板中选择【常用】选项卡，然后在【修改】面板中单击【三维移动】按钮，如图 12-1 所示，或在菜单栏中选择【修改】|【三维操作】|【三维移动】命令(3DMOVE)，可以移动三维对象。执行【三维移动】命令时，命令行显示如下提示信息。

> 指定基点或 [位移(D)]<位移>:

默认情况下，当指定一个基点后，再指定第二点，即可以第一点为基点，以第二点和第一点之间的距离为位移，移动三维对象，如图 12-2 所示。如果选择【位移】选项，则可以直接移动三维对象。

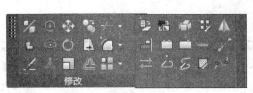

图 12-1　【修改】面板

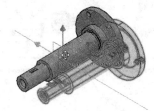

图 12-2　在三维空间中移动对象

12.1.2　三维旋转

在【功能区】选项板中选择【常用】选项卡，然后在【修改】面板中单击【三维旋转】按钮，或在菜单栏中选择【修改】|【三维操作】|【三维旋转】命令(ROTATE3D)，即可使对象绕三维空间中任意轴(X 轴、Y 轴或 Z 轴)、视图、对象或两点旋转。

【例 12-1】在 AutoCAD 将如图 12-3 所示的图形绕 X 轴旋转 90°，然后再绕 Z 轴旋转 45°。

(1) 在【功能区】选项板中选择【常用】选项卡，然后在【修改】面板中单击【三维旋转】按钮，最后在【选择对象：】提示信息下选择需要旋转的对象，如图 12-3 所示。

(2) 在命令行的【指定基点：】提示信息下，确定旋转的基点(0,0)。

(3) 此时，在绘图窗口中出现一个球形坐标，红色代表 X 轴，绿色代表 Y 轴，蓝色代表 Z 轴，单击【红色环型线】确认绕 X 轴旋转，如图 12-4 所示。

图 12-3　选中图形

图 12-4　确认旋转轴

(4) 在命令行的【指定角的起点或键入角度：】提示信息下输入 90，按 Enter 键，此时图形将绕 X 轴选择 90°，效果如图 12-5 所示。

(5) 使用同样的方法，将图形绕 Z 轴旋转 45°，效果如图 12-6 所示。

图 12-5　绕 X 轴旋转 90° 后的图形

图 12-6　绕 Z 轴旋转 45° 后的图形

12.1.3　三维镜像

在【功能区】选项板中选择【常用】选项卡，然后在【修改】面板中单击【三维镜像】按钮 ，或在菜单栏中选择【修改】|【三维操作】|【三维镜像】命令(MIRROR3D)，即可在三维空间中将指定对象相对于某一平面镜像。

执行三维镜像命令，并选择需要镜像的对象，然后指定镜像面。镜像面可以通过 3 点确定，也可以是对象、最近定义的面、Z 轴、视图、XY 平面、YZ 平面和 ZX 平面。

【例 12-2】　在 AutoCAD 2016 中，用三维镜像功能对图形进行镜像复制。

(1) 在【功能区】选项板中选择【常用】选项卡，然后在【修改】面板中单击【三维镜像】按钮 ，并选如图 12-7 所示中外层的圆柱体。

(2) 在命令行的【指定镜像平面(三点)的第一个点或[对象(O)/最近的(L)/Z 轴(Z)/视图(V)/XY 平面(XY)/YZ 平面(YZ)/ZX 平面(ZX)/三点(3)] <三点>：】提示信息下，输入 XY，以 XY 平面作为镜像面。

(3) 在命令行的【指定 XY 平面上的点<0,0,0>：】提示信息下，指定 XY 平面经过的点(0,0,100)。

(4) 在命令行的【是否删除源对象？[是(Y)/否(N)]：】提示信息下，输入 N，表示镜像的同时不删除源对象，效果如图 12-8 所示。

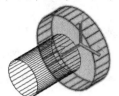

图 12-7　镜像复制图形

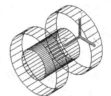

图 12-8　镜像复制效果

12.1.4　三维阵列

在【功能区】选项板中选择【常用】选项卡，然后在【修改】面板中单击【三维阵列】按钮 ，或在菜单栏中选择【修改】|【三维操作】|【三维阵列】命令(3DARRAY)，即可在三维空间中使用环形阵列或矩形阵列方式复制对象。

1. 矩形阵列

在命令行的【矩形(R)/路径(PA)/极轴(PO <矩形>：】提示信息下，选择【矩形】选项或者直接按 Enter 键，即可以矩形阵列方式复制对象，此时需要依次指定阵列的行数、列数、阵列的层数、行间距、列间距及层间距。

其中，矩形阵列的行、列以及层分别沿着当前 UCS 的 X 轴、Y 轴和 Z 轴的方向；输入某方向的间距值为正值时，表示将沿相应坐标轴的正方向阵列，否则沿反方向阵列。

2. 环形阵列

在命令行的【输入阵列类型 [矩形(R)/路径(PA)/极轴(PO)] <矩形>：】信息提示下。

◉ 选择【极轴(PO)】选项，然后输入阵列中心点，即可以极轴方式创建环形阵列。此时命令行提示如下信息。

> 选择夹点以编辑阵列或 [关联(AS)/基点(B)/项目(I)/项目间角度(A)/填充角度(F)/行(ROW)/层(L)/旋转项目(ROT)/退出(X)]

◉ 选择【路径(PA)】选项，然后选择一条路径曲线，即可以路径方式创建环形阵列。此时命令行提示如下信息。

> 选择夹点以编辑阵列或 [关联(AS)/方法(M)/基点(B)/切向(T)/项目(I)/行(R)/层(L)/对齐项目(A)/Z 方向(Z)/退出(X)]

⑫.1.5 对齐位置

在【功能区】选项板中选择【常用】选项卡，然后在【修改】面板中，单击【三维对齐】按钮，或在菜单栏中选择【修改】|【三维操作】|【三维对齐】命令(3DALIGN)，即可在二维或三维空间中将选定对象与其他对象对齐。

需要对齐对象时，首先应选择源对象，在命令行【指定基点或 [复制(C)]：】提示信息下，输入第 1 个点，然后在命令行【指定第二个点或 [继续(C)] <C>：】提示信息下，输入第 2 个点，再在命令行【指定第三个点或 [继续(C)] <C>：】提示信息下，输入第 3 个点。在目标对象上同样需要确定 3 个点，与源对象的点一一对应，对齐效果如图 12-9 所示。

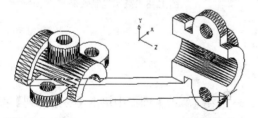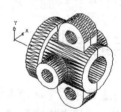

图 12-9　在三维空间中对齐对象

⑫.2 编辑三维实体

在 AutoCAD 2016 的菜单栏中选择【修改】|【实体编辑】菜单中的子命令，或在【功能区】选项板中选择【常用】选项卡，然后在【实体编辑】面板中，单击实体编辑工具按钮，即可对三维实体进行编辑。

12.2.1　并集运算

在【功能区】选项板中选择【常用】选项卡，然后在【实体编辑】面板中单击【实体,并集】按钮，或在菜单栏中选择【修改】|【实体编辑】|【并集】命令(UNION)，即可合并选定的三维实体，生成一个新实体。该命令主要用于将多个相交或相接触的对象组合在一起。当组合一些不相交的实体时，其显示效果还是多个实体，但实际上却被当作一个合并的对象。在使用该命令时，需要依次选择待合并的对象即可。

例如，对如图 12-10 所示的两个球体做并集运算，可在【功能区】选项板中选择【常用】选项卡，然后在【实体编辑】面板中单击【实体,并集】按钮，分别选择两个球体，按 Enter 键，即可完成并集运算，效果如图 12-11 所示。

图 12-10　用作并集运算的实体

图 12-11　并集运算效果

12.2.2　差集运算

在【功能区】选项板中选择【常用】选项卡，然后在【实体编辑】面板中单击【实体,差集】按钮，或在菜单栏中选择【修改】|【实体编辑】|【差集】命令(SUBTRACT)，即可从该实体中删除部分实体，从而得到一个新的实体。

例如，若要从如图 12-12 所示的球体中减去长方体，可在【功能区】选项板中选择【常用】选项卡，然后在【实体编辑】面板中单击【实体,差集】按钮，再单击球体，将其作为被减实体，按 Enter 键，最后单击长方体后按 Enter 键确认，即可完成差集运算，效果如图 12-13 所示。

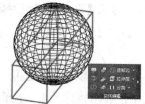

图 12-12　用作差集运算的实体

图 12-13　求差集并消隐后的效果

12.2.3　交集运算

在【功能区】选项板中选择【常用】选项卡，然后在【实体编辑】面板中单击【实体,交集】

按钮 ，或在菜单栏中选择【修改】|【实体编辑】|【交集】命令(INTERSECT)，即可利用各实体的公共部分创建新实体。

例如，若要对如图 12-14 所示的 2 个长方体求交集，可在【功能区】选项板中选择【常用】选项卡，然后在【实体编辑】面板中单击【交集】按钮 ，再单击所有需要求交集的长方体，按 Enter 键，即可完成交集运算，效果如图 12-15 所示。

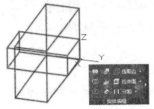
图 12-14　用作交集运算的实体

图 12-15　交集运算效果

⑫.2.4　干涉检查

在【功能区】选项板中选择【常用】选项卡，然后在【实体编辑】面板中单击【干涉检查】按钮 ，或在菜单栏中选择【修改】|【三维操作】|【干涉检查】命令(INTERFERE)，即可对对象进行干涉运算。

干涉检查通过从两个或多个实体的公共体积创建临时组合三维实体，用于亮显重叠的三维实体。如果定义了单个选择集，干涉检查将对比检查集合中的全部实体。如果定义了两个选择集，干涉检查将对比检查第一个选择集中的实体与第二个选择集中的实体。如果在两个选择集中都包括了同一个三维实体，干涉检查将该三维实体视为第一个选择集中的一部分，在第二个选择集中忽略该三维实体。

在【功能区】选项板中选择【常用】选项卡，然后在【实体编辑】面板中单击【干涉检查】按钮 ，命令行显示如下提示信息。

> 选择第一组对象或 [嵌套选择(N)/设置(S)]:

默认情况下，选择第一组对象后，按 Enter 键，命令行将显示【选择第二组对象或 [嵌套选择(N)/检查第一组(K)] <检查>:】提示信息，此时按 Enter 键，打开【干涉检查】对话框，如图 12-16 所示。

【干涉检查】对话框能够使用户在干涉对象之间循环并缩放干涉对象，也可以指定关闭对话框时是否删除干涉对象。其中，在【干涉对象】选项区域中，显示执行【干涉检查】命令时在每组对象的数目及在其间找到的干涉数目；在【亮显】选项区域中，单击【上一个】和【下一个】按钮，可以在对象中循环时亮显干涉对象；选中【缩放对】复选框缩放干涉对象；单击【实时缩放】、【实时平移】和【三维动态观测器】按钮，可以关闭【干涉检查】对话框，并分别启动【实时缩放】、【实时平移】和【三维动态观测器】，进行缩放、移动和观察干涉对象，如图 12-17 所示。

图 12-16　【干涉检查】对话框

图 12-17　观测干涉对象

此外，选中【关闭时删除已创建的干涉对象】复选框，可以在关闭【干涉检查】对话框时删除干涉对象；单击【关闭】按钮，可以关闭【干涉检查】对话框并删除干涉对象。

在命令行的【选择第一组对象或 [嵌套选择(N)/设置(S)]：】提示信息下，选择【嵌套选择(N)】选项，可以使用户选择嵌套在块和外部参照中的单个实体对象。此时，命令行将显示【选择嵌套对象或 [退出(X)] <退出>：】提示信息，可以选择嵌套对象或按 Enter 键返回普通对象选择。

在命令行的【选择第一组对象或 [嵌套选择(N)/设置(S)]：】提示信息下，选择【设置(S)】选项，将打开【干涉设置】对话框，如图 12-18 所示。

【干涉设置】对话框用于控制干涉对象的显示。其中，【干涉对象】选项区域用于指定干涉对象的视觉样式和颜色，表示是亮显实体的干涉对象，还是亮显从干涉点对中创建的干涉对象；【视口】选项区域用于指定检查干涉时的视觉样式。

例如，对图 12-10 所示的球体求干涉集后，在绘图窗口显示的干涉对象如图 12-19 所示。

图 12-18　【干涉设置】对话框

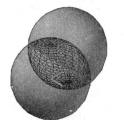

图 12-19　求干涉集后的效果

12.2.5　编辑三维实体的边

在 AutoCAD 2016 的【功能区】选项板中选择【常用】选项卡，然后在【实体编辑】面板中单击编辑【提取边】按钮，或在菜单栏中选择【修改】|【实体编辑】子菜单中的命令，即可编辑实体的边，如提取边、复制边以及着色边等。

1. 提取边

在【功能区】选项板中选择【常用】选项卡，然后在【实体编辑】面板中单击【提取边】按钮，或在菜单栏中选择【修改】|【三维操作】|【提取边】命令(XEDGES)，即可通过在三维实体或曲面中提取边创建线框几何体。例如，提取如图 12-20 所示长方体中的边，可以在【功能区】选项板中选择【常用】选项卡，然后在【实体编辑】面板中单击【提取边】按钮，最后选择长方体，按 Enter 键即可。如图 12-21 所示为提取出的一条边。

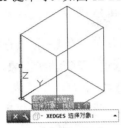

图 12-20　长方体

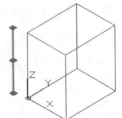

图 12-21　从长方体中提取的边

2. 压印边

在【功能区】选项板中选择【常用】选项卡，然后在【实体编辑】面板中单击【压印】按钮，或在菜单栏中选择【修改】|【实体编辑】|【压印】命令(IMPRINT)，即可将对象压印到选定的实体上。例如，在长方体上压印圆，可以在【功能区】选项板中选择【常用】选项卡，然后在【实体编辑】面板中单击【压印】按钮，选择长方体作为三维实体，再选择圆作为需要压印的对象。若要删除压印对象，可以在命令行【是否删除源对象[是(Y)/否(N)] <N>：】提示信息下输入 Y，然后连续按 Enter 键即可，如图 12-22 所示。

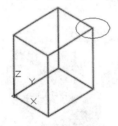
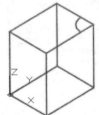

图 12-22　压印边

为了使压印操作成功，被压印的对象必须与选定对象的一个或多个面相交。【压印】选项仅限于圆弧、圆、直线、二维和三维多段线、椭圆、样条曲线、面域、体和三维实体对象。

3. 着色边

在【功能区】选项板中选择【常用】选项卡，然后在【实体编辑】面板中单击【着色边】按钮，或在菜单栏中选择【修改】|【实体编辑】|【着色边】命令，即可着色实体的边。

用户在执行着色边命令时，选定边后，将弹出【选择颜色】对话框，可以选择用于着色边的颜色，如图 12-23 所示。

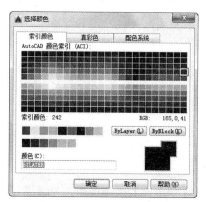

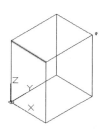

图 12-23　着色边

4. 复制边

在【功能区】选项板中选择【常用】选项卡，然后在【实体编辑】面板中单击【复制边】按钮 ，或在菜单栏中选择【修改】|【实体编辑】|【复制边】命令，即可将三维实体边复制为直线、圆弧、圆、椭圆或样条曲线，如图 12-24 所示。

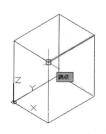　　　　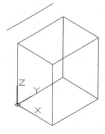

图 12-24　复制边

⑫.2.6　编辑三维实体的面

在 AutoCAD 2016 的【功能区】选项板中选择【常用】选项卡，然后在【实体编辑】面板中单击相关按钮，或在菜单栏中选择【修改】|【实体编辑】子菜单中的命令，即可对实体面进行拉伸、移动、偏移、删除、旋转、倾斜、着色和复制等操作。

1. 拉伸面

在【功能区】选项板中选择【常用】选项卡，然后在【实体编辑】面板中单击【拉伸面】按钮 ，或在菜单栏中选择【修改】|【实体编辑】|【拉伸面】命令，即可按指定的长度或沿指定的路径拉伸实体面。

例如，将如图 12-25 所示图形中 A 处的面拉伸 40 个单位，可在【常用】选项卡的【实体编辑】面板中，单击【拉伸面】按钮，并单击 A 处所在的面，然后在命令行的提示信息下输入拉伸高度为 20，其效果如图 12-26 所示。

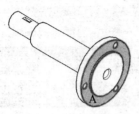

图 12-25　待拉伸的图形

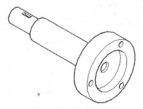

图 12-26　拉伸后的效果

2. 移动面

在【功能区】选项板中选择【常用】选项卡，然后在【实体编辑】面板中，单击【移动面】按钮，或在菜单栏中选择【修改】|【实体编辑】|【移动面】命令，即可按指定的距离移动实体的指定面。

例如，将如图 12-27 所示对象中点 A 处的面进行移动，并指定位移的基点为(0,0,0)，位移的第 2 点为(0,20,0)，移动后的效果如图 12-28 所示。

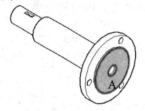

图 12-27　选中 A 面

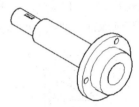

图 12-28　移动面效果

3. 偏移面

在【功能区】选项板中选择【常用】选项卡，然后在【实体编辑】面板中单击【偏移面】按钮，或在菜单栏中选择【修改】|【实体编辑】|【偏移面】命令，即可等距离偏移实体的指定面。

例如，将如图 12-27 所示对象中点 A 处的面进行偏移，并指定偏移距离为 40，偏移后的效果也如图 12-28 所示。

4. 删除面

在【功能区】选项板中选择【常用】选项卡，然后在【实体编辑】面板中单击【删除面】按钮，在菜单栏中选择【修改】|【实体编辑】|【删除面】命令，即可删除实体上指定的面。

例如，若要删除如图 12-29 所示图形中 A 处的面，选择【常用】选项卡，然后在【实体编辑】面板中单击【删除】按钮，并单击 A 处所在的面，最后按 Enter 键，如图 12-30 所示。

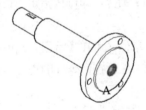

图 12-29　需要删除其面的实体

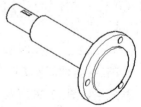

图 12-30　删除面后的效果

5. 旋转面

在【功能区】选项板中选择【常用】选项卡，然后在【实体编辑】面板中单击【旋转面】按钮，或在菜单栏中选择【修改】|【实体编辑】|【旋转面】命令，即可绕指定轴旋转实体的面。

例如，将如图 12-31 中 A 处的面绕 X 轴旋转 45°，可以在【功能区】选项板中选择【常用】选项卡，然后在【实体编辑】面板中单击【旋转面】按钮，并单击点 A 处的面作为旋转面，指定轴为 X 轴，旋转原点的坐标为(0,0,0)，旋转角度为 45°，则旋转后的效果如图 12-32 所示。

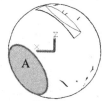

图 12-31　需要旋转面的实体

图 12-32　旋转面后的效果

6. 着色面

在【功能区】选项板中选择【常用】选项卡，然后在【实体编辑】面板中单击【着色面】按钮，或在菜单栏中选择【修改】|【实体编辑】|【着色面】命令，即可修改实体上单个面的颜色。当执行着色面命令时，在绘图窗口中选择需要着色的面，然后按 Enter 键打开【选择颜色】对话框。在颜色调色板中选择需要的颜色，最后单击【确定】按钮即可。

当为实体的面着色后，可以选择【视图】|【渲染】|【渲染】命令，渲染图形，以观察其着色效果，如图 12-33 所示。

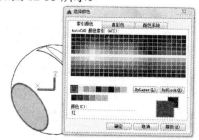

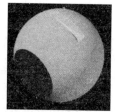

图 12-33　着色实体面后的渲染效果

7. 倾斜面

在【功能区】选项板中选择【常用】选项卡，然后在【实体编辑】面板中单击【倾斜面】按钮，或选择【修改】|【实体编辑】|【倾斜面】命令，即可将实体面倾斜为指定角度。

例如，将如图 12-34 中 A 处的面以(0,0,0)为基点，以(0,10,0)为沿倾斜轴上的一点，倾斜角度为-45°，倾斜后如图 12-35 所示的效果。

8. 复制面

在【功能区】选项板中选择【常用】选项卡，然后在【实体编辑】面板中单击【复制面】按钮，或在菜单栏中选择【修改】|【实体编辑】|【复制面】命令，即可复制指定的实体面。

例如，若要复制图形中的圆环面，可以在【功能区】选项板中选择【常用】选项卡，然后在【实体编辑】面板中单击【复制面】按钮，并且单击需要复制的面，最后指定位移的基点和位移的第 2 点，按 Enter 键，效果如图 12-36 所示。

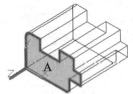

图 12-34　需要倾斜面的实体

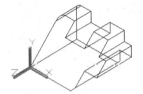

图 12-35　倾斜面后的效果

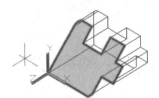

图 12-36　复制实体面

12.2.7　实体分割、清除、抽壳与选中

在 AutoCAD 2016 的【功能区】选项板中选择【常用】选项卡，使用【实体编辑】面板中的清除、分割、抽壳和检查工具，或在菜单栏中选择【修改】|【实体编辑】子菜单中的相关命令，即可对实体进行清除、分割、抽壳和检查操作。

1. 分割

在【功能区】选项板中选择【常用】选项卡，然后在【实体编辑】面板中单击【分割】按钮，或在菜单栏中选择【修改】|【实体编辑】|【分割】命令，即可将不相连的三维实体对象分割成独立的三维实体对象。

例如，使用【分割】命令，分割如图 12-37 所示的三维实体，效果如图 12-38 所示。

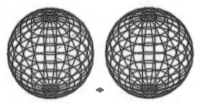

图 12-37　实体分割前

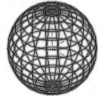

图 12-38　实体分割后

2. 清除

在【功能区】选项板中选择【常用】选项卡，然后在【实体编辑】面板中单击【清除】按钮，或在菜单栏中选择【修改】|【实体编辑】|【清除】命令，即可删除共享边以及那些在边或顶点具

有相同表面或曲线定义的顶点。还可以删除所有多余的边、顶点以及不使用的几何图形，但不能删除压印的边。

例如，使用【清除】命令，清除如图 12-39 所示的三维实体，效果如图 12-40 所示。

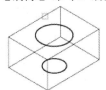

图 12-39　实体清除前

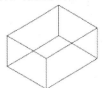

图 12-40　实体清除后

3. 抽壳

在【功能区】选项板中选择【常用】选项卡，然后在【实体编辑】面板中单击【抽壳】按钮，或在菜单栏中选择【修改】|【实体编辑】|【抽壳】命令，即可使用指定的厚度创建一个空的薄层。可以为所有面指定一个固定的薄层厚度。通过选择面可以将该面排除在壳外。一个三维实体只能有一个壳。通过将现有面偏移出其原位置，然后创建新的面。

使用【抽壳】命令进行抽壳操作时，若输入抽壳偏移距离的值为正值，表示从圆周外开始抽壳；指定为负值，表示从圆周内开始抽壳。

例如，使用【抽壳】命令，对如图 12-41 所示的三维实体抽壳后，效果如图 12-42 所示。

图 12-41　实体抽壳前

图 12-42　实体抽壳后

4. 检查

在【功能区】选项板中选择【常用】选项卡，然后在【实体编辑】面板中单击【检查】按钮，或在菜单栏中选择【修改】|【实体编辑】|【检查】命令，即可检查选中的三维对象是否为有效的实体。

12.2.8　剖切实体

在 AutoCAD 2016 的【功能区】选项板中选择【常用】选项卡，然后在【实体编辑】面板中单击【剖切】按钮，或在菜单栏中选择【修改】|【三维操作】|【剖切】命令(SLICE)，即可通过剖切现有实体创建新实体。

剖切平面的对象可以是曲面、圆、椭圆、圆弧或椭圆弧、二维样条曲线和二维多段线线段。在剖切实体时，可以保留剖切实体的一半或全部。剖切实体不保留创建其原始形式的历史记录，仅保留原实体的图层和颜色特性，如图 12-43 所示。

计算机 基础与实训教材系列

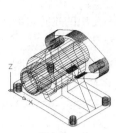 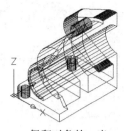 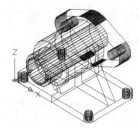

原实体　　　　　　　　保留对象的一半　　　　　　　两半都保留

图 12-43　实体剖切效果

剖切实体的默认方法是指定两个点定义垂直于当前 UCS 的剪切平面，然后选择需要保留的部分。也可以通过指定 3 个点，使用曲面、其他对象、当前视图、Z 轴，或者 XY 平面、YZ 平面或 ZX 平面定义剪切平面。

12.2.9　加厚

在 AutoCAD 2016 的【功能区】选项板中选择【常用】选项卡，然后在【实体编辑】面板中单击【加厚】按钮 ，或在菜单栏中选择【修改】|【三维操作】|【加厚】命令(THICKEN)，即可加厚曲面从任何曲面类型创建三维实体。

例如，使用【加厚】命令，将长方形曲面加厚 50 个单位后，效果如图 12-44 所示。

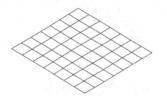 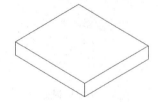

图 12-44　加厚操作

12.2.10　转换为实体和曲面

在 AutoCAD 2016 中【转换为实体】和【转换为曲面】命令的使用方法如下：

- 在【功能区】选项板中选择【常用】选项卡，然后在【实体编辑】面板中单击【转换为实体】按钮 ，或在菜单栏中选择【修改】|【三维操作】|【转换为实体】命令(CONVTOSOLID)，即可将具有厚度的统一宽度的宽多段线、闭合的或具有厚度的零宽度多段线以及具有厚度的圆转换为实体。

- 在【功能区】选项板中选择【常用】选项卡，然后在【实体编辑】面板中单击【转换为曲面】按钮 ，或在菜单栏中选择【修改】|【三维操作】|【转换为曲面】命令(CONVTOSURFACE)，即可将二维实体、面域、体、开放的或具有厚度的零宽度多段线、具有厚度的直线、具有厚度的圆弧以及三维平面转换为曲面。

⑫.2.11　分解三维对象

在 AutoCAD 2016 的【功能区】选项板中选择【常用】选项卡，然后在【修改】面板中单击【分解】按钮，或在菜单栏中选择【修改】|【分解】命令(EXPLODE)，即可将三维对象分解为一系列面域和主体。其中，实体中的平面被转换为面域，曲面被转化为主体。用户可以继续使用该命令，将面域和主体分解为组成实体的基本元素，如直线、圆及圆弧等。

例如，对如图 12-49(a)所示的图形进行分解，然后移动生成的面域或主体，效果如图 12-45(b)所示。

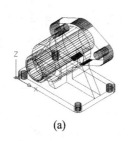
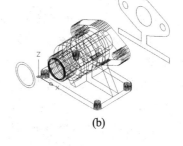

(a)　　　　　　　　　　　　　　　　　　(b)

图 12-45　分解实体

⑫.2.12　对实体修倒角和圆角

在 AutoCAD 2016 的【功能区】选项板中选择【常用】选项卡，然后在【修改】面板中单击【倒角】按钮，或在菜单栏中选择【修改】|【倒角】命令(CHAMFER)，即可对实体的棱边修倒角，在两相邻曲面间生成一个平坦的过渡面。

在【功能区】选项板中选择【常用】选项卡，然后在【修改】面板中单击【圆角】按钮，或在菜单栏中选择【修改】|【圆角】命令(FILLET)，即可为实体的棱边修圆角，在两个相邻面间生成一个圆滑过渡的曲面。当为几条交于同一个点的棱边修圆角时，如果圆角半径相同，则会在该公共点上生成球面的一部分。

【例 12-3】对如图 12-46 所示图形中的 A 处的棱边修倒角，倒角距离为 5；对 B 和 C 处的棱边修圆角，圆角半径为 15。

(1) 在【功能区】选项板中选择【常用】选项卡，然后在【修改】面板中单击【倒角】按钮，在【选择第一条直线或 [放弃(U)/多段线(P)/距离(D)/角度(A)/修剪(T)/方式(E)/多个(M)]: 】提示信息下，单击 A 处作为待选择的边。

(2) 在命令行的【输入曲面选择选项 [下一个(N)/当前(OK)] <当前(OK)>: 】提示信息下按 Enter 键，指定曲面为当前面。

(3) 在命令行的【指定基面的倒角距离: 】提示信息下输入 5，指定基面的倒角距离为 5。

(4) 在命令行的【指定基面的倒角距离<5.000>: 】提示信息下按 Enter 键，指定其他曲面的倒角距离也为 5。

(5) 在命令行的【选择边或[环(L)]: 】提示信息下，单击 A 处的棱边，效果如图 12-47 所示。

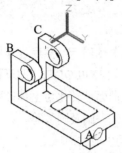

图 12-46　对实体修圆角和倒角

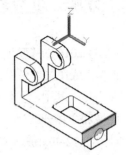

图 12-47　对 A 处的棱边修倒角

(6) 在【功能区】选项板中选择【常用】选项卡，然后在【修改】面板中单击【圆角】按钮，在命令行的【选择第一个对象或[放弃(U)/多段线(P)/半径(R)/修剪(T)/多个(M)]: 】提示信息下，单击 B 处的棱边。

(7) 在命令行的【输入圆角半径: 】提示信息下输入 15，指定圆角半径，按 Enter 键，效果如图 12-48 所示。

(8) 使用同样的方法，对 D 处的棱边修圆角，完成后效果如图 12-49 所示。

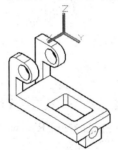

图 12-48　对 B 处的棱边修圆角

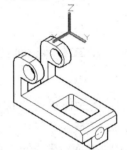

图 12-49　图形效果

12.3　标注三维对象的尺寸

在 AutoCAD 2016 的【功能区】选项板中选择【注释】选项卡，然后在【标注】面板中单击标注工具，或在菜单栏中选择【标注】菜单中的命令，不仅可以标注二维对象的尺寸，还可以标注三维对象的尺寸。所有的尺寸标注只能在当前坐标的 XY 平面中进行，因此，为了准确标注三维对象中各部分的尺寸，需要不断地变换坐标系。下面通过一个具体实例介绍三维对象的标注方法。

【例 12-4】标注如图 12-46 所示图形中长方体长度、高度和宽度，以及圆角半径和孔的直径。

(1) 在【功能区】选项板中选择【常用】选项卡，然后在【图层】面板中单击【图层特性】按钮，打开【图层特性管理器】面板，新建一个【标注层】，将该层设置为当前层。

(2) 在【功能区】选项板中选择【常用】选项卡，然后在【坐标】面板中单击【原点】按钮，将坐标系移动至如图 12-50 所示的位置。

(3) 在【功能区】选项板中选择【注释】选项卡，然后在【标注】面板中单击【线性】按钮，标注长方体底面的长和宽，如图 12-51 所示。

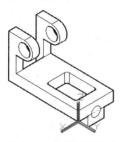

图 12-50　移动坐标系

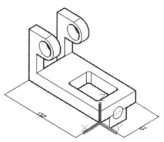

图 12-51　线性标注

(4) 在【功能区】选项板中选择【常用】选项卡，然后在【坐标】面板中单击 Y 按钮，将坐标系绕 Y 轴旋转 90°，如图 12-52 所示。

(5) 在【功能区】选项板中选择【注释】选项卡，然后在【标注】面板中单击【线性】按钮，标注长方体的高度，如图 12-53 所示。

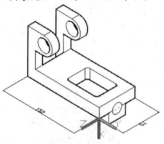

图 12-52　旋转坐标系

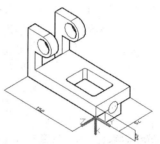

图 12-53　标注长方体高度

(6) 在【功能区】选项板中选择【注释】选项卡，在【标注】面板中单击【圆心标记】按钮，标注圆孔的圆心，如图 12-54 所示。单击【半径】按钮和【直径】按钮，标注圆角半径和孔的直径，如图 12-55 所示。

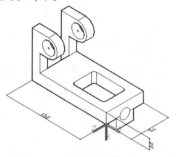

图 12-54　标注圆孔圆心

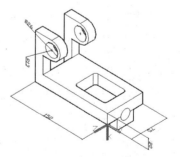

图 12-55　标注半径和直径

12.4　上机练习

本章的上机练习将介绍在 AutoCAD 2016 中创建矩形阵列的方法。用户可以通过实例操作，巩固所学的知识。

(1) 在【功能区】选项板中选择【常用】选项卡，然后在【建模】面板中单击【长方体】按钮□，以点(0,0,0)为第 1 个角点，绘制一个边长为 100 的正方体，如图 12-56 所示。

(2) 在【功能区】选项板中选择【常用】选项卡，然后在【建模】面板中单击【圆柱体】按钮□，以点(20,20,0)为圆柱体底面中心点，绘制一个半径为 10，高为 100 的圆柱体，效果如图 12-57 所示。

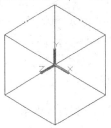

图 12-56　绘制正方体

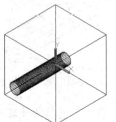

图 12-57　绘制圆柱体

(3) 在【功能区】选项板中选择【常用】选项卡，然后在【修改】面板中单击【三维阵列】按钮□，在【选择对象：】提示信息下选择绘制的圆柱体，按 Enter 键。

(4) 此时自动打开【阵列创建】选项卡，设置列数为 3，行数为 3，列间距和行间距都为 30，如图 12-58 所示。

图 12-58　设置阵列复制结果

12.5　习题

1. 在 AutoCAD 2016 中，如何对三维基本实体进行并集、差集、交集和干涉 4 种布尔运算。

2. 在 AutoCAD 2016 中是否可以删除实体的一个面？如何可以，如何操作？

观察三维图形

学习目标

使用三维观察工具，能够在图形中动态观察，为指定视图设置相机以及创建动画，以便与其他用户共享设计。可以围绕三维模型进行动态观察、漫游和飞行，设置相机，创建预览动画以及录制运动路径动画，用户可以将其分发给其他人，以从视觉上传达设计意图。

本章重点

- ⊙ 使用动态观察
- ⊙ 使用相机
- ⊙ 使用运动路径动画
- ⊙ 使用漫游与飞行功能
- ⊙ 控制三维投影样式

⑬.1 动态观察

在 AutoCAD 中，有 3 种动态观察工具，分别是受约束的动态观察、自由动态观察和连续动态观察。下面将逐一介绍。

⑬.1.1 受约束的动态观察

在 AutoCAD 中选择【视图】|【动态观察】|【受约束的动态观察】命令(3DORBIT)，即可在当前视口中激活三维动态观察视图。

当【受约束的动态观察】处于活动状态时，视图的目标保持静止，而相机的位置(或视点)将围绕目标移动。虽然看起来好像三维模型正在随着鼠标光标的拖动而旋转，但用户可以使用该方式指定模型的任意视图。此时，显示三维动态观察光标图标。如果水平拖动光标，相机将平行于世界坐标系(WCS)的 XY 平面移动。如果垂直拖动光标，相机将沿 Z 轴移动，如图 13-1 所示。

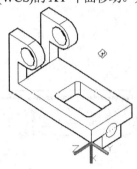

图 13-1　受约束的动态观察

13.1.2　自由动态观察

在菜单栏中选择【视图】|【动态观察】|【自由动态观察】命令(3DFORBIT)，即可在当前视口中激活三维自由动态观察视图。如果用户坐标系 UCS 图标为打开状态，则表示当前 UCS 的着色三维 UCS 图标将显示在三维动态观察视图中。

三维自由动态观察视图将显示一个导航球，该导航球被更小的圆分成 4 个区域，如图 13-2 所示。取消选择快捷菜单中的【启用动态观察自动目标】选项时，视图的目标将保持固定不变。相机位置或视点将绕目标移动。此时，目标点是导航球的中心，而不是正在查看的对象的中心。与【受约束的动态观察】不同，【自由动态观察】不约束沿 XY 轴或 Z 方向的视图变化。

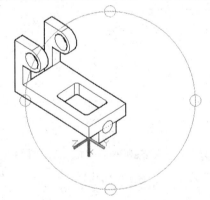
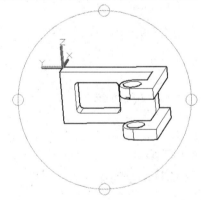

图 13-2　自由动态观察

13.1.3　连续动态观察

在菜单栏中选择【视图】|【动态观察】|【连续动态观察】命令(3DCORBIT)，即可启用交互式三维视图并将对象设置为连续运动。

执行 3DCORBIT 命令，在绘图区域中单击并沿任意方向拖动鼠标，使对象沿拖动的方向移动。释放鼠标，对象在指定的方向上继续进行轨迹运动。光标移动设置的速度决定了对象的旋转速度。

可以再次单击并拖动鼠标来改变连续动态观察的方向。在绘图区域中右击并从快捷菜单中选择相应的选项，可以修改连续动态观察的显示，如图 13-3 所示。

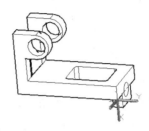

图 13-3　连续动态观察

13.2　使用相机

在 AutoCAD 中，用户可以在模型空间中放置相机的方法定义三维视图，另外，用户还可根据需要调整相机的设置。

13.2.1　认识相机

在图形中，可以通过放置相机定义三维视图；可以打开或关闭相机并使用夹点编辑相机的位置、目标或焦距；可以通过位置 XYZ 坐标，目标 XYZ 坐标和视野/焦距(用于确定倍率或缩放比例)定义相机。可以指定的相机属性如下。

- 位置：定义需要观察三维模型的起点。
- 目标：通过指定视图中心的坐标定义需要观察的点。
- 焦距：定义相机镜头的比例特性。焦距越大，视野越窄。
- 前向和后向剪裁平面：指定剪裁平面的位置。剪裁平面是定义(或剪裁)视图的边界。在相机视图中，将隐藏相机与前向剪裁平面之间的所有对象。同样也隐藏后向剪裁平面与目标之间的所有对象。

默认情况下，已保存相机的名称为 Camera1、Camera2 等。用户可以根据需要重命名相机以更好地描述相机视图。

13.2.2　创建相机

在菜单栏中选择【视图】|【创建相机】命令(CAMERA)，可以设置相机和目标的位置，以创

建并保存对象的三维透视图。

通过定义相机的位置和目标，然后进一步定义其名称、高度、焦距和剪裁平面来创建新相机。执行【创建相机】命令，在图形中指定相机位置和目标位置后，命令行显示如下提示信息。

> 输入选项 [?/名称(N)/位置(LO)/高度(H)/目标(T)/镜头(LE)/剪裁(C)/视图(V)/退出(X)] <退出>：

在该命令提示下，可以指定是否显示当前已定义相机的列表、相机名称、相机位置、相机高度、相机目标位置、相机焦距、剪裁平面以及设置当前视图以匹配相机设置。

⑬.2.3 修改相机特性

在图形中创建相机后，选中相机，打开【相机预览】窗口，如图 13-4 所示。其中，预览窗口用于显示相机视图的预览效果；【视觉样式】下拉列表框用于指定应用于预览的视觉样式，如概念、三维隐藏、三维线框以及真实等；【编辑相机时显示该窗口】复选框用于指定编辑相机时，是否显示【相机预览】窗口。

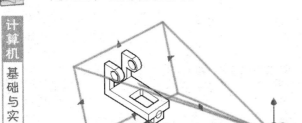

图 13-4 【相机预览】窗口

在选中相机后，可以通过以下 3 种方式更改相机设置。

- ⊚ 单击并拖动夹点，以调整焦距、视野大小，或重新设置相机位置，如图 13-5 所示。
- ⊚ 在动态输入工具栏中输入 X、Y、Z 坐标值。
- ⊚ 按 Ctrl+1 组合键，打开【特性】面板，使用【特性】面板中的相应选项修改相机特性，如图 13-6 所示。

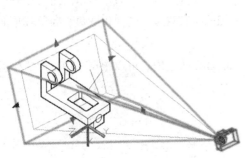

图 13-5 通过夹点进行设置

图 13-6 相机的【特性】面板

【例 13-1】使用相机观察，如图 13-3 所示的图形。其中，设置相机的名称为 mycamera，相机位置为(0,200,0)，相机高度为 55，目标位置为(0,0,0)，焦距为 35mm。

(1) 在菜单栏中选择【视图】|【创建相机】命令(CAMERA)，然后在视图中通过添加相机来观察图形。

(2) 在命令行的【指定相机位置：】提示信息下输入(0,200,0)，指定相机的位置。

(3) 在命令行的【指定目标位置：】提示信息下输入(0,0,0)，指定相机的目标位置。

(4) 在命令行的【输入选项 [?/名称(N)/位置(LO)/高度(H)/目标(T)/镜头(LE)/剪裁(C)/视图(V)/退出(X)] <退出>：】提示信息下输入 N，选择名称选项。

(5) 在命令行的【输入新相机的名称<相机 1>：】提示信息下输入相机名称为 mycamera。

(6) 在命令行的【输入选项[?/名称(N)/位置(LO)/高度(H)/目标(T)/镜头(LE)/剪裁(C)/视图(V)/退出(X)] <退出>：】提示信息下输入 H，选择高度选项。

(7) 在命令行的【指定相机高度<0>：】提示信息下输入 55，指定相机的高度。

(8) 在命令行的【输入选项[?/名称(N)/位置(LO)/高度(H)/目标(T)/镜头(LE)/剪裁(C)/视图(V)/退出(X)] <退出>：】提示信息下输入 LE，选择镜头选项。

(9) 在命令行的【以毫米为单位指定镜头长度<50>：】提示信息下输入 35，指定镜头的长度，单位为毫米。

(10) 在命令行的【输入选项[?/名称(N)/位置(LO)/高度(H)/目标(T)/镜头(LE)/剪裁(C)/视图(V)/退出(X)] <退出>：】提示信息下按 Enter 键，创建的相机效果如图 13-7 所示。

(11) 单击创建的相机，在打开的【相机预览】窗口中单击【视觉样式】下拉列表按钮，在弹出的下拉列表中调整视觉样式，完成后效果如图 13-8 所示。

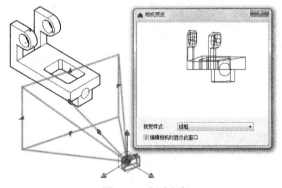

图 13-7　创建相机

图 13-8　调整视觉样式

13.2.4　调整视距

在 AutoCAD 2016 的菜单栏中选择【视图】|【相机】|【调整视距】命令(3DDISTANCE)，即可将光标更改为放大镜形状。单击并向屏幕顶部垂直拖动光标使相机靠近对象，可以使对象显示得更大；单击并向屏幕底部垂直拖动光标使相机远离对象，可以使对象显示得更小，如图 13-9 所示。

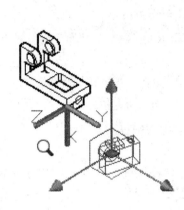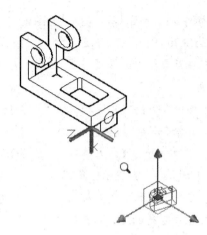

图 13-9　调整视距

(13).2.5　回旋

在菜单栏中选择【视图】|【相机】|【回旋】命令(3DSWIVEL)，即可在拖动方向上模拟平移相机。也可以沿 XY 平面或 Z 轴回旋视图，如图 13-10 所示。

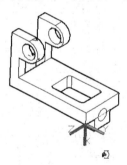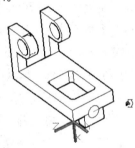

图 13-10　使用回旋视图

(13).3　运动路径动画

使用运动路径动画(例如模型的三维动画穿越漫游)可以向用户形象地演示模型，还可以录制和回放导航过程，以动态方式传达设计意图。

(13).3.1　控制相机运动路径的方法

可以通过将相机及其目标链接至点或路径以控制相机运动，从而控制动画。若要使用运动路径创建动画，可以将相机及其目标链接至某个点或某条路径上。

如果需要相机保持原样，则将其链接至某个点；如果需要相机沿路径运动，则可将其链接至路径上。如果需要目标保持原样，则将其链接至某个点；如果需要目标移动，则将其链接至某条路径上。需要注意的是，无法将相机和目标链接至一个点。

如果需要使动画视图与相机路径一致，则应使用同一路径。在【运动路径动画】对话框中，将目标路径设置为【无】即可实现目的。

> **知识点**
>
> 相机或目标链接的路径，必须在创建运动路径动画之前创建路径对象。路径对象可以是直线、圆弧、椭圆弧、圆、多段线、三维多段线或样条曲线。

⑬.3.2 设置运动路径动画参数

在菜单栏中选择【视图】|【运动路径动画】命令(ANIPATH)，将打开【运动路径动画】对话框，如图 13-11 所示。

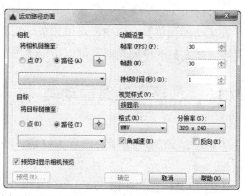

图 13-11 打开【运动路径动画】对话框

1. 设置相机

在【相机】选项区域中，可以设置将相机链接至图形中的静态点或运动路径。当选择【点】或【路径】按钮时，可以单击拾取按钮⊕，选择相机所在位置的点或沿相机运动的路径，此时在下拉列表框中显示可以链接相机的命名点或路径列表。

2. 设置目标

在【目标】选项区域中，可以设置将相机目标链接至点或路径。如果将相机链接至点，则必须将目标链接至路径。如果将相机链接至路径，可以将目标链接至点或路径。

3. 设置动画

在【动画设置】选项区域中，可以控制动画文件的输出。

- 【帧频】文本框用于设置动画运行的速度，以每秒帧数为单位计量，指定范围为 1~60，默认值为 30；
- 【帧数】文本框用于指定动画中的总帧数，该值与帧率共同确定动画的长度，更改该数值时，将自动重新计算【持续时间】值；
- 【持续时间】文本框用于指定动画(片段中)的持续时间；
- 【视觉样式】下拉列表框，显示可应用于动画文件的视觉样式和渲染预设的列表；
- 【格式】下拉列表框用于指定动画的文件格式，可以将动画保存为 AVI、MOV、MPG 或 WMV 文件格式，以便日后回放；
- 【分辨率】下拉列表框用于以屏幕显示单位定义生成的动画的宽度和高度，默认值为 320×240；
- 【角减速】复选框用于设置相机转弯时，以较低的速率移动相机；
- 【反转】复选框用于设置反转动画的方向。

4. 预览动画

在【运动路径动画】对话框中，选中【预览时显示相机预览】复选框，将显示【动画预览】窗口，可以在保存动画之前进行预览。单击【预览】按钮，将打开【动画预览】窗口。

在【动画预览】窗口中，可以预览使用运动路径或三维导航创建的运动路径动画，其中，通过【视觉样式】下拉列表框，可以指定【预览】区域中显示的视觉样式。

13.3.3 创建运动路径动画

了解了运动路径动画的设置方法后，下面将通过一个具体实例介绍运动路径动画的创建方法。

【例 13-2】在如图 13-12 所示的图形的 Z 轴正方向上绘制一个圆，然后创建沿圆运动的动画效果，其中目标位置为原点，视觉样式为灰度，动画输出格式为 WMV。

(1) 打开如图 13-12 所示的图形。在 Z 轴正方向的某一位置(用户可以自己指定)创建一个圆，然后调整视图显示，效果如图 13-13 所示。

图 13-12　图形

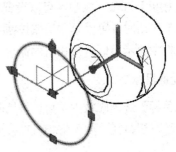

图 13-13　绘制圆并调整视图显示

(2) 在菜单栏中选择【视图】|【动画运动路径】命令(ANIPATH)，打开【运动路径动画】对话框。

(3) 在【相机】选项区域中选中【路径】单选按钮，并单击【选择路径】按钮切换至绘图窗口，单击绘制的圆作为相机的运动路径，打开【路径名称】对话框，保持默认名称，单击【确定】按钮，如图 13-14 所示，返回【运动路径动画】对话框。

(4) 在【目标】选项区域中选中【点】单选按钮，并单击【拾取点】按钮切换至绘图窗口，拾取原点(0,0,0)作为相机的目标位置，打开【点名称】对话框，保持默认名称，单击【确定】按钮，如图 13-15 所示，返回【运动路径动画】对话框。

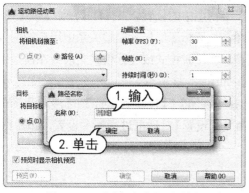

图 13-14 【路径名称】对话框

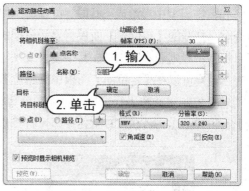

图 13-15 【点名称】对话框

(5) 在【动画设置】选项区域的【视觉样式】下拉列表框中选择【灰度】，然后在【格式】下拉列表框中选择 WMV，如图 13-16 所示。

(6) 单击【确定】按钮，打开【另存为】对话框，保存动画文件为"wmv1.wmv"，单击【保存】按钮，如图 13-17 所示。此时，即可以选择一个播放器观看动画播放效果。

图 13-16 设置【运动路径动画】对话框

图 13-17 【另存为】对话框

⑬.3.4 漫游与飞行

在菜单栏中选择【视图】|【漫游和飞行】|【漫游】命令(3DWALK)，可以交互式更改三维图形的视图，使用户像在模型中漫游。

同样，在菜单栏中选择【视图】|【漫游和飞行】|【飞行】命令(3DFLY)，可以交互式更改三维图形的视图，使用户像在模型中飞行。

穿越漫游模型时，将沿 XY 平面行进。飞越模型时，将不受 XY 平面的约束，所以看起来像在模型中的区域飞过。

用户可以使用一套标准的键盘和鼠标交互在图形中漫游和飞行。使用键盘上的 4 个箭头键或 W 键、A 键、S 键和 D 键进行向上、向下、向左或向右移动。若要在漫游模式和飞行模式之间切换，按 F 键即可。若要指定查看方向，只需沿查看的方向拖动鼠标。漫游或飞行时将显示模型的俯视图。

在三维模型中漫游或飞行时，可以追踪用户在三维模型中的位置。当执行【漫游】或【飞行】命令时，打开的【定位器】面板将显示模型的俯视图。位置指示器显示模型关系中用户的位置，而目标指示器则显示用户正在其中漫游或飞行的模型。在漫游模式或飞行模式之前或在模型中移动时，用户可以在【定位器】面板中编辑位置设置，如图 13-18 所示。

若要控制漫游和飞行设置，可以在菜单栏中选择【视图】|【漫游和飞行】|【漫游和飞行设置】命令(WALKFAYSETTINGS)，即可打开【漫游和飞行设置】对话框进行相关设置，如图 13-19 所示。

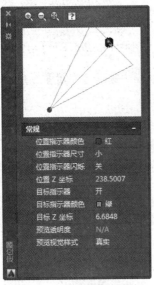

图 13-18　【定位器】选项板

图 13-19　【漫游和飞行设置】对话框

在【漫游和飞行设置】对话框的【设置】选项区域中，可以指定与【指令】窗口和【定位器】面板相关的设置。其中，【进入漫游/飞行模式时】单选按钮用于指定每次进入漫游或飞行模式时均显示指令气泡；【每个任务进行一次】单选按钮用于指定当在每个 AutoCAD 任务中首次进入漫游或飞行模式时，显示指令气泡；【从不】单选按钮用于指定从不显示指令气泡；【显示定位器窗口】复选框用于指定进入漫游模式或飞行模式时是否打开【定位器】窗口。在【当前图形设置】选项区域中，可以指定与当前图形有关的漫游和飞行模式设置。其中，【漫游/飞行步长】文本框用于按照图形单位指定每步的大小；【每秒步数】文本框用于指定每秒发生的步数。

13.4　查看三维图形效果

在绘制三维图形时，为了使对象便于观察，不仅需要对视图进行缩放、平移，还需要隐藏其内部线条以及改变实体表面的平滑度。

13.4.1　消隐图形

在菜单栏中选择【视图】|【消隐】命令(HIDE)，可以暂时隐藏位于实体背后而被遮挡的部分，如图 13-20 所示。执行消隐操作之后，绘图窗口暂时无法使用【缩放】和【平移】命令，直到在菜单栏中选择【视图】|【重生成】命令，重生成图形为止。

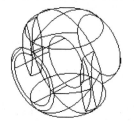 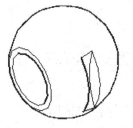

图 13-20　实体消隐前后对比

13.4.2　改变三维图形的曲面轮廓素线

当三维图形中包含弯曲面(如球体和圆柱体等)时，曲面在线框模式下将以线条的形式显示，这些线条称为网线或轮廓素线。系统变量 ISOLINES 可以设置显示曲面所使用的网线条数，默认值为 4，即使用 4 条网线来表达每一个曲面。该值为 0 时，表示曲面没有网线，如果增加网线的条数，则会使图形看起来更接近三维实物，如图 13-21 所示。

ISOLINES=10　　　　　　　　　　　　ISOLINES=30

图 13-21　ISOLINES 设置对实体显示的影响

13.4.3　以线框形式显示实体轮廓

使用系统变量 DISPSILH 可以以线框形式显示实体轮廓。此时，需要将其值设置为 1，并使用【消隐】命令，隐藏曲面的小平面，如图 13-22 所示。

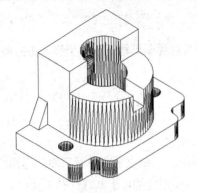

DISPSILH=0

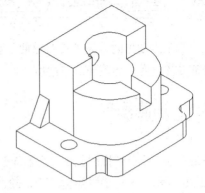

DISPSILH=1

图 13-22　以线框形式显示实体轮廓

13.4.4　改变实体表面的平滑度

若要改变实体表面的平滑度，可以通过修改系统变量 FACETRES 实现。该变量用于设置曲面的面数，取值范围为 0.01~10。其值越大，曲面越平滑，如图 13-23 所示。

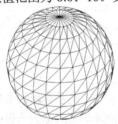

FACETRES=0

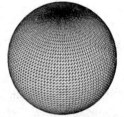

FACETRES=1

图 13-23　改变实体表面的平滑度

> **知识点**
> 如果 DISPSILH 变量值为 1，那么在执行【消隐】、【渲染】命令时不能显示 FACETRES 的设置效果，此时必须将 DISPSILH 变量值设置为 0。

13.5　视觉样式

在【功能区】选项板中选择【视图】选项卡，然后在【视觉样式】面板中选择【视觉样式】下拉列表框中的视觉样式，或在菜单栏中选择【视图】|【视觉样式】子命令，即可对视图应用视觉样式。

(13).5.1 应用视觉样式

视觉样式是一组设置，用于控制视口中边和着色的显示。如果应用了视觉样式或更改了其设置，就可以在视口中查看效果。在 AutoCAD 2016 中，有以下 5 种默认的视觉样式，各视觉样式的功能说明如下。

- 二维线框：显示使用直线和曲线表示边界的对象。光栅和 OLE 对象、线型和线宽均可见，如图 13-24 所示。
- 线框：显示使用直线和曲线表示边界的对象，如图 13-25 所示。

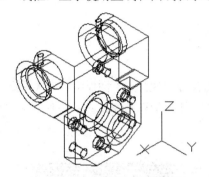

图 13-24　二维线框视觉样式

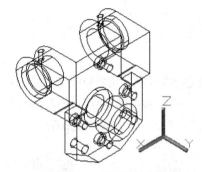

图 13-25　线框视觉样式

- 消隐：显示使用三维线框表示的对象并隐藏表示后向面的直线，如图 13-26 所示。
- 真实：显示着色多边形平面间的对象，并使对象的边平滑化。将显示已附着到对象的材质，如图 13-27 所示。

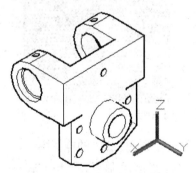

图 13-26　三维隐藏视觉样式

图 13-27　真实视觉样式

- 概念：显示着色多边形平面间的对象，并使对象的边平滑化。着色使用古氏面样式，是一种冷色和暖色之间的过渡，而不是从深色至浅色的过渡。虽然效果缺乏真实感，但是可以更方便地查看模型的细节，如图 13-28 所示。
- 着色：在着色视觉样式中来回移动模型时，跟随视点的两个平行光源将会照亮面。该默认光源被设计为照亮模型中的所有面，以便从视觉上辨别这些面，如图13-29 所示。另外，仅在其他光源(包括阳光)关闭时，才能使用默认光源。

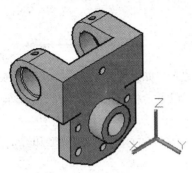

图 13-28　概念视觉样式

图 13-29　着色视觉样式

⑬.5.2　管理视觉样式

在【功能区】选项板中选择【视图】选项卡，然后在【视觉样式】面板中单击【视觉样式管理器】按钮 ，或在菜单栏中选择【视图】|【视觉样式】|【视觉样式管理器】命令，打开【视觉样式管理器】面板，如图 13-30 所示。

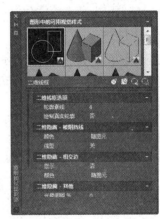

图 13-30　打开【视觉样式管理器】面板

在【图形中的可用视觉样式】列表中，显示了图形中的可用视觉样式的样例图像。当选中某一视觉样式后，该视觉样式显示黄色边框，选中的视觉样式的名称将显示在面板的底部。在【视觉样式管理器】面板的下部，将显示该视觉样式的面设置、环境设置和边设置。

在【视觉样式管理器】面板中，使用工具条中的工具按钮，可以创建新的视觉样式，将选中的视觉样式应用于当前视口，将选中的视觉样式输出至工具选项板以及删除选中的视觉样式。

⑬.5.3　创建透视投影

在透视效果关闭或在其位置定义新视图之前，透视图将一直保持其效果。创建透视投影，只需要在命令行中输入 DVIEW，选择要显示的对象，并根据提示调整视图，然后在命令提示行的提示下输入 D，AutoCAD 将显示如下提示信息。

> 指定新的相机目标距离 <4.0000>：

此时，可以使用滑块设置选定对象和相机之间的距离，或输入实际数字。如果目标和相机点距离非常近(或将【缩放】选项设置为【高】)，可能只会看到一小部分图形。

如果要关闭透视投影，将视图转换为平行投影，可以在命令行中输入 DVIEW，选择要显示的对象，并在命令行中输入 O 即可。

13.6　上机练习

本章的上机练习是在图形的 Z 轴正方向绘制一个圆，然后创建沿圆运动的动画效果。用户可以通过实例操作，巩固所学的知识。

(1) 打开如图 13-31 所示的图形后，在 Z 轴正方向的任意位置创建一个圆，然后选择【视图】|【缩放】|【全部】命令，调整视图显示，如图 13-32 所示。

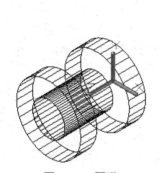

图 13-31　图形

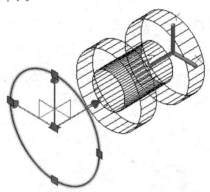

图 13-32　绘制并调整视图显示

(2) 在菜单栏中选择【视图】|【动画运动路径】命令(ANIPATH)，打开【运动路径动画】对话框。

(3) 在【运动路径动画】对话框的【相机】选项区域中单击【路径】单选按钮，然后单击【选择路径】按钮，切换到绘图窗口，选择绘制的圆作为相机的运动路径。

(4) 此时，将打开【路径名称】对话框，保持默认名称，然后单击【确定】按钮，如图 13-33 所示，返回【运动路径动画】对话框。

(5) 在【目标】选项区域中选中【点】单选按钮，然后单击【拾取点】按钮切换到绘图窗口，拾取原点(0,0,0)作为相机的目标位置，此时将打开【点名称】对话框，保持默认名称，单击【确定】按钮，返回【运动路径动画】对话框。

(6) 在【动画设置】选项区域的【视觉样式】下拉列表框中选择【概念】，在【格式】下拉列表框中选择 WMV，最终设置参数如图 13-34 所示。

图 13-33 【路径名称】对话框

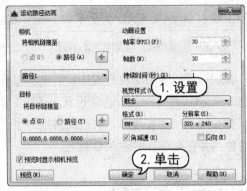

图 13-34 【运动路径动画】对话框

(7) 单击【预览】按钮，预览动画效果，然后关闭【动画预览】窗口，返回到【运动路径动画】对话框。

(8) 在【运动路径动画】对话框中单击【确定】按钮，打开【另存为】对话框，保存动画文件为 pathmove.wmv，这时用户可以选择一个播放器来查看动画播放效果。

13.7 习题

使用相机观察如图 13-35 所示的图形。其中，设置相机的名称为 mycamera，相机位置为 (100,100,100)，相机高度为 100，目标位置为(0,0)，镜头长度为 100mm。

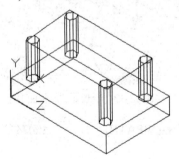
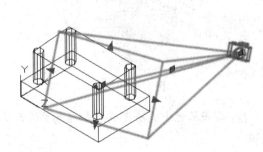

图 13-35 使用相机观察

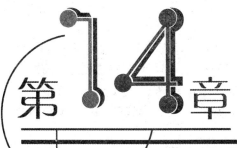

设置光源、材质和渲染

学习目标

在 AutoCAD 2016 中，用户可以通过对三维对象使用光源和材质，使图形的渲染效果更加完美，渲染可以使三维对象的表面显示出明暗色彩和光照效果，形成逼真的图像。

本章重点

- ◉ 使用光源
- ◉ 使用材质
- ◉ 使用贴图
- ◉ 渲染对象

14.1 使用光源

当场景中没有用户创建的光源时，AutoCAD 将使用系统默认光源对场景进行着色或渲染。默认光源是来自视点后面的两个平行光源，模型中所有的面均被照亮，使其可见。用户可以控制其亮度和对比度，而无须创建或放置光源。

若要插入自定义光源或启用阳光，可以在【功能区】选项板中选择【可视化】选项卡，然后在【光源】面板中单击相应的按钮，或在菜单栏中选择【视图】|【渲染】|【光源】子命令。另外，插入自定义光源或启用阳光后，默认光源将会被禁用。

14.1.1 使用常用光源

AutoCAD 提供了 3 种常用的光源，即平行光、点光源和聚光灯。下面将分别介绍常用光源的属性和使用方法。

1. 点光源

点光源(PointLight)是从其所在位置向四周发射光线，并不以某一对象为目标。使用点光源可以达到基本的照明效果。在【功能区】选项板中选择【渲染】选项卡，然后在【光源】面板中单击【点光源】按钮，或在菜单栏中选择【视图】|【渲染】|【光源】|【新建点光源】命令，即可创建点光源，如图 14-1 所示。另外，点光源可以手动设置为强度随距离线性衰减(根据距离的平方反比)或者不衰减。默认情况下，衰减设置为无。

用户也可以使用 TARGETPOINT 命令创建目标点光源。目标点光源和点光源的区别在于可用的其他目标特性，目标光源可以指向一个对象。将点光源的【目标】特性从【否】更改为【是】，即从点光源更改为目标点光源，其他目标特性也将会启用。

创建点光源时，当指定了光源位置后，还可以设置光源的名称、强度因子、状态、光度、阴影、衰减以及过滤颜色等选项，此时命令行显示如下提示信息。

> 输入要更改的选项 [名称(N)/强度因子(I)/状态(S)/光度(P)/阴影(W)/衰减(A)/过滤颜色(C)/退出(X)]<退出>：

在点光源的【特性】面板中，可以修改光源的特性，如图 14-2 所示。

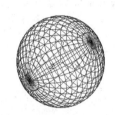

图 14-1　创建点光源

图 14-2　点光源【特性】面板

2. 聚光灯

聚光灯(如闪光灯、剧场中的跟踪聚光灯或前灯)分布投射一个聚焦光束，发射定向锥形光，可以控制光源的方向和圆锥体的尺寸。在【功能区】选项板中选择【渲染】选项卡，然后在【光源】面板中单击【聚光灯】按钮，或在菜单栏中选择【视图】|【渲染】|【光源】|【新建聚光灯】命令，即可创建聚光灯，如图 14-3 所示。

创建聚光灯时，当指定了光源位置和目标位置后，还可以设置光源的名称、强度因子、状态、光度、聚光角、照射角、阴影、衰减以及过滤颜色等选项，此时命令行显示如下提示信息。

> 输入要更改的选项 [名称(N)/强度因子(I)/状态(S)/光度(P)/聚光角(H)/照射角(F)/阴影(W)/衰减(A)/过滤颜色(C)/退出(X)]<退出>：

像点光源一样，聚光灯也可以手动设置为强度随距离衰减。但是，聚光灯的强度始终还是根据相对于聚光灯的目标矢量的角度衰减。此衰减是由聚光灯的聚光角角度和照射角角度控制的。聚光灯也可用于亮显模型中的特定特征和区域。另外，聚光灯具有目标特性，可以通过聚光灯的【特性】面板设置，如图 14-4 所示。

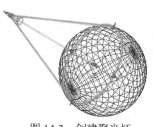

图 14-3　创建聚光灯

图 14-4　聚光灯光源【特性】面板

3. 平行光

平行光(DistantLight)是指仅向一个方向发射统一的平行光线。可以在视口中的任意位置指定 FROM 点和 TO 点，以定义光线的方向。在菜单栏中选择【视图】|【渲染】|【光源】|【新建平行光】命令，即可创建平行光。

创建平行光时，当指定了光源的矢量方向后，还可以设置光源的名称、强度因子、状态、光度、阴影以及过滤颜色等选项，此时命令行显示如下提示信息。

> 输入要更改的选项 [名称(N)/强度因子(I)/状态(S)/光度(P)/阴影(W)/过滤颜色(C)/退出(X)] <退出>:

在图形中，可以使用不同的光线轮廓表示每个聚光灯和点光源，但不会使用轮廓表示平行光和阳光，因为该轮廓没有离散的位置而且也不会影响到整个场景。

14.1.2　查看光源列表

在【功能区】选项板中选择【可视化】选项卡，然后在【光源】面板中单击【模型中的光源】按钮，或在菜单栏中选择【视图】|【渲染】|【光源】|【光源列表】命令，将打开【模型中的光源】面板，其中显示了当前模型中的光源，单击光源，即可在模型中使用，如图 14-5 所示。

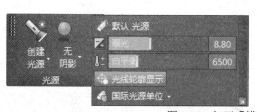

图 14-5　打开【模型中的光源】选项板

14.1.3　阳光与天光模拟

在【功能区】选项板中选择【可视化】选项卡，使用【阳光和位置】面板，可以设置阳光和天光，如图 14-6 所示。

1. 阳光

太阳是模拟太阳光源效果的光源，可以用于显示结构投射的阴影影响周围区域的方式。

阳光与天光是 AutoCAD 中自然照明的主要来源。但是，阳光的光线是平行的且为淡黄色，而大气投射的光线来自所有方向且颜色为明显的蓝色。系统变量 LIGHTINGUNITS 设置为光度时，将提供更多阳光特性。

流程为光度控制流程时，阳光特性具有更多可用的特性并且使用物理上更加精确的阳光模型在内部进行渲染。根据图形中指定的时间、日期和位置自动计算颜色；因此，光度控制阳光的阳光颜色处于禁用状态。根据天空中的位置按照程序确定颜色。流程是常规光源或标准光源时，其他阳光与天光特性不可用。

阳光的光线相互平行，并且在任何距离处都具有相同强度。可以打开或关闭阴影。若要提高性能，可在不需要阴影时将其关闭。除地理位置以外，阳光的所有设置均由视口保存。地理位置则由图形保存。

在【功能区】选项板中选择【可视化】选项卡，然后在【阳光和位置】面板中单击【阳光特性】按钮，打开【阳光特性】面板，即可设置阳光特性，如图 14-7 所示。

图 14-6　【阳光和位置】面板　　　　　　图 14-7　【阳光特性】面板

在【功能区】选项板中选择【可视化】选项卡，然后在【阳光和位置】面板中单击【阳光状态】按钮，打开【光源－视口光源模式】对话框，设置默认光源的打开状态，如图 14-8 所示。

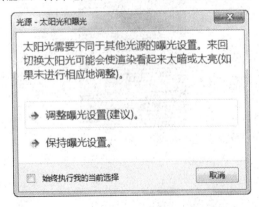

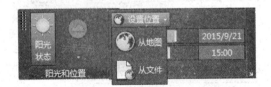

图 14-8　【光源－视口光源模式】对话框　　　　　图 14-9　设置光源地理位置

由于太阳光受地理位置的影响，在使用太阳光时，还可以在【功能区】选项板中选择【可视化】选项卡，然后在【阳光和位置】面板中单击【设置位置】下拉按钮，选择【从地图】选项，打开【地理位置】对话框，从中可以设置光源的地理位置，如纬度、经度、标高以及时区等，如图 14-9 所示。

　　另外，在【阳光和位置】面板中，还可以通过拖动【日期】和【时间】滑块，设置阳光的日期和时间。

2. 天光背景

　　选择天光背景的选项仅在光源单位为光度单位时可用。如果用户选择了天光背景并且将光源更改为标准(常规)光源，则天光背景将被禁用。

　　在【功能区】选项板中选择【可视化】选项卡，然后在【阳光和位置】面板中单击【天光背景】按钮、【关闭天光】按钮和【伴有照明的天光背景】按钮，即可在视图中使用天光背景或天光背景和照明。

14.2　使用材质

　　在渲染图形时，为对象添加材质，可以使渲染效果更加逼真和完美。

14.2.1　打开【材质浏览器】选项板

　　在【功能区】选项板中选择【可视化】选项卡，在【材质】面板中单击【材质浏览器】按钮，或在菜单栏中选择【视图】|【渲染】|【材质浏览器】命令，打开【材质浏览器】选项板，可以快速访问与使用预设材质，如图 14-10 所示。

图 14-10　打开【材质浏览器】选项板

14.2.2　创建与编辑材质

　　在【材质浏览器】选项板中单击【在文档中创建新材质】按钮，在弹出的下拉列表中选择【新建常规材质】选项即可打开【材质编辑器】选项板创建新材质，如图 14-11 所示。在【材质编辑器】选项板中，用户还可以为需要创建的新材质选择材质类型和样板。

图 14-11　打开【材质编辑器】选项板

14.2.3　为对象指定材质

用户可以将材质应用到单个面和对象上，或将其附着到一个图层的对象上。若要将材质应用到对象或面上(曲面对象的三角形或四边形部分)，可以将材质从工具选项板拖动至对象中。此时，材质将添加到图形中，如图 14-12 所示。

图 14-12　将材质应用于对象

14.3　使用贴图

贴图是将二维图像贴到三维对象的表面上，从而在渲染时产生照片级的真实效果。此外，还可以将贴图和光源组合起来，产生各种特殊的渲染效果。在 AutoCAD 中不仅可以通过材质设置各种贴图，并将其附着到模型对象上，还可以通过指定贴图坐标来控制二维对象与三维模型表面的映射方式。

(14).3.1　添加贴图

在 AutoCAD 中可以使用多种类型的贴图，可用于贴图的二维图像包括 BMP、PNG、TGA、TIFF、GIF、PCX 和 JPEG 等格式的文件。这些贴图在光源的作用下将产生不同的特殊效果。

1. 纹理贴图

纹理贴图可以表现物体的颜色纹理，就如同将图像绘制在对象上一样。纹理贴图与对象表面特征、光源和阴影相互作用，可以产生具有高度真实感的图像。如将各种木纹理应用在家具模型的表面，在渲染时便可以显示各种木质的外观。

在【材质编辑器】选项板的【常规】选项组中展开【图像】下拉列表，在该下拉列表中选择【图像】选项，然后在打开的对话框中指定图片，返回到【材质编辑器】选项板，此时材质球上已显示该图片，并且应用该材质的物体已应用贴图，如图 14-13 所示。

选择了贴图图像后，在【图像】下拉列表中选择【编辑图像】选项，即可在打开的【纹理编辑器】选项板中调整图像文件的亮度、位置和比例等参数，效果如图 14-14 所示。

图 14-13　【材质编辑器】选项板

图 14-14　【纹理编辑器】选项板

2. 纹理贴图

反射贴图可以表现对象表面上反射的场景图像，也称为环境贴图。利用反射贴图可以模拟显示模型表面所反射的周围的环境景象，如建筑表面的玻璃材质可以反射出天空和云彩等环境。使用反射贴图虽然不能精确地显示反射场景，但可以避免大量的光线反射和折射计算，节省渲染时间。

要使用纹理贴图，单击【材质编辑器】选项板的【反射率】选项组的【直接】文本框右侧的小三角按钮，在打开的下拉列表中选择【图像】选项，然后在打开的对话框中指定一个图像作为材质反射贴图即可，如图 14-15 所示。

图 14-15　添加反射贴图效果

3. 透明贴图

透明贴图可以根据二维图像的颜色来控制对象表面的透明区域。在对象上应用透明贴图后，图像中白色部分对应的区域是透明的，而黑色部分对应的区域是完全不透明的，其他颜色将根据灰度的程度决定相应的透明程度。如果透明贴图是彩色的，AutoCAD 将使用等价的颜色灰度值进行透明转换。

要使用透明贴图，可在【材质编辑器】选项板的【透明度】选项组的【图像】下拉列表中选择【图像】选项，在打开的对话框中指定一个图像作为透明贴图，并在【数量】文本框中设置透明度数值即可，如图 14-16 所示。

4. 凹凸贴图

凹凸贴图可以根据二维图像的颜色来控制对象表面的凹凸程度，从而产生浮雕效果。在对象上应用凹凸贴图后，图像中白色的部分对应的区域将相对凸起，而黑色部分对应的区域则相对凹陷，其他颜色将根据灰度的程度决定相应区域的凹凸程度。如果凹凸贴图的图案是彩色的，AutoCAD 将使用等价的颜色灰度值进行凹凸转换。

要使用凹凸贴图，可在【凹凸】选项组的【图像】下拉列表中选择【图像】选项，在打开的对话框中指定一个图像作为凹凸贴图，并在【数量】文本框中设置凹凸贴图数量即可，如图 14-17 所示。

图 14-16　添加反射贴图效果　　　　图 14-17　添加凹凸贴图效果

⒁.3.2　调整贴图

在 AutoCAD 中给对象或面附着带纹理的材质后，可以调整对象或面上纹理贴图的方向。这样使得材质贴图的坐标适应对象的形状，从而使对象贴图的效果不变形，更接近真实效果。

在【材质】选项板中单击【材质贴图】下拉列表按钮，将展开 4 种类型的纹理贴图图标，其各自的贴图设置方法如下。

1. 平面贴图

平面贴图用于将图像映射到对象上，就像将其从幻灯片投影器投影到二维曲面上。图像不会失真，但是会被缩放以适应对象，该贴图常用于面上。

单击【平面】按钮，并选取平面对象，此时绘图区将显示矩形线框。通过拖动夹点或根据命令行的提示输入相应的移动、旋转命令，可以调整贴图坐标，如图 14-18 所示。

图 14-18　利用平面贴图调整贴图方向

2. 柱面贴图

柱面贴图用于将图像映射到圆柱形对象上，水平边将同时弯曲，但顶边和底边不会弯曲。另外，图像的高度将沿圆柱体的轴进行缩放。

单击【柱面】按钮，选择圆柱面则显示一个圆柱体线框。默认的线框体与圆柱体重合，此时如果根据提示调整线框，即可调整贴图，如图 14-19 所示。

图 14-19　利用柱面贴图调整贴图方向

3. 球面贴图

使用球面贴图，可以在水平和垂直两个方向上同时使图像弯曲。纹理贴图的顶边在球体的【北极】压缩为一个点；同样，底边在【南极】也压缩为一个点。

单击【球面】按钮，选择球体则显示一个球体线框，调整线框位置即可调整球面贴图，如图 14-20 所示。

计算机 基础与实训教材系列

图 14-20　球面贴图

4. 长方体贴图

长方体贴图用于将图像映射到类似长方体的实体上，该图像会在对象的每个面上重复使用。单击【长方体】按钮，选取对象则显示一个长方体线框，通过拖动夹点或根据命令行提示输入相应的命令，可以调整长方体的贴图坐标，如图 14-21 所示。

图 14-21　利用长方体贴图调整贴图方向

14.4 渲染对象

渲染是基于三维场景创建二维图像。其使用已设置的光源、已应用的材质和环境设置(如背景和雾化)，为场景的几何图形着色。在【功能区】选项板中选择【渲染】选项卡，使用【渲染】面板，或在菜单栏中选择【视图】|【渲染】子命令，即可设置渲染参数并渲染对象。

14.4.1 高级渲染设置

在【功能区】选项板中选择【可视化】选项卡，然后在【渲染】面板中单击【高级渲染设置】按钮 ，或在菜单栏中选择【视图】|【渲染】|【高级渲染设置】命令，打开【渲染预设管理器】选项板，即可设置渲染高级选项，如图 14-22 所示。

在【渲染预设管理器】选项板中，用户可以设置【渲染位置】、【渲染大小】、【预设信息】、【渲染持续时间】以及【光源和材质】等渲染参数。完成设置后，单击选项板右上角的【渲染】按钮 ，即可开始渲染图形。

图 14-22　打开【渲染预设管理器】选项板

14.4.2　控制渲染

在菜单栏中选择【视图】|【渲染】|【渲染环境】命令，或在【功能区】选项板中选择【可视化】选项卡，然后在【渲染】面板中单击【渲染环境和曝光】按钮，打开【渲染环境和曝光】对话框，即可使用环境功能设置雾化效果或背景图像，如图 14-23 所示。

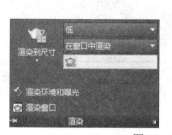

图 14-23　打开【渲染环境】对话框

14.4.3　渲染并保存图像

默认情况下，渲染过程为渲染图形中当前视图中的所有对象。如果没有打开命名视图或相机视图，则渲染当前视图。虽然在渲染关键对象或视图的较小部分时渲染速度较快，但渲染整个视图可以让用户看到所有对象之间是如何相互定位的。

在【功能区】选项板中选择【可视化】选项卡，然后在【渲染】面板中单击【渲染】按钮，或在菜单栏中选择【视图】|【渲染】|【渲染】命令，打开【渲染】窗口，即可快速渲染对象。

14.5　上机练习

本章的上机练习将打开如图 14-24 所示的图形，然后对其进行渲染。用户可以通过实例操作巩固所学的知识。

(1) 打开如图 14-24 所示图形，在菜单栏中选择【视图】|【视觉样式】|【真实】命令，此时模型将转变为【真实】显示。

(2) 在菜单栏中选择【视图】|【渲染】|【光源】|【新建点光源】命令，打开【光源】对话框，单击【关闭默认光源】链接，返回至绘图窗口，在命令行的提示信息下，选择在图形窗口的适当位置单击，确定点光源的位置。

(3) 在命令行的提示信息下，输入 C，按 Enter 键，切换至【颜色】状态，再在命令行的提示信息下，输入真彩色为(150,100,250)，并按 Enter 键完成输入。

(4) 按 Enter 键，完成点光源的设置。在【功能区】选项板中选择【渲染】选项卡，然后在【渲染】面板中设置渲染输出图像的大小、渲染质量等，最后在【渲染】面板中单击【渲染】按钮，完成操作，如图 14-25 所示，显示了图像信息。

计算机 基础与实训教材系列

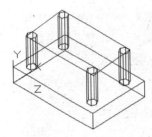

图 14-24　打开图形

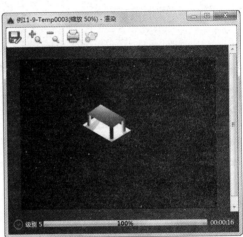

图 14-25　渲染效果

14.6　习题

1. 在 AutoCAD 2016 中有哪几种光源？各有什么特点？

2. 在 AutoCAD 2016 中如何创建和调整光源？

第 15 章

块、外部参照和设计中心

学习目标

在绘制图形时，如果图形中有大量相同或相似的内容，或者所绘制的图形与已有的图形文件相同，则可以将需要重复绘制的图形创建成块(也称为图块)，并根据需要为块创建属性，指定块的名称、用途及设计者等信息，在需要时直接插入它们，从而提高绘图效率。另外，用户还可以将已有的图形文件以参照的形式插入到当前图形中(即外部参照)，或是通过 AutoCAD 设计中心浏览、查找、预览、使用和管理 AutoCAD 图形、块及外部参照等不同的资源文件。

本章重点

- ⊙ 创建与编辑块
- ⊙ 编辑与管理块属性
- ⊙ 使用外部参照
- ⊙ 使用 AutoCAD 设计中心

15.1 创建与编辑块

块是一个或多个对象组成的对象集合，常用于绘制复杂、重复的图形。如果一组对象组合成块，就可以根据作图需要将这组对象插入到图中任意指定位置。

15.1.1 块的特点

在 AutoCAD 中，使用块可以提高绘图速度，节省存储空间，便于修改图形并能够为其添加属性。总的来说，AutoCAD 2016 中的块具有以下特点。

- ⊙ 提高绘图效率：使用 AutoCAD 2016 绘图时，常常需要绘制一些重复出现的图形。如果将这些图形作成块保存起来，绘制图形时就可以使用插入块的方法实现，即把绘图变成了拼图，从而避免了大量的重复性工作，提高绘图效率。

◉ 节省存储空间：AutoCAD 保存图中每一个对象的相关信息，如对象的类型、位置、图层、线型及颜色等，这些信息都需要占用存储空间。如果一幅图中包含大量相同的图形，就会占据较大的磁盘空间。但如果将相同的图形预先定义为一个块，绘制图形时将可以直接把块插入到图中的相应位置。这样既满足了绘图要求，又可以节省磁盘空间。虽然在块的定义中包含了图形的全部对象，但系统只需要一次这样的定义，对块的每次插入使用，AutoCAD 仅需要记住该块对象的有关信息(如块名、插入点坐标及插入比例等)。对于复杂需要多次绘制的图形，这一优点更为明显。

◉ 便于修改图形：一张工程图纸通常需要多次修改。例如，在机械设计中，旧的国家标准使用虚线表示螺栓的内径，新的国家标准则使用细实线表示。如果为旧图纸中的每一个螺栓按新国家标准修改，既费时又繁琐。如果原来各螺栓是通过插入块的方法绘制，那么只要简单地对块进行再定义，就可以为图中的所有螺栓进行修改。

◉ 可以添加属性：实际绘图中，许多块要求有文字信息以进一步解释其用途。AutoCAD 允许用户为块创建文字属性，并可在插入的块中指定是否显示属性。此外，还可以从图中提取块属性的信息并传送到数据库中。

15.1.2 创建块

在菜单栏中选择【绘图】|【块】|【创建】命令(BLOCK)，或在【功能区】选项板中选择【常用】选项卡，然后在【块】面板中单击【创建】按钮 ，打开【块定义】对话框，即可将已绘制的对象创建为块，如图 15-1 所示。

图 15-1 打开【块定义】对话框

【块定义】对话框中主要选项的功能说明如下。

◉ 【名称】文本框：输入块的名称，最多可使用 255 个字符。当图形中包含多个块时，还可以在下拉列表框中选择已有的块。

◉ 【基点】选项区域：设置块的插入基点位置。用户可以直接在 X、Y 以及 Z 文本框中输入，也可以单击【拾取点】按钮 ，切换至绘图窗口并选择基点。一般基点选在块的对称中心、左下角或其他有特征的位置。

- ● 【对象】选项区域：设置组成块的对象。其中，单击【选择对象】按钮，可切换至在绘图窗口中选择组成块的各对象；单击【快速选择】按钮，可以使用弹出的【快速选择】对话框设置所选择对象的过滤条件，如图 15-2 所示；选中【保留】单选按钮，创建块后仍在绘图窗口中保留组成块的各对象；选中【转换为块】单选按钮，创建块后将组成块的各对象保留并转换成块；选中【删除】单选按钮，创建块后删除绘图窗口中组成块的原对象。

- ● 【方式】选项区域：设置组成块的对象的显示方式。选中【注释性】复选框，可以将对象设置为注释性对象；选中【按同一比例缩放】复选框，设置对象是否按统一的比例进行缩放；选中【允许分解】复选框，设置对象是否允许被分解。

- ● 【设置】选项区域：设置块的基本属性。单击【块单位】下拉列表框，可以选择从 AutoCAD 设计中心中拖动块时的缩放单位；单击【超链接】按钮，打开【插入超链接】对话框，在该对话框中可以插入超链接文档，如图 15-3 所示。

- ● 【说明】文本框：用于输入当前块的说明部分。

图 15-2　【快速选择】对话框　　　　　　图 15-3　【插入超链接】对话框

【例 15-1】在 AutoCAD 2016 中，绘制一个电阻符号，并将其定义为块。

(1) 启动 AutoCAD，在绘图文档中，绘制如图 15-4 所示的表示电阻的图形。

(2) 在【功能区】选项板中选择【默认】选项卡，然后在【块】面板中单击【创建】按钮，打开【块定义】对话框。

(3) 在【名称】文本框中输入块的名称，如"电阻 R"。

(4) 在【基点】选项区域中单击【拾取点】按钮，然后单击图形的中心点，确定基点位置。

(5) 在【对象】选项区域中选中【保留】单选按钮，再单击【选择对象】按钮，切换至绘图窗口，使用窗口选择方法选择所有图形，然后按 Enter 键返回【块定义】对话框。

(6) 在【块单位】下拉列表中选择【毫米】选项，将单位设置为毫米。

(7) 在【说明】文本框中输入对图块的说明，如【电阻符号】，如图 15-5 所示。

(8) 设置完毕，单击【确定】按钮并保存设置，完成块的创建。

图 15-4　绘制电阻图形　　　　　　　　图 15-5　设置参数

提示 ------------------------------

　　创建块时，必须先绘出需要创建块的对象。如果新块名与已定义的块名重复，系统将显示警告对话框，要求用户重新定义块名称。此外，使用 BLOCK 命令创建的块只能由块所在的图形使用，而不能由其他图形使用。如果希望在其他图形中也使用块，则使用 WBLOCK 命令创建块。

⑮.1.3　插入块

　　在菜单栏中选择【插入】|【块】命令，或在【功能区】选项板中选择【默认】选项卡，然后在【块】面板中单击【插入】按钮，将打开【插入】对话框，如图 15-6 所示。

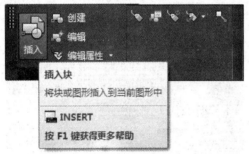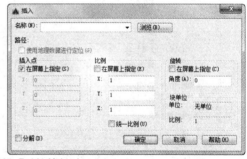

图 15-6　打开【插入】对话框

　　使用该对话框，可以在图形中插入块或其他图形，在插入的同时还可以改变所插入块或图形的比例与旋转角度。

　　【插入】对话框中，各主要选项的功能说明如下。

- ◉　【名称】下拉列表框：用于选择块或图形的名称。也可以单击其右边的【浏览】按钮，打开【选择图形文件】对话框，选择保存的块和外部图形。

- ◉　【插入点】选项区域：用于设置块的插入点位置。可以直接在 X、Y 及 Z 文本框中输入点的坐标，也可以通过选中【在屏幕上指定】复选框，在绘图窗口中指定插入点位置。

- ◉　【比例】选项区域：用于设置块的插入比例。可以直接在 X、Y 及 Z 文本框中输入块在 3 个方向的比例；也可以通过选中【在屏幕上指定】复选框，在绘图窗口中指定。此外，该选项区域中的【统一比例】复选框用于确定所插入块在 X、Y 及 Z 3 个方向的插入比例是否相同，选中时表示比例相同，用户只需在 X 文本框中输入比例值即可。

- ● 　【旋转】选项区域：用于设置块插入时的旋转角度。可以直接在【角度】文本框中输入角度值，也可以选中【在屏幕上指定】复选框，在绘图窗口中指定旋转角度。
- ● 　【块单位】选项区域：用于设置块的单位以及比例。
- ● 　【分解】复选框：选中该复选框，可以将插入的块分解成组成块的各基本对象。

【例 15-2】在如图 15-7 所示的图形中插入【例 15-1】中定义的块，并设置缩放比例为 30%，旋转角度为 90 度。

(1) 在【功能区】选项板中，选择【默认】选项卡，然后在【块】面板中单击【插入】按钮，打开【插入】对话框。

(2) 在【名称】下拉列表框中，选择【电阻 R】，然后在【插入点】选项区域中选中【在屏幕上指定】复选框。

(3) 在【缩放比例】选项区域中，选中【统一比例】复选框，并在 X 文本框中输入 0.3。

(4) 在【旋转】选项区域的【角度】文本框中输入 90，然后单击【确定】按钮，如图 15-8 所示。

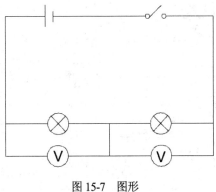

图 15-7　图形

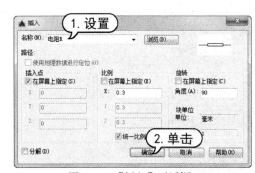

图 15-8　【插入】对话框

(5) 单击绘图窗口中需要插入块的位置，插入块，如图 15-9 所示。

(6) 在【功能区】选项板中选择【默认】选项卡，然后在【修改】面板中单击【修剪】按钮，对图形进行修剪处理，效果如图 15-10 所示。

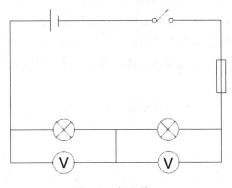

图 15-9　插入块

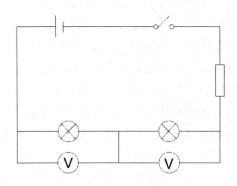

图 15-10　图形效果

15.1.4 存储块

在 AutoCAD 中，使用 WBLOCK 命令可以将块以文件的形式写入磁盘。执行 WBLOCK 命令打开【写块】对话框，如图 15-11 所示。在该对话框的【源】选项区域中，可以设置组成块的对象来源，各选项的功能说明如下。

- ◉ 【块】单选按钮：用于将使用 BLOCK 命令创建的块写入磁盘，可以在其右边的下拉列表框中选择块名称。
- ◉ 【整个图形】单选按钮：用于将全部图形写入磁盘。
- ◉ 【对象】单选按钮：用于指定需要写入磁盘的块对象。选中该单选按钮时，用户可以根据需要，使用【基点】选项区域设置块的插入基点位置，使用【对象】选项区域设置组成块的对象。

图 15-11　打开【写块】对话框

在【目标】选项区域中，可以设置块的保存名称和保存位置，各选项的功能说明如下。

- ◉ 【文件名和路径】文本框：用于输入块文件的名称和保存位置，用户也可以单击其右边的按钮，在打开的【浏览文件夹】对话框中设置文件的保存位置。
- ◉ 【插入单位】下拉列表框：用于选择从 AutoCAD 设计中心中拖动块时的缩放单位。

【例 15-3】创建一个块，并将其写入磁盘中，然后将其插入到其他绘图文档中。

(1) 在【功能区】选项板中选择【默认】选项卡，然后在【块】面板中单击【创建】按钮，创建如图 15-12 所示的块，并定义块的名称为"粗糙度"。

(2) 打开创建的块文档，在命令行中输入 WBLOCK 命令，系统将打开【写块】对话框。

(3) 在【源】选项区域中选择【对象】单选按钮。

(4) 在【基点】选项区域中单击【拾取点】按钮，然后单击图形上的点，确定基点位置。

(5) 在【对象】选项区域中选择【保留】单选按钮，然后单击【选择对象】按钮，切换到绘图窗口，使用窗口选择方法选择所有图形，然后按下 Enter 键，返回【写块】对话框。

(6) 在【目标】选项区域的【文件名和路径】文本框中设置文件的路径，在【插入单位】下拉列表中选择【毫米】选项，将单位设置为毫米，如图 15-13 所示。

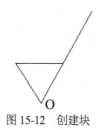

图 15-12 创建块

图 15-13 【写块】对话框

(7) 最后在【写块】对话框中单击【确定】按钮。

15.1.5 设置插入基点

在菜单栏中选择【绘图】|【块】|【基点】命令(BASE)，或在【功能区】选项板中选择【默认】选项卡，然后在【块】面板中单击【设置基点】按钮，即可设置当前图形的插入基点。当把某一图形文件作为块插入时，系统默认将该图的坐标原点作为插入点，这样往往会给绘图带来不便。此时可以使用【基点】命令，对图形文件指定新的插入基点。执行 BASE 命令后，可以直接在【输入基点：】提示下，指定块插入基点的坐标。

15.1.6 块与图层的关系

块可以由绘制在若干图层上的对象组成，系统可以将图层的信息保留在块中。当插入该对象的块时，应遵循 AutoCAD 的如下规定。

- 块插入后，原来位于图层上的对象将被绘制在当前层，并按照当前层的颜色与线型绘出。
- 对于块中其他图层上的对象，若块中包含有与图形中的图层同名的层，块中该层上的对象仍绘制在图中的同名层上，并按图中该层的颜色与线型绘制。块中其他图层上的对象仍在原来的图层上绘出，并给当前图形增加相应的图层。
- 如果插入的块由多个位于不同图层上的对象组成，那么冻结某一对象所在的图层后，该图层上属于块上的对象将不可见；当冻结插入块的当前层时，无论块中各对象处于哪一图层上，整个块将不可见。

15.2 编辑与管理块属性

块属性是附属于块的非图形信息，是块的组成部分，同时也是特定的可包含在块定义中的文字对象。在定义一个块时，属性必须预先定义而后选定。通常属性用于在块的插入过程中进行自动注释。

15.2.1 块属性概述

在 AutoCAD 中，用户可以在图形绘制完成后(甚至在绘制完成前)，使用 ATTEXT 命令将块属性的数据从图形中提取出来，并将数据写入到一个文件中，用户可以从图形数据库文件中获取块数据信息。块属性具有以下特点。

- 块属性由属性标记名和属性值两部分组成。例如，可以把 Name 定义为属性标记名，而具体的姓名 Mat 就是属性值，即属性。
- 定义块前，应预先定义该块的每个属性，即规定每个属性的标记名、属性提示、属性默认值、属性的显示格式(可见或不可见)及属性在图中的位置等。如果定义了属性，该属性以其标记名在图中显示出来，并保存有关的信息。
- 定义块时，应将图形对象和表示属性定义的属性标记名一起用于定义块对象。
- 插入有属性的块时，系统将提示用户输入需要的属性值。插入块后，则使用块属性的值表示。因此，同一个块在不同点插入时，可以有不同的属性值。如果属性值在属性定义时规定为常量，系统将不再询问该属性值。
- 插入块后，用户可以改变属性的显示可见性。对属性作修改，将属性单独提取出来写入文件，以供统计、制表使用，还可以与其他高级语言或数据库进行数据通信。

15.2.2 创建块属性

在菜单栏中选择【绘图】|【块】|【定义属性】命令(ATTDEF)，或在【功能区】选项板中选择【默认】选项卡，然后在【块】面板中单击【定义属性】按钮，即可使用打开的【属性定义】对话框创建块属性，如图 15-14 所示。其中各选项的功能说明如下。

- 【模式】选项区域：用于设置属性的模式。其中，【不可见】复选框用于确定插入块后是否显示其属性值；【固定】复选框用于设置属性是否为固定值，为固定值时，插入块后该属性值不再发生变化；【验证】复选框用于验证所输入的属性值是否正确；【预置】复选框用于确定是否将属性值直接预置为块属性的默认值。【锁定位置】复选框用于固定插入块的坐标位置；【多行】复选框用于使用多行文字来标注块的属性值。
- 【属性】选项区域：用于定义块的属性。其中，【标记】文本框用于输入属性的标记；【提示】文本框用于输入插入块时系统显示的提示信息；【默认】文本框用于输入属性的默认值。

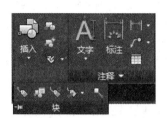

图 15-14 打开【属性定义】对话框

- 【插入点】选项区域：用于设置属性值的插入点，即属性文字排列的参照点。用户可直接在 X、Y 以及 Z 文本框中输入点的坐标，也可以单击【拾取点】按钮 ，在绘图窗口中拾取一点作为插入点。

- 【文字设置】选项区域：用于设置属性文字的格式，包括对正、文字样式、文字高度以及旋转角度等选项。

提示

当确定插入点后，系统将以该点为参照点，按照在【文字设置】选项区域的【对正】下拉列表框中确定的文字排列方式放置属性值。

此外，当【属性定义】对话框的【在上一个属性定义下对齐】复选框被选中时，可以为当前属性采用上一个属性的文字样式、字高及旋转角度，且另起一行，按上一个属性的对正方式排列。

设置【属性定义】对话框中的各项内容后，单击对话框中的【确定】按钮，系统将完成一次属性定义，用户可以用上述方法为块定义多个属性。

【例 15-4】将图 15-15 所示的图形定义成表示位置公差基准的符号块，如图 15-16 所示。要求如下：

- 符号块的名称为 BASE，属性标记为 A，属性默认值为 A；
- 属性提示为【请输入基准符号】，以圆的圆心作为属性插入点；
- 属性文字对齐方式采用【中间】，以两条直线的交点作为块的基点。

(1) 在快速访问工具栏中选择【显示菜单栏】命令，在弹出的菜单中选择【绘图】|【块】|【定义属性】命令，打开【属性定义】对话框。

(2) 在【属性】选项区域的【标记】文本框中输入 A，在【提示】文本框中输入【请输入基准符号】，在【默认】文本框中输入 A。

(3) 在【插入点】选项区域中选择【在屏幕上指定】选项。

(4) 在【文字设置】选项区域的【对正】下拉列表中选择【中间】选项，在【文字高度】后面的文本框中输入 2.5，其他选项采用默认设置，如图 15-16 所示。

图 15-15　定义带有属性的块

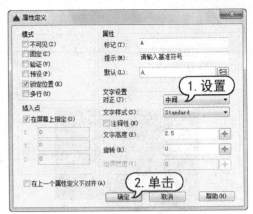

图 15-16　设置【属性定义】对话框

(5) 完成以上设置后，单击【确定】按钮，在绘图窗口中单击圆的圆心，确定插入点的位置。完成属性块的定义，同时在图中的定义位置将显示该属性的标记，如图 15-17 所示。

图 15-17　显示 A 属性的标记

(6) 在命令行中输入 WBLOCK 命令，打开【写块】对话框，在【基点】选项区域中单击【拾取点】按钮，然后在绘图窗口中单击两条直线的交点，如图 15-18 所示。

(7) 在【对象】选项区域中选中【保留】单选按钮，并单击【选择对象】按钮，然后在绘图窗口中使用窗口方式选择所有图形。

(8) 在【目标】选项区域的【文件名和路径】文本框中输入 E: \BASE.dwg，并在【插入单位】下拉列表中选择【毫米】选项，然后单击【确定】按钮，如图 15-19 所示。

图 15-18　选择两条直线的交点

图 15-19　【写块】对话框

15.2.3　在图形中插入带属性定义的块

当创建带有附加属性的块时，需要同时选择块属性作为块的成员对象。带有属性的块创建完成后，用户可以使用【插入】对话框在文档中插入该块。

【**例 15-5**】在图形中插入【例 15-4】中定义的属性块。

(1) 在快速访问工具栏中选择【显示菜单栏】命令，在弹出的菜单中选择【文件】|【打开】命令，打开如图 15-20 所示图形。

(2) 在快速访问工具栏中选择【显示菜单栏】命令，在弹出的菜单中选择【插入】|【块】命令，打开【插入】对话框。

(3) 单击【浏览】按钮，在打开的对话框中选择 E:\BASE.dwg 文件，选择创建的 BASE.dwg 块，将其打开。

(4) 在【插入点】选项区域中选中【在屏幕上指定】复选框，然后单击【确定】按钮，如图 15-21 所示。

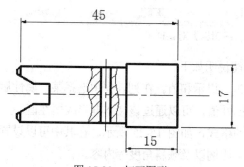

图 15-20　打开图形

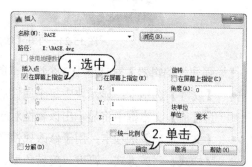

图 15-21　【插入】对话框

(5) 在绘图窗口中单击，在打开的【编辑属性】对话框的【请输入基准符号】文本框中输入 B，然后单击【确定】按钮，如图 15-22 所示。

(6) 完成以上设置后，图形效果如图 15-23 所示。

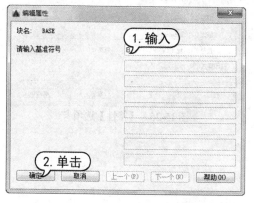

图 15-22　【编辑属性】对话框

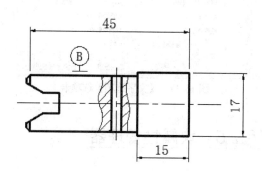

图 15-23　插入带属性的块

15.2.4 编辑块属性

在菜单栏中选择【修改】|【对象】|【属性】|【单个】命令(EATTEDIT)，或在【功能区】选项板中选择【插入】选项卡，然后在【块】面板中单击【编辑属性】|【单个】按钮 ，即可编辑块对象的属性。在绘图窗口中选择需要编辑的块对象后，打开【增强属性编辑器】对话框，如图 15-24 所示。

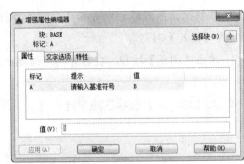

图 15-24　打开【增强属性编辑器】对话框

【增强属性编辑器】对话框中 3 个选项卡的功能说明如下。

- 【属性】选项卡：显示块中每个属性的标识、提示和值。在列表框中选择某一属性后，其【值】文本框中将显示出该属性对应的属性值，可以通过该文本框修改属性值。
- 【文字选项】选项卡：用于修改属性文字的格式，如图 15-25 所示。在其中可以设置文字样式、对齐方式、高度、旋转角度、宽度比例以及倾斜角度等内容。
- 【特性】选项卡：用于修改属性文字的图层以及其线宽、线型、颜色及打印样式等，如图 15-26 所示。

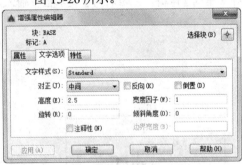

图 15-25　【文字选项】选项卡　　　　　　　图 15-26　【特性】选项卡

15.2.5 块属性管理器

在菜单栏中选择【修改】|【对象】|【属性】|【块属性管理器】命令(BATTMAN)，或在【功能区】选项板中选择【插入】选项卡，然后在【块定义】面板中单击【管理属性】按钮 ，可以

打开【块属性管理器】对话框，即可在其中管理块中的属性，如图 15-27 所示。

在【块属性管理器】对话框中单击【编辑】按钮，打开【编辑属性】对话框，可以重新设置属性定义的构成、文字特性和图形特性等，如图 15-28 所示。

图 15-27　【块属性管理器】对话框

图 15-28　【编辑属性】对话框

在【块属性管理器】对话框中单击【设置】按钮，打开【块属性设置】对话框，用户可以设置在【块属性管理器】对话框的属性列表框中能够显示的内容，如图 15-29 所示。

例如，单击【全部选择】按钮，系统将选中全部选项，然后单击【确定】按钮，返回【块属性管理器】对话框，此时，在属性列表中将显示选中的全部属性选项，如图 15-30 所示。

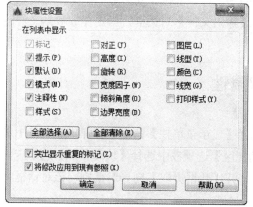

图 15-29　【块属性设置】对话框

图 15-30　显示全部属性选项

15.2.6　使用 ATTEXT 命令提取属性

AutoCAD 的块及其属性中含有大量的数据。如块的名字、块的插入点坐标、插入比例以及各个属性的值等。可以根据需要将这些数据提取出来，并将其写入到文件中作为数据文件保存起来，以供其他高级语言程序分析使用，也可以将该属性传送给数据库。

在命令行输入 ATTEXT 命令，即可提取块属性的数据。此时将打开【属性提取】对话框，如图 15-31 所示。各选项的功能说明如下。

- 【文件格式】选项区域：用于设置数据提取的文件格式。用户可以在 CDF、SDF 和 DXF 3 种文件格式中选择，选中相应的单选按钮即可。

- 【选择对象】按钮：用于选择块对象。单击该按钮，AutoCAD 将切换至绘图窗口，用户可以选择带有属性的块对象，按 Enter 键后返回至【属性提取】对话框。

- ◉ 【样板文件】按钮：用于设置样板文件。用户可以直接在【样板文件】按钮右边的文本框内输入样板文件的名字，也可以单击【样板文件】按钮，打开【样板文件】对话框，从中选择样板文件，如图 15-32 所示。

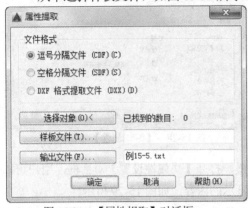

图 15-31 【属性提取】对话框   图 15-32 【样板文件】对话框

- ◉ 【输出文件】按钮：用于设置提取文件的名字。可以直接在其右边的文本框中输入文件名，也可以单击【输出文件】按钮，打开【输出文件】对话框，指定存放数据文件的位置和文件名。

⑮.2.7 使用【数据提取】向导提取属性

在 AutoCAD 2016 中，在快速访问工具栏中选择【显示菜单栏】命令，在弹出的菜单中选择【工具】|【数据提取】命令(EATTEXT)，或在【功能区】选项板中选择【块和参照】选项卡，在【链接和提取】面板中单击【提取数据】按钮，打开【数据提取】向导对话框，该对话框将以向导形式帮助提取图形中块的属性数据。

【例 15-6】使用【数据提取】向导提取【例 15-5】中定义的块的属性数据。

(1) 在快速访问工具栏中选择【显示菜单栏】命令，在弹出的菜单中选择【文件】|【打开】命令，打开【例 15-5】创建的图形文件。

(2) 在快速访问工具栏中选择【显示菜单栏】命令，在弹出的菜单中选择【工具】|【数据提取】命令，打开【数据提取-开始】对话框。

(3) 在【数据提取-开始】对话框中选中【创建新数据提取】单选按钮，新建一个提取作为样板文件，然后单击【下一步】按钮，如图 15-33 所示。

(4) 在打开的【数据提取-定义数据源】对话框中选中【在当前图形中选择对象】单选按钮，然后单击【在当前图形中选择对象】按钮，如图 15-34 所示。

(5) 在图形中选择需要提取属性的块，然后按 Enter 键，如图 15-35 所示。返回【数据提取-定义数据源】对话框，并单击【下一步】按钮。

(6) 在打开的【数据提取-选择对象】对话框的【对象】列表中选中提取数据的对象，这里选择对象 BASE，然后单击【下一步】按钮，如图 15-36 所示。

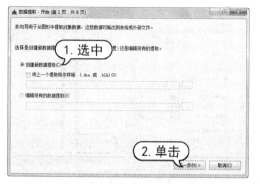

图 15-33　【数据提取-开始】对话框

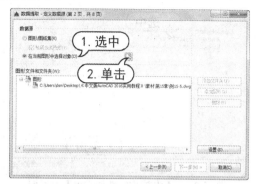

图 15-34　【数据提取-定义数据源】对话框

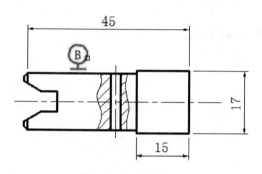

图 15-35　选中块

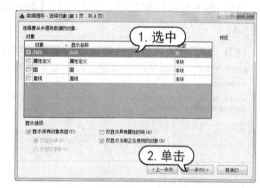

图 15-36　【数据提取-选择对象】对话框

(7) 在打开的【数据提取-选择特性】对话框的【类别过滤器】列表框中选中对象的特性，这里选择【常规】和【属性】选项，然后单击【下一步】按钮，如图 15-37 所示。

(8) 在打开的【数据提取-优化数据】对话框中可以重新设置数据的排列顺序，这里保持默认设置即可，单击【下一步】按钮，如图 15-38 所示。

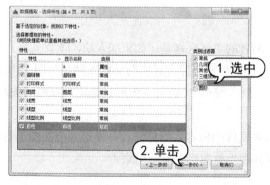

图 15-37　【数据提取-选择特性】对话框

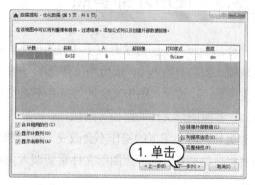

图 15-38　【数据提取-优化数据】对话框

(9) 在打开的【数据提取-选择输出】对话框中，选中【将数据提取处理表插入图形】单选按钮，然后单击【下一步】按钮，如图 15-39 所示。

(10) 在【数据提取-表格样式】对话框中，可以设置存放数据的表格样式，这里选择默认样式，单击【下一步】按钮，如图 15-40 所示。

图 15-39 【数据提取-选择输出】对话框

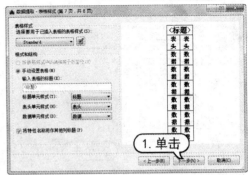

图 15-40 【数据提取-表格样式】对话框

(11) 属性数据提取完毕，在打开的【数据提取-完成】对话框中，单击【完成】按钮即可，如图 15-41 所示。

(12) 此时，提取的属性数据在绘图窗口将如图 15-42 所示。

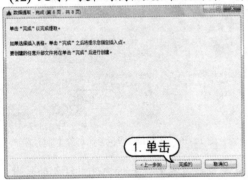

图 15-41 【数据提取-完成】对话框

计数	名称	A	超链接	打印样式	图层	线宽	线型	线型比例	颜色
1	BASE	B		ByLayer	dim	ByLayer	ByLayer	1.0000	ByLayer

图 15-42 提取的属性数据

⑮.3 使用外部参照

外部参照与块的方法有很多相似的地方，但两者的主要区别是：如果插入块，该块就将永久性地插入到当前图形中，成为当前图形的一部分。而以外部参照方式将图形插入到某一图形(称之为主图形)后，被插入图形文件的信息并不直接加入到主图形中，此时主图形只是记录参照的关系，例如，参照图形文件的路径等信息。

另外，对主图形的操作不会改变外部参照图形文件的内容。当打开具有外部参照的图形时，系统将自动把各外部参照图形文件重新调入内存并在当前图形中显示出来。

⑮.3.1 附着外部参照

在菜单栏中选择【插入】|【外部参照】命令(EXTERNALREFERENCES)，或在【功能区】

选项板中选择【插入】选项卡，然后在【参照】面板中单击【外部参照】 ⬇ 按钮，即可打开如图
15-43 所示的【外部参照】选项板。在选项板上方单击【附着 DWG】按钮 ⬛，打开【选择参照文件】对话框，选择参照文件后，将打开【附着外部参照】对话框，利用该对话框可以将图形文件
以外部参照的形式插入到当前图形中，如图 15-44 所示。

图 15-43　【外部参照】选项板

图 15-44　【附着外部参照】对话框

从图 15-44 可以看出，在图形中插入外部参照的方法与插入块的方法相同，只是在【附着外部参照】对话框中增加了 3 个特殊选项。

在【参照类型】选项区域中可以确定外部参照的类型，包括【附着型】和【覆盖型】两种类型。如果选中【附着型】单选按钮，将显示嵌套参照中的嵌套内容。选中【覆盖型】单选按钮，则不显示嵌套参照中的嵌套内容。

在 AutoCAD 中，可以使用相对路径附着外部参照，它包括【完整路径】、【相对路径】和【无路径】3 种类型。各选项的功能说明如下。

- ⊙ 　【完整路径】选项：使用完整路径附着外部参照时，外部参照的精确位置将保存到主图形中。此选项的精确度最高，但灵活性最小。如果移动工程文件夹，AutoCAD 将无法融入任何使用完整路径附着的外部参照。

- ⊙ 　【相对路径】选项：使用相对路径附着外部参照时，将保存外部参照相对于主图形的位置。此选项的灵活性最大。如果移动工程文件夹，AutoCAD 可以融入使用相对路径附着的外部参照，此时外部参照相对主图形的位置并未发生变化。

- ⊙ 　【无路径】选项：在不使用路径附着外部参照时，AutoCAD 首先在主图形的文件夹中查找外部参照。当外部参照文件与主图形位于同一个文件夹时，此选项非常有用。

【例 15-7】使用图形文件 A1.dwg、A2.dwg 和 A3.dwg(其中心点都是坐标原点)创建一个新图形。

(1) 在菜单栏中选择【文件】|【新建】命令，新建一个文件。

(2) 在【功能区】选项板中选择【插入】选项卡，然后在【参照】面板中单击【外部参照】按钮 ⬇，在打开的【外部参照】选项板上方单击【附着 DWG】按钮 ⬛，打开【选择参照文件】对话框，选择 A1.dwg 文件，然后单击【打开】按钮，如图 15-45 所示。

(3) 打开【附着外部参照】对话框，在【参照类型】选项区域中选中【附着型】单选按钮，在【插入点】选项区域中取消选中【在屏幕上指定】复选框，并确认当前坐标X、Y和Z均为0，然后单击【确定】按钮，如图15-46所示。

图 15-45　选择参照文件

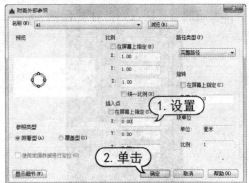

图 15-46　设置参数

(4) 此时，将外部参照文件 A1.dwg 插入到文档中，如图 15-47 所示。

(5) 重复步骤(2)和步骤(3)，将外部参照文件 A2.dwg 和 A3.dwg 插入到文档中，效果如图 15-48 所示。

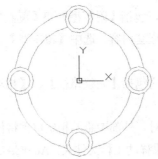

图 15-47　插入参照文件 A1.dwg 后的效果

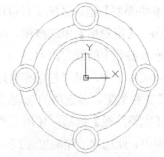

图 15-48　图形效果

15.3.2　插入 DWG、DWF、DGN 参考底图

AutoCAD 2016 提供插入 DWG、DWF 以及 DGN 参考底图的功能，该功能和附着外部参照功能相同，用户可以在菜单栏中选择【插入】菜单中的相关命令。如图 15-49 所示即是在文档中插入 DWF 格式的外部参照文件。

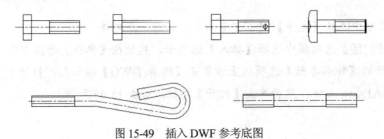

图 15-49　插入 DWF 参考底图

DWF 格式文件是一种以 DWG 文件创建的高度压缩的文件格式，DWF 文件易于在 Web 上发布和查看。DWF 文件是基于矢量的格式创建的压缩文件。用户打开和传输压缩的 DWF 文件的速度比 AutoCAD 的 DWG 格式图形文件快。此外，DWF 文件支持实时平移和缩放以及对图层显示和命名视图显示的控制。

DGN 格式文件是 MicroStation 绘图软件生成的文件，该文件格式对精度、层数以及文件和单元的大小是不限制的，其中的数据是经过快速优化，校验并压缩到 DGN 文件中，更加有利于节省网络带宽和存储空间。

15.3.3 管理外部参照

在 AutoCAD 2016 中，用户可以在【外部参照】选项板中对外部参照进行编辑和管理。单击选项板上方的【附着】按钮可以添加不同格式的外部参照文件，如图 15-50 所示；在选项板下方的外部参照列表框中显示当前图形中各个外部参照文件名称；选择任意一个外部参照文件后，在下方【详细信息】选项区域中显示该外部参照的名称、加载状态、文件大小、参照类型、参照日期及参照文件的存储路径等内容，如图 15-51 所示。

图 15-50　添加不同格式的外部参照文件

图 15-51　显示外部参照文件信息

单击选项板右上方的【列表图】或【树状图】按钮，可以设置外部参照列表框以何种形式显示。单击【列表图】按钮可以以列表形式显示；单击【树状图】按钮可以以树形显示。

当附着多个外部参照后，在外部参照列表框中的文件上右击，弹出如图 15-52 所示的快捷菜单。在菜单上选择不同的命令可以对外部参照进行相关操作，下面详细介绍常用的 5 个命令选项的功能。

- ⊙ 【打开】命令：单击该按钮，可以在新建窗口中打开选定的外部参照进行编辑。当【外部参照管理器】对话框关闭后，即可显示新建窗口。

- ⊙ 【附着】命令：单击该按钮，可以打开【附着外部参照】对话框，如图 15-53 所示。在该对话框中可以选择需要插入到当前图形中的外部参照文件。

图 15-52　管理外部参照文件　　　　　　图 15-53　【附着外部参照】对话框

- 【卸载】命令：单击该按钮，可以从当前图形中移走不需要的外部参照文件，但移走后仍保留该参照文件的路径，当用户再次参照该图形时，单击对话框中的【重载】按钮即可。
- 【重载】命令：单击该按钮，可以在不退出当前图形的情况下，更新外部参照文件。
- 【拆离】命令：单击该按钮，可以从当前图形中移去不再需要的外部参照文件。

15.3.4　参照管理器

AutoCAD 图形可以参照多种外部文件，包括图形、文字字体、图像和打印配置。此参照文件的路径保存在每个 AutoCAD 图形中。有时需要将图形文件或参照的文件移动到其他文件夹或其他磁盘驱动器中，此时就需要更新保存的参照路径。

Autodesk 参照管理器提供了多种工具，并列出了选定图形中的参照文件，可以修改保存的参照路径而不必打开 AutoCAD 中的图形文件。选择【开始】|【程序】| Autodesk | AutoCAD 2016 |【参照管理器】命令，打开【参照管理器】窗口，即可在其中对参照文件进行处理，也可以设置参照管理器的显示形式，如图 15-54 所示。

图 15-54　打开【参照管理器】窗口

⑮.4 使用 AutoCAD 设计中心

AutoCAD 设计中心(AutoCAD DesignCenter，简称 ADC)为用户提供了一个直观且高效的工具，ADC 与 Windows 资源管理器类似。在菜单栏中选择【工具】|【选项板】|【设计中心】命令，即可打开【设计中心】选项板，如图 15-55 所示。

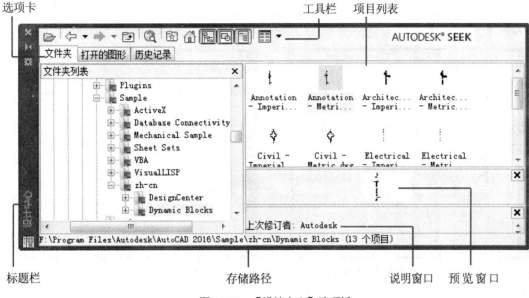

图 15-55 【设计中心】选项板

⑮.4.1 AutoCAD 设计中心的功能

在 AutoCAD 中，使用 AutoCAD 设计中心可以完成如下工作。
- 创建对频繁访问的图形、文件夹和 Web 站点的快捷方式。
- 根据不同的查询条件，在本地计算机和网络中查找图形文件，找到后可以将文件直接加载到绘图区或设计中心。
- 浏览不同的图形文件，包括当前打开的图形和 Web 站点上的图形库。
- 查看块、图层和其他图形文件的定义并将图形定义插入到当前图形文件中。
- 通过控制显示方式来控制设计中心控制板的显示效果，还可以在控制板中显示与图形文件相关的描述信息和预览图像。

⑮.4.2 观察图形信息

AutoCAD 设计中心选项板包含一组工具按钮和选项卡，用户可以选择和观察设计中心中的图形。

其主要选项及工具按钮的功能说明如下。

- 【文件夹】选项卡：显示设计中心的资源，可以将设计中心的内容设置为本计算机的桌面，或是本地计算机的资源信息，也可以是网上邻居的信息(如图 15-55 所示)。
- 【打开的图形】选项卡：显示在当前 AutoCAD 环境中打开的所有图形，其中包括最小化的图形。此时单击某个文件图标，即可显示该图形的相关设置，如图层、线型、文字样式、块及尺寸样式等，如图 15-56 所示。
- 【历史记录】选项卡：显示用户最近访问的文件，包括文件的完整路径，如图 15-57 所示。

图 15-56　【打开的图形】选项卡

图 15-57　【历史记录】选项卡

- 【树状图切换】按钮：单击该按钮，可以显示或隐藏树状视图。
- 【加载】按钮：单击该按钮，打开【加载】对话框，在该对话框中可以将 Windows 的桌面、收藏夹或通过 Internet 加载图形文件，如图 15-58 所示。
- 【收藏夹】按钮：单击该按钮，可以在【文件夹列表】中显示 Favorites/Autodesk 文件夹(在此称为收藏夹)中的内容，同时在树状视图中反向显示该文件夹。也可以通过收藏夹标记存放在本地硬盘、网络驱动器或 Internet 网页上常用的文件。
- 【预览】按钮：单击该按钮，可以打开或关闭预览窗格，以确定是否显示预览图像。打开预览窗格后，单击控制板中的图形文件，如果该图形文件包含预览图像，则在预览窗格中显示该图像；如果选择的图形中不包含预览图像，则预览窗格为空。
- 【说明】按钮：单击该按钮，可以打开或关闭说明窗格，以确定是否显示说明内容。打开说明窗格后，单击控制板中的图形文件，如果该图形文件包含有文字描述信息，则在说明窗格中显示图形文件的文字描述信息；如果图形文件没有文字描述信息，则说明窗格为空。可以通过拖动鼠标的方式来改变说明窗格的大小。
- 【视图】按钮：用于确定控制板所显示内容的显示格式。单击该按钮，将弹出快捷菜单，可以从中选择显示内容的显示格式。
- 【搜索】按钮：用于快速查找对象。单击该按钮，打开【搜索】对话框，如图 15-59 所示。可以使用该对话框，快速查找，如图形、块、图层及尺寸样式等图形内容或设置。

图 15-58　【加载】对话框

图 15-59　【搜索】对话框

15.4.3　在【设计中心】中查找内容

使用 AutoCAD 设计中心的查找功能，可以通过【搜索】对话框，快速查找，如图形、块、图层及尺寸样式等图形内容或设置。

在【搜索】对话框中，可以通过设置条件进行缩小搜索范围，或者搜索块定义说明中的文字和其他任何【图形属性】对话框中指定的字段。例如，如果忘记将块保存在图形中还是保存为单独的图形，则可以选择搜索图形和块。

当在【搜索】下拉列表中选择的对象不同时，对话框中显示的选项卡也将不同。例如，当选择【图形】选项时，【搜索】对话框中将包含 3 个选项卡，可以在每个选项卡中设置不同的搜索条件。【搜索】对话框中各选项卡的功能说明如下。

- 【修改日期】选项卡：指定图形文件创建或上一次修改的日期或指定日期范围。默认情况下不指定日期，如图 15-60 所示。

- 【高级】选项卡：指定其他搜索参数，如图 15-61 所示。例如，可以输入文字进行搜索，查找包含特定文字的块定义名称、属性或图形说明。还可以在该选项卡中指定搜索文件的大小范围。例如，如果在【大小】下拉列表中选择【至少】选项，并在其右边的文本框中输入 50，则表示查找大小为 50KB 以上的文件。

图 15-60　【修改日期】选项卡

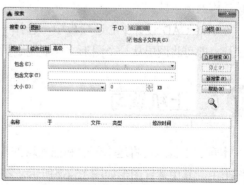

图 15-61　【高级】选项卡

⊙ 【图形】选项卡：使用该选项卡，可提供按照【文件名】、【标题】、【主题】、【作者】或【关键字】查找图形文件的条件，如图 15-59 所示。

15.4.4 使用设计中心的图形

使用 AutoCAD 设计中心，能够方便地在当前图形中插入块、引用光栅图像及外部参照，在图形之间复制块、图层、线型、文字样式、标注样式以及用户定义的内容等。

1. 插入块

插入块时，用户可以选择在插入时自动换算插入比例，还可以选择在插入时确定插入点、插入比例和旋转角度。

如果使用【插入时自动换算插入比例】方法，可以从设计中心窗口中选择需要插入的块，并拖至绘图窗口，移到插入位置时释放鼠标，即可实现块的插入。系统将按照在【选项】对话框的【用户系统配置】选项卡中确定的单位，自动转换插入比例。

如果使用【在插入时确定插入点、插入比例和旋转角度】方法，可以在设计中心窗口中选择需要插入的块，然后用鼠标右键将该块拖至绘图窗口后释放鼠标，此时将弹出一个快捷菜单，选择【插入块】命令。打开【插入】对话框，可以通过使用插入块的方法，确定插入点、插入比例及旋转角度。

2. 引用外部参照

在 AutoCAD 设计中心选项板中选择外部参照，用鼠标右键将其拖至绘图窗口后释放，即可弹出一个快捷菜单，选择【附着为外部参照】子命令，打开【外部参照】对话框，可以在其中确定插入点、插入比例及旋转角度。

3. 在图形中复制图层、线型、文字样式、尺寸样式、布局及块等

在绘图过程中，一般将具有相同特征的对象保存在同一个图层上。通过使用 AutoCAD 设计中心，可以将图形文件中的图层复制到新的图形文件中。这样既节省了时间，也保持了不同图形文件结构的一致性。

在 AutoCAD 设计中心选项板中，选择一个或多个图层，然后将其拖至打开的图形文件后释放鼠标，即可将图层从一个图形文件复制到另一个图形文件。

15.5 上机练习

本章的上机练习将运用创建和插入块的功能，创建一个螺钉块，然后将其插入到绘制好的零件图形中。其中螺钉图形如图 15-62 所示，零件图形如图 15-63 所示。

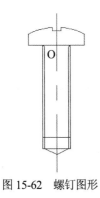

图 15-62　螺钉图形

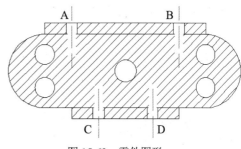

图 15-63　零件图形

(1) 综合使用绘图工具在绘图文档中绘制如图 15-62 所示的螺钉图形。

(2) 在菜单栏中选择【绘图】|【块】|【创建】命令，打开【块定义】对话框。

(3) 在【名称】文本框中输入块的名称为 bolt1。在【基点】选项区域中单击【拾取点】按钮，然后单击图形点 O，确定基点位置。

(4) 在【对象】选项区域中选中【保留】单选按钮，再单击【选择对象】按钮，切换至绘图窗口，使用窗口选择方法选择所有图形，然后按 Enter 键返回【块定义】对话框。

(5) 在【块单位】下拉列表中选择【毫米】选项，将单位设置为毫米。在【说明】文本框中输入对图块的说明【螺钉】。设置完毕后，单击【确定】按钮保存设置，如图 15-64 所示。

(6) 打开如图 15-63 所示的零件图形，在菜单栏中选择【插入】|【块】命令，打开【插入】对话框。

(7) 在【名称】下拉列表框中选择 bolt1，然后在【插入点】选项区域中选中【在屏幕上指定】复选框。

(8) 在【缩放比例】选项区域中选中【统一比例】复选框，并在 X 文本框中输入 0.8，如图 15-65 所示。设置完毕后，单击【确定】按钮，返回至绘图区。

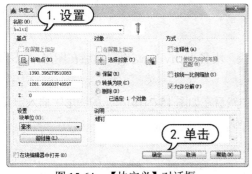

图 15-64　【块定义】对话框

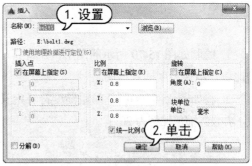

图 15-65　【插入】对话框

(9) 在绘图区中零件图形的螺钉孔点 A 处插入螺钉块，效果如图 15-66 所示。

(10) 然后使用同样的方法，在点 B 处插入另一个螺钉块，效果如图 15-67 所示。

(11) 在菜单栏中选择【插入】|【块】命令，打开【插入】对话框。在【名称】下拉列表框中选择 bolt1，在【插入点】选项区域中选中【在屏幕上指定】复选框。

(12) 在【缩放比例】选项区域中选中【统一比例】复选框，然后在 X 文本框中输入 "0.8"；在【旋转】选项区域的【角度】文本框中输入 "180"，如图 15-68 所示。设置完毕后，单击【确定】按钮，返回至绘图区。

(13) 在绘图区中零件图形的螺钉孔点 C 处插入旋转 180 度的螺钉块。然后使用同样的方法，在 D 处插入另一个旋转 180 度的螺钉块，效果如图 15-69 所示。

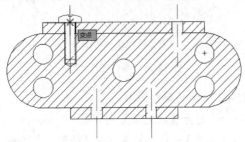

图 15-66　插入第 1 个螺钉块

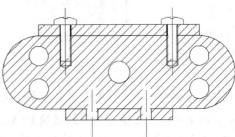

图 15-67　插入第 2 个螺钉块

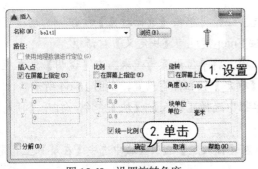

图 15-68　设置旋转角度

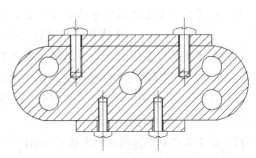

图 15-69　点 C 和 D 处插入螺钉块

15.6 习题

1. 绘制如图 15-70 所示的图形，并将其定义成块，块名为 MyDrawing，然后在图形中以不同的比例，旋转角度插入该块。

2. 将如图 15-71(a)所示的粗糙度符号定义成块，然后在如图 15-71(b)所示的图形中插入定义的块，并设置缩放比例为 20%。

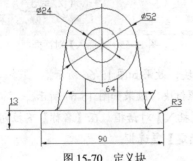

图 15-70　定义块

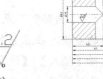

(a)　　　　　　　　　　(b)

图 15-71　定义和插入块